水利工程建设监理培训教材

水利工程建设合同管理
（第二版）

中国水利工程协会　组织编写

U0237896

中国水利水电出版社
www.waterpub.com.cn

内 容 提 要

本书是水利工程建设监理培训教材之一。本书共九章，主要内容包括：合同管理法律基础、民事合同法律制度、水利工程施工招标投标管理、水利工程施工合同、水利工程施工合同目标控制、变更与索赔管理、工程担保与工程保险、施工合同争议的解决及 FIDIC 合同条件简介等。

本书既可作为水利工程建设监理人员和其他有关部门技术管理人员的培训教材，也可作为大专院校相关专业师生的参考用书。

图书在版编目（CIP）数据

水利工程建设合同管理/中国水利工程协会组织编
写 . —2 版 . —北京：中国水利水电出版社，2010.11（2017.6 重印）
水利工程建设监理培训教材
ISBN 978 - 7 - 5084 - 8100 - 5

Ⅰ.①水… Ⅱ.①中… Ⅲ.①水利工程-经济合同-
管理-技术培训-教材 Ⅳ.①TV51

中国版本图书馆 CIP 数据核字（2010）第 224411 号

书　　名	水利工程建设监理培训教材 **水利工程建设合同管理**（第二版）
作　　者	中国水利工程协会　组织编写
出版发行	中国水利水电出版社 （北京市海淀区玉渊潭南路 1 号 D 座　100038） 网址：www. waterpub. com. cn E - mail：sales@ waterpub. com. cn 电话：（010）68367658（营销中心）
经　　售	北京科水图书销售中心（零售） 电话：（010）88383994、63202643、68545874 全国各地新华书店和相关出版物销售网点
排　　版	中国水利水电出版社微机排版中心
印　　刷	北京纪元彩艺印刷有限公司
规　　格	184mm×260mm　16 开本　19.25 印张　444 千字
版　　次	2007 年 7 月第 1 版　2007 年 7 月第 1 次印刷 2010 年 11 月第 2 版　2017 年 6 月第 17 次印刷
印　　数	52701—54700 册
定　　价	**50.00 元**

凡购买我社图书，如有缺页、倒页、脱页的，本社营销中心负责调换
版权所有·侵权必究

水利工程建设监理培训教材

编 审 委 员 会

主　　任　张严明

副 主 任　安中仁　李文义　聂相田

委　　员　（按姓氏笔画排序）

王　鹏　刘英杰　刘秋常　刘喜峰　安中仁

杨耀红　李文义　汪伦焰　张严明　季祥山

赵慧珍　聂相田　曹兴霖　翟伟锋　颜廷松

颜　彦

秘　　书　颜　彦

序

为配合水利部转变行政职能，自 2005 年以来，中国水利工程协会开始对水利工程建设监理人员资格施行行业自律管理。五年多来，水利工程建设监理行业人员在新的管理模式下得到了长足的发展。目前，在我国加快经济发展方式转变、水利建设进入新一轮高峰期的背景下，水利工程建设项目点多、面广、量大，建设任务艰巨，水利工程建设监理队伍又面临着新的挑战。随着水利工程建设监理队伍和规模不断壮大，如何提高工程建设监理人员专业技术水平、规范建设监理行为，是深化落实科学发展观、严格执行水利工程建设"三项制度"、保障工程建设质量和安全的一项重要而紧迫的任务。

根据水利工程建设监理行业的实际需要，中国水利工程协会于 2007 年 5 月组织行业内有关专家编写了水利工程建设监理培训教材，在监理业务培训中得到了广泛的应用，并取得了良好的效果。随着我国水利工程建设法律、法规和行业规章的不断完善，该教材有些内容已不再适应新形势的需要，据此，中国水利工程协会于 2010 年 6 月组织相关作者对本套教材进行了修订。在修订过程中，尽量保持原教材的结构形式以及章节原貌，主要结合现行的法律、法规、规章、技术标准和水利水电工程标准施工招标方面的文件等，并根据本套教材在使用中发现的问题作了有针对性的修改。

相信修订后的水利工程建设监理培训教材更适用于水利行业工程建设监理的专业培训，也可作为从事水利工程建设管理有关人员、水利工程建设参建单位技术人员的业务参考书。

中国水利工程协会

2010 年 10 月 28 日

序

（第一版）

建设监理制度推行 20 多年来，在水利工程建设中发挥了重要作用，取得了显著成绩。工程建设监理事业已引起全社会的广泛关注和重视，赢得了各级政府领导的普遍认可和支持。目前，我国已形成了水利工程建设监理的行业规模，建立了比较完善的水利工程建设监理制度和法规体系，培养了一批水平较高的监理人才，积累了丰富的水利工程建设监理经验。实践证明，水利工程实行建设监理制度完全符合我国市场经济发展的要求。

为了规范水利工程建设监理活动，加强水利工程建设监理单位的资质管理和水利工程建设监理工程师管理，水利部于 2006 年 11 月颁发了《水利工程建设监理规定》、《水利工程建设监理单位资质管理办法》、《水利工程建设监理工程师注册管理办法》。随着我国市场经济的发展和完善，对水利工程建设监理行业提出了更高的要求，监理行业必须适应这种新形势的要求，大力增强自身实力，提高自身素质，在水利工程建设中发挥重要作用。

随着我国政府职能的转变，中国水利工程协会按水利部要求对水利工程建设监理人员实施行业自律管理。因此，为了提高水利工程建设监理人员整体素质和建设监理水平，中国水利工程协会组织有关专家编写了一套水利工程建设监理培训教材，作为举办水利工程建设监理培训班的指定教材，也可以作为从事水利工程建设管理有关人员、项目法人（建设单位）、施工单位及各级水行政主管部门有关人员的业务参考书。本套教材也是全国水利工程建设监理工程师执业资格考试的主要参考书。

本套教材包括《水利工程建设监理概论》、《水利工程建设合同管理》、《水利工程建设质量控制》、《水利工程建设进度控制》和《水利工程建设投资控制》，共 5 册。

本套教材依据我国现行的法律法规、部门规章和中国水利工程协会行规，结合水利工程建设监理的业务特点，系统地阐述了水利工程建设监理的理论、内容和方法，以及从事水利工程建设监理业务所必需的基础知识。

编写本套教材时，虽经反复斟酌，仍难免有一些不妥之处，恳请广大读者批评指正。

中国水利工程协会

2007 年 5 月 28 日

前　言

（第二版）

　　建设监理制是水利工程建设管理体制改革的一项重大举措。水利工程建设监理经过近30年的实践，正在向规范化、制度化、科学化方向深入发展。面对水利工程建设项目的特殊性、复杂性以及对社会、经济影响的重要性，对从事工程建设监理人员的素质提出了更高的要求。因此，对所有从事水利工程建设监理工作的技术、经济、管理等人员进行系统的法律法规、监理理论和实践能力的培训，是一项重要的工作。

　　2007年5月，中国水利工程协会组织编写了本套教材的第一版。本套教材共5个分册，出版后被广泛用于全国水利工程建设监理人员的岗位培训中，培训效果较好。同时，许多专业院校也很重视水利工程建设监理方面的教育，选用本套教材作为相关的专业教材，以提高学生的实际工作能力。经过这几年的教学实践，很有成效。随着水利工程监理工作的深入和完善，随着相关的国家法律、法规和政策的修订和健全，为了进一步提高水利工程监理方面的教学质量，及时完善充实相关的教学内容，中国水利工程协会于2010年初开始，再次组织相关作者和专家对本套教材进行修订。

　　本书是全国水利工程建设监理培训系列教材之一。本次修订时本书共九章。第一章和第二章主要结合《中华人民共和国合同法》全面阐述了合同法律知识和合同管理的法律依据；第三章主要结合水利部《水利工程建设项目招标投标管理规定》阐述了水利工程建设项目招投标的管理；第四章主要结合《中华人民共和国合同法》阐述了建设工程合同法律知识及施工合同文件；第五章～第八章主要结合《中华人民共和国担保法》、《中华人民共和国仲裁法》和水利部颁发的《水利水电工程标准施工招标文件》（2009年版）阐述了合同目标管理、变更与索赔管理、工程风险和工程担保及合同争议的解决；第九章主要介绍了FIDIC合同条件下的施工合同管理。

　　本书由李文义、杨耀红、王鹏主编。李文义撰写了第一章～第四章，杨耀红撰写了第六章～第九章，王鹏撰写了第五章和第七章。全书由安中仁主审。

　　本书编写中参考和引用了参考文献中的某些内容，谨向这些文献的作者致以衷心的谢意。

由于编者水平有限，书中难免有一些缺点和不足之处，敬请广大读者批评指正。

编 者

2010 年 9 月 30 日

前　言

（第一版）

　　水利工程建设项目合同管理是工程项目管理的核心，也是从事建设监理的人员必须熟悉、掌握的知识。监理人员熟悉合同的法律知识，掌握合同管理手段，才能依据合同对工程质量、进度、投资进行有效的控制。

　　本书在中国水利工程协会的主持下编写。在编写中以最新的法律、法规为依据，力求理论联系实际，增强可操作性和通用性，监理人员通过本书的学习可提高合同管理水平。本书主要结合《中华人民共和国合同法》、《中华人民共和国担保法》、《中华人民共和国仲裁法》和水利部《水利工程建设项目招标投标管理规定》以及国家电力公司、水利部、国家工商行政管理局颁发的《水利水电土建工程施工合同条件》示范文本编写。本书第一章和第二章主要阐述了合同管理的法律依据；第三章主要阐述了水利工程建设项目招投标的管理；第四章主要阐述了建设工程合同法律知识及施工合同文件；第五章至第八章主要结合《水利水电土建工程施工合同条件》阐述了合同目标管理、变更与索赔管理及合同争议的解决；第九章主要介绍了 FIDIC 合同条件下的合同管理。

　　本书由李文义、杨耀红主编。李文义撰写了第一、二、四、五章，杨耀红撰写了第六、八、九章，颜延松撰写了第三、七章。全书由安中仁主审。

　　本书编写中参考和引用了参考文献中的某些内容，谨向这些文献的作者致以衷心的谢意。

　　由于编者水平有限，书中难免有一些缺点和不足之处，敬请广大读者批评指正。

编　者

2007 年 5 月 28 日

目　录

第一章 合同管理法律基础

第一节 合同管理概述

一、建设工程合同管理的意义

在市场经济中，财产的流转主要依靠合同。特别是工程建设项目，标的大、工期长、协调关系多，合同尤为重要。改革开放以来，我国在工程建设领域积极推行项目法人责任制、招标投标制和建设监理制，以深化基本建设管理体制改革。推行这三项制度其目的就是要改革旧的管理体制和运行机制，明确建设的主体及其责任，提高建设项目的管理水平，使竞争机制成为建设市场的主要交易方式，提高投资效益，保证工程质量，从而建立适应社会主义市场经济发展的建设项目管理体制。因此，建设市场中的行为主体，包括建设单位、勘察设计单位、施工单位、咨询单位、监理单位、材料设备供应单位等，均要依靠合同确立相互之间的民事权利义务关系。

在新的建设管理体制中，建设的行为主体是项目法人。项目法人对其项目的策划、资金筹措、建设实施、生产经营、偿还债务以及资产的增值保值全面负责，并承担全部投资风险。项目法人通过招标的方式择优选择勘察、设计、施工、咨询、监理、材料设备供应等单位，并与之签订合同，通过合同明确各方的权利义务关系。这些权利、义务的关系以及它们的实现是靠合同的约定和法律的保障，而不是靠行政命令。建设各方是以合同为纽带连在一起的。他们的一切行为均应以合同为准则，而他们的权益，也主要依靠合同得到法律保护。所以必须建立、健全合同法律法规体系，加强建设工程合同管理工作，强化参与工程建设者的合同意识，保证依法订立的合同全面履行。只有这样，才能保证我国建设市场正常有序地运行。

改革开放以来，我国利用世界银行贷款项目、亚洲开发银行贷款项目、日本海外经济协力基金贷款项目以及其他中外合资、外商独资项目等，日趋增加，所有这些工程建设涉外业务中，都要求按国际惯例进行管理，要实行国际公开招标、推行建设监理制、采用国际通用的合同条款、进行严格的合同管理等。特别是我国加入世界贸易组织（WTO）后，对外开放的规模继续扩大，力度不断加强，国际工程建设项目也会更多。这些项目的管理对我们提出了更高的要求。我们要在适应和掌握国际惯例、熟悉和运用 FIDIC 条款等国际通用合同条款的基础上，更好地实施工程建设的合同管理。这是我国进一步扩大对外开放的需要，也是我国经济走向世界经济大循环的需要。

二、合同管理在工程建设中的地位

（一）合同管理贯穿于工程项目建设的整个过程

我国工程项目的建设程序一般分为项目建议书、可行性研究报告、初步设计、建设准备、建设实施、生产准备、竣工验收、后评价等阶段。在整个建设过程中的每一个阶段都贯穿了合同管理工作，对发包人和监理人而言，包括合同签订前的合同策划、招标、评标和定标，合同订立后的履行以及监督管理合同的实施等，对（设计、施工、总承包）承包人而言，包括合同分析、投标和合同订立后的合同的实施等。只有做好合同策划与合同分析工作，才能有一个好的合同，对今后的工程实施起到规范、控制和指导作用；只有做好招标投标工作，才能选择一个好的承包人和监理人，为合同的全面履行打下良好的基础；只有做好合同实施监督管理工作，才能使合同得到全面、正确的履行，实现合同目标，顺利完成工程项目建设任务。所以说，一个工程项目建设起始于合同管理，也终结于合同管理。

（二）合同是工程建设过程中发包人和承包人双方活动的准则

合同是工程建设过程中发包人和承包人双方活动的准则，合同双方必须按合同办事，全面履行合同所规定的权利和义务以及承担所分配风险的责任。合同双方的行为都要受合同约束，一旦违约，就要承担法律责任。

（三）合同是工程建设过程中双方纠纷解决的依据

在建设过程中，由于合同实施环境的变化、双方对合同理解的不一致、合同本身有模糊不确定之处等原因，引起纠纷是难免的，重要的是如何正确解决这些纠纷。在这方面合同有两个决定性的作用，一是要以合同条款作为判定纠纷的依据，即应由谁对纠纷负责以及应负什么样的责任；二是必须按照合同所规定的解决方式和程序进行这一活动。

（四）合同是协调并统一各参加建设者行动的重要手段

一项工程建设，往往有相当多的参与单位，有发包人、勘测设计、施工、咨询监理单位，有设备和物资供应、运输、加工单位，有银行、保险公司等金融单位，还有政府部门、群众组织等。每一参与者均有其自身目标和利益追求。为使各参与者的活动协调统一，为工程总目标服务，必须依靠合同。项目管理者要通过各单位签订的合同，将各合同和合同规定的活动在内容上、技术上、组织上、时间上协调一致，形成一个完整、周密、有序的体系，以保证工程有序地按计划进行，顺利地实现工程总目标。

第二节　法律的概念、形式和效力

一、法律的概念

什么是法律，这是一个既简单又非常复杂的问题。不同的法律流派，往往有截然不同的回答。马克思主义法学认为，法律是与国家不可分离的现象，法律的出现是生产力和生产关系这一社会基本矛盾发展的必然结果，法律的产生经历了一个漫长而又复杂的过程，是同社会和国家的出现分不开的。马克思主义从唯物史观出发，深刻解释了法律的本质，把法律定义为：法律是由国家制定、认可并依据国家强制力保证实施的，以权利和义务为调整机制，以人的行为及行为关系为调整对象，反映由特定物质生活条件所决定的统治阶级（在阶级对立社会）或广大人民群众（在社会主义社会）意志，以确认、保护和发展统治阶级或广大人民群众所期望的社会关系和价值目标为目的的行为规范体系。

法律的概念可概括为：法律是调节人们行为的规范；法律是由国家制定或认可的一种特殊的行为规范；法律是以规定的权利和义务的方式来运作的行为规范；法律是由国家强制力保证实施的社会行为规范。

我国是社会主义国家，我国的法律属于社会主义法律范畴。因此，社会主义法律的概念可以概括为：社会主义法律是工人阶级和广大人民群众意志和根本利益的体现，它是由社会主义国家制定或认可并以社会主义国家强制力保证实施的行为规范的总和，目的在于维护有利于广大人民群众的社会关系和社会秩序，是实现广大人民群众根本利益的重要工具。

为了规范立法活动，健全国家立法制度，建立和完善有中国特色社会主义法律体系，保障和发展社会主义民主，推进依法治国，建设社会主义法治国家，根据宪法，我国制定并颁发了《中华人民共和国立法法》（以下简称《立法法》）。法律、行政法规、地方性法规、自治条例和单行条例的制定、修改和废止，必须遵守《立法法》。

我国立法必须遵守的主要原则是：

（1）立法应当遵循宪法的基本原则，以经济建设为中心，坚持社会主义道路、坚持人民民主专政、坚持中国共产党的领导、坚持马克思列宁主义、毛泽东思想、邓小平理论，和"三个代表"重要思想，落实科学发展观，坚持改革开放。

（2）立法应当依照法定的权限和程序，从国家整体利益出发，维护社会主义法制的统一和尊严。

（3）立法应当体现人民的意志，发扬社会主义民主，保障人民通过多种途径参与立法活动。

（4）立法应当从实际出发，科学合理地规定公民、法人和其他组织的权利与义务、国家机关的权力与责任。

二、我国法律规范的形式

我国的法律规范的主要形式是规范性文件。规范性文件是相对于非规范性文件而言的。规范性文件是指国家机关在其权限范围内，按照法定程序制定和颁布的含有一定的具有普遍约束力的行为规则的文件。非规范性文件是指国家机关在其权限范围内发布的只对个别人或个别事有效而不包含具有普遍约束力的行为规则的文件，如判决书、公证书、结婚证等。

我国国家机关制定的规范性文件，以其效力的高低，依次如下。

（一）宪法

宪法以法律的形式规定了国家的根本制度和根本任务、公民的基本权利和义务，以及国家机构等，是我国的根本法，具有最高的法律效力。宪法的修改，必须由全国人大常委会或者1/5以上的全国人大代表提议，并由全国人民代表大会全体代表的2/3以上多数通过。

（二）法律

法律分为基本法律和其他法律。由全国人民代表大会制定和修改的刑事、民事、国家机构的法律属于基本法律；全国人民代表大会闭会期间，全国人民代表大会常务委员会可对基本法律进行部分补充和修改，但不得与该法律的基本原则相抵触。由全国人民代表大会常务委员会制定和修改除应当由全国人民代表大会制定的法律属于其他法律。基本法律由全国人民代表大会主席团提请大会全体会议表决，由全体代表的过半数通过；其他法律一般应当经三次常务委员会会议审议后由委员长会议提请常务委员会全体会议表决，由常务委员会全体组成人员的半数通过。全国人民代表大会或其常务委员会通过的法律由国家主席签署主席令予以公布。

（三）行政法规

行政法规是指国务院根据宪法和法律而制定的规范性文件。行政法规由国务院组织起草，其程序依照中华人民共和国国务院组织法的有关规定办理，一般经国务院常务会议审议通过，由国务院总理签署国务院令发布、施行。

（四）地方性法规

地方性法规包括省级地方性法规和较大的市地方性法规。

1. 省级地方性法规

省级地方性法规是指省、自治区、直辖市的人民代表大会及其常务委员会根据本行政区域的具体情况和实际需要，在不同宪法、法律、行政法规相抵触的情况下制定的规范性文件。由省级人民代表大会及其常务委员会制定的地方性法规，分别由大会主席团和常委会发布公告予以公布，并于公布的30日内报全国人民代表大会和国务院备案。

2. 较大的市地方性法规

较大的市是指省、自治区的人民政府所在地的市、经济特区所在的市和经国务院批准的较大的市。较大的市地方性法规是指较大的市的人民代表大会及其常务委员会根据本市的具体情况和实际需要，在不同宪法、法律、行政法规和本省、自治区的地方性法规相抵触的前提下制定的规范性文件，但需报省、自治区的人民代表大会常务委员会批准后，由较大的市的人民代表大会常务委员会发布公告予以公布，并应于公布后的30日内，由省、自治区人民代表大会常委会报全国人大常委会和国务院备案。

3. 自治条例和单行条例

我国是多民族的国家，依据我国法律的规定，民族自治地方的人民代表大会有权依照当地民族的政治、经济和文化特点，制定自治条例和单行条例，对法律和行政法规的规定可以作出变通规定，但不得违背法律和行政法规的基本原则，不得对宪法和民族区域自治法的规定以及其他法律、行政法规专门就民族自治地方所作的规定作出变通规定。自治区的自治条例和单行条例，报全国人民代表大会常务委员会批准后生效；自治州、自治县的自治条例和单行条例，报省、自治区、直辖市人大常委会批准后生效。自治条例和单行条例经批准后，分别由自治区、自治州、自治县的人大常委会发布公告予以公布，自治州、自治县制定的自治条例和单行条例，由省、自治区、直辖市的人大常委会报全国人大常委会和国务院备案。

（五）规章

规章包括部门规章和地方政府规章。

（1）部门规章是指由国务院各部、委员会、中国人民银行、审计署和具有行政职能的直属机构，根据法律和国务院的行政法规、决定、命令，在本部门的权限范围内制定的规范性文件。部门规章应经部务会议或者委员会会议决定，由部门首长签署命令予以公布，并应予公布后的 30 日内报国务院备案。

（2）地方政府规章是指本省、自治区、直辖市和较大的市的人民政府，根据法律、行政法规和本省、自治区、直辖市的地方性法规制定的规范性文件。地方政府规章应当经人民政府常务会议或者全体会议决定，由省长或自治区主席或者市长签署命令予以公布，并在公布后的 30 日内，报国务院和本级人大常委会备案。较大的市的人民政府制定的规章应当同时报省、自治区的人大常委会和人民政府备案。

三、法律效力

法律效力是指法律在什么领域、什么时间和对谁有效的问题，即法律在空间上、时间上和对人的效力的问题。凡中央国家机关制定的法律、行政法规、规章等规范性文件，一经颁布实施，就在我国的全部领域内发生效力（有特殊规定的除外）。地方国家机关制定和颁布的地方性法规、规章等规范性文件，只在其行政管辖区域内生效，而对管辖区域外不具有效力。这主要体现的是法律空间上的效力。再有就是时间上的效力，主要包括法律的生效、失效等问题。法律规范通常以发布公告上载明的生效日期开始生效。关于法律的失效，一般有三种情况：一是法律规范本身有终止生效日期；二是以新法代替旧法，新法生效之日即是旧法失效之日；三是明令宣布废除某法，并规定了废除日期。

在我国，由于制定规范性文件的国家机关不同，文件的名称和法律效力也不同。在同级国家机关之间，权力机关制定的规范性文件，效力要高于其他国家机关的；在上下级同类国家机关之间，同类上级国家机关制定的规范性文件，效力高于同类下级国家机关的。《立法法》作了以下明确规定：

（1）宪法具有最高的法律效力，一切法律、行政法规、地方性法规、自治条例和单行条例、规章都不得同宪法相抵触。

（2）法律的效力高于行政法规、地方性法规、规章。行政法规的效力高于地方性法规、规章。

（3）地方性法规的效力高于本级和下级地方政府规章。省、自治区的人民政府制定的规章的效力高于本行政区域内的较大的市的人民政府制定的规章。

（4）自治条例和单行条例依法对法律、行政法规、地方性法规作变通规定的，在本自治地方适用自治条例和单行条例的规定。

经济特区法规根据授权对法律、行政法规、地方性法规作变通规定的，在本经济特区适用经济特区法规的规定。

（5）部门规章之间、部门规章与地方政府规章之间具有同等效力，在各自的权限范围内施行。

（6）同一机关制定的法律、行政法规、地方性法规、自治条例和单行条例、规章，特别规定与一般规定不一致的，适用特别规定；新的规定与旧的规定不一致的，适用新的规定。

（7）法律之间对同一事项的新的一般规定与旧的特别规定不一致，不能确定如何适用时，由全国人民代表大会常务委员会裁决。行政法规之间对同一事项的新的一般规定与旧的特别规定不一致，不能确定如何适用时，由国务院裁决。

（8）地方性法规、规章之间不一致时，由有关机关依照下列规定的权限作出裁决：

1）同一机关制定的新的一般规定与旧的特别规定不一致时，由制定机关裁决；

2）地方性法规与部门规章之间对同一事项的规定不一致，不能确定如何适用时，由国务院提出意见，国务院认为应当适用地方性法规的，应当决定在该地方适用地方性法规的规定；认为应当适用部门规章的，应当提请全国人民代表大会常务委员会裁决；

3）部门规章之间、部门规章与地方政府规章之间对同一事项的规定不一致时，由国务院裁决。根据授权制定的法规与法律规定不一致，不能确定如何适用时，由全国人民代表大会常务委员会裁决。

第三节　《合同法》概述

一、《合同法》的概念

合同法是民法的重要组成部分，是市场经济的基本法律制度。党的十一届三中全会以来，我国先后制定了《中华人民共和国经济合同法》、《中华人民共和国涉外经济合同法》和《中华人民共和国技术合同法》。这三部合同法在我国社会主义现代化建设中，对保护合同当事人的合法权益，维护社会经济秩序，促进我国经济、技术以及涉外经济贸易的稳步发展，保障社会主义现代化建设事业的顺利发展，发挥了重要作用。随着我国改革开放的不断深入和扩大，经济贸易的不断发展，市场经济的需要，这三部合同法的一些规定不能完全适应新的社会经济情况，需要制定一部统一的、较为完备的合同法，对有关合同的共性问题作出统一规定。为此，我国制定并颁发了《中华人民共和国合同法》，（以下简称《合同法》）。

《合同法》是指调整合同法律关系的法律规范的总称。换句话说，《合同法》是调整与合同有关的权利义务关系的法律规范的总称，主要是确定合同的一般原则，规定合同的订立、变更、终止、违约责任以及与此相关的权利义务。我国实行的是社会主义市场经济，就是以市场为资源配置的基础，同时辅之以必要的宏观调控。市场作为资源配置的基础，要求各个市场主体，以市场作为媒介，通过广泛的市场交易活动，互通有无，通过交易实现各个主体所要的不同利益。交易在法律上的表现就是合同的订立和履行，而合同的严格遵守是交易秩序的基本内容。既然合同是交易的主要形式，因而我国合同法应成为规范交易关系、保障我国市场经济秩序的最重要的法律。

我国的《合同法》是调整平等主体之间的交易关系的法律，它包括界定合同的法律规范，订立合同的法律规范，合同成立条件的法律规范，合同内容的法律规范，合同效力的法律规范，合同无效、被撤销、效力未定的法律规范，合同履行的法律规范，合同保全的法律规范，合同担保的法律规范，合同变更和转让的法律规范，合同解除的法律规范，合同救济的法律规范，合同消灭的法律规范，合同解释和适用的法律规范，各类合同的法律规范等。《合同法》并不是一个独立的法律门类，而只是我国民法的重要组成部分。

二、《合同法》的立法目的

《合同法》的立法目的是与其性质直接相关的，从最一般的意义上讲，《合同法》是以维护和保障交易安全、合同自由、社会信用等为目的的法律。《合同法》第 1 条规定："为了保护合同当事人的合法权益，维护社会经济秩序，促进社会主义现代化建设，制定本法。"根据本条规定，《合同法》的立法目的主要体现在以下三个方面：

1. 保护合同当事人的合法权益

《合同法》是保护合同当事人合法权益的法律，而合同当事人是参与合同关系、享有合同权利和承担合同义务的自然人、法人和其他组织。合同当事人为实现自己的经济目的而订立合同，法律保障其合法的意图得以实现。合同当事人是参与社会经济活动的主体，通过自身的合法行为，取得合法权益，应受到国家法律的保护。法律被创制的目的之一即是为了保护当事人合法权益和制裁违法的行为。合同当事人在平等、协商一致的基础上通过依法订立合同而取得的财产权、租赁权、享受一定的服务权、获得劳动报酬权、债权等等，均受国家法律的保护。

2. 维护社会经济秩序

正常的社会经济秩序不容侵犯，应受到法律的保护，这与保护合同当事人合法权益是相辅相成的。没有一个良好的社会经济秩序，合同当事人的合法权益就不能得到很好的保护，另一方面，合同当事人的合法权益保护得好，也会促进社会经济秩序的良性发展。

社会经济秩序是通过规则建立和构筑的，通过确立规则并加以执行，形成必要的社会经济秩序。从市场秩序的角度而言，市场规则主要包括市场主体规则、市场交易规则、市场竞争规则和国家调控规则。这些规则相辅相成，共同构筑了现代市场经济秩序。市场交易规则是最基本的市场规则之一，《合同法》则是确定最基本的市场交易规则的法律。《合同法》通过确定合同规则，确保实现良好的合同秩序，从而有助于维护社会经济秩序。

3. 促进社会主义现代化建设

进行社会主义现代化建设是我国最紧迫的任务。一切法律、法规制定都是以促进社会主义建设的目的出发，尤其是在社会主义现代化建设中起着重要的作用的《合同法》。我国的工业、农业、科学技术等都在向现代化迈进。合同法确立的是一种交易制度，制度是社会和经济发展的决定性因子。《合同法》规定的合同制度通过促进资源的优化配置等，可以促进经济和社会的快速发展，加快社会经济现代化的进程。

三、《合同法》的调整范围

《合同法》规定，合同是平等主体的自然人、法人、其他组织之间设立、变更、终止民事权利义务的协议。民事权利义务关系是当事人之间受民事法律（包括《合同法》以及其他民事法律）保护的权利和义务关系。这表明：

《合同法》调整的是平等主体之间的权利义务关系，属于民事关系。政府对经济的管理活动，属于行政管理关系，不是民事关系，不适用《合同法》；企业、单位内部的管理关系，不是平等主体之间的关系，也不适用《合同法》。

合同是设立、变更、终止民事权利和义务关系的协议，有关婚姻、收养、监护身份关系的协议，不适用合同法。适用其他法律的规定，包括民法通则、婚姻法、收养法等。

《合同法》既调整法人之间的合同关系，也调整其他组织之间的合同关系和自然人之间的合同关系，同时还调整自然人、法人、其他组织之间的合同关系。

四、《合同法》的基本原则

《合同法》的基本原则体现在以下几个方面：

1. 平等原则

《合同法》第3条规定："合同当事人的法律地位平等，一方当事人不得将自己的意志强加给另一方。"该条规定了合同当事人法律地位平等原则，简称平等原则。

合同当事人法律地位平等是合同法所调整的合同关系的本质特征，也是民法平等原则在合同法中的具体体现。

合同当事人法律地位平等首先是指当事人之间在合同关系中不存在管理与被管理、服从与被服从的关系。即使当事人之间在其他方面具有不平等的关系，如行政上的领导与被领导的关系，而在订立合同时，也必须居于平等的法律地位，一方不能凌驾于另一方之上，不得将自己的意志强加给另一方，否则会影响合同的效力。

2. 自愿原则

《合同法》第4条规定："当事人依法享有自愿订立合同的权利，任何单位和个人不得非法干预"。本条确立了自愿原则。

所谓自愿原则，即当事人有是否订立和与谁订立合同的自由，任何人和任何单位均不得强迫对方与之订立合同。在不违反法律规定的情况下，当事人对合同的内容、合同的履行等均应遵循自愿原则，任何单位和个人不得非法干预。自愿原则和平等原则是相辅相成，不可分割的，平等体现了自愿，自愿要求平等。合同法的自愿原则也不是绝对的，合同自愿只有在合法的前提下才能得以实现，也就是说自愿原则要受到一定的干预与限制。

3. 公平原则

《合同法》第5条规定："当事人应当遵循公平原则确定各方的权利和义务。"该条规定了合同法的公平原则。

公平原则要求合同当事人在确定各方权利义务时要公平合理。有偿合同要平等互利，协商一致，不利用欺诈、胁迫和乘人之危强迫对方当事人签订不合理的条款。

公平原则是指本着社会公认的公平观念确定当事人之间的权利义务。主要体现为：①当事人在订立合同时，应当按照公平合理的标准确定合同的权利义务，不能使合同的权利义务显失公平；②当事人发生纠纷时，法院应当按照公平原则对当事人确定的权利义务进行价值判断，以决定其法律效力；③当事人变更、解除合同或者履行合同，应体现公平精神，不能有不公平的行为。

4. 诚信原则

《合同法》第 6 条规定："当事人行使权利、履行义务应当遵循诚实信用原则。"该条规定了合同法的诚实信用原则。诚实信用原则要求合同当事人在合同订立和合同履行的过程中，遵守法律法规和双方的约定，本着诚实、信用、实事求是的精神以善意的方式履行合同义务，不搞欺诈行为，不乘人之危进行不正当竞争等。

诚实信用原则在《合同法》中有着许多具体的体现，最典型的条款是第 61 条第 2 款，即当事人应当遵循诚实信用的原则，根据合同的性质、目的和交易习惯履行下列义务：①及时通知；②协助；③提供必要的条件；④防止损失扩大；⑤保密。

诚实信用原则的一个非常重要的功能是作为解释合同的重要依据。在合同的内容含糊不清、发生歧义等情况下，就需要对当事人的真实意思表示进行解释。诚实信用原则就是一条极为重要的解释原则。

5. 合法原则

《合同法》第 7 条规定："当事人订立、履行合同，应当遵守法律、行政法规，尊重社会公德，不得扰乱社会经济秩序，损害社会公共利益。"在此将其简称为合法原则，实际上包括了合法原则和公序良俗原则。

当事人订立、履行合同应当遵守法律、行政法规，主要是指遵守法律的强制性规定。尊重社会公德，不得扰乱社会经济秩序、损害社会公共利益，可以简单地概括为维护公共秩序和善良的风俗原则。《合同法》本条规定，订立合同是一种法律行为，只有合法，才具有法律约束力。否则，签订了不合法、不符合社会公共利益的合同，就是无效的合同，无效的合同是不受国家法律保护的。这里所说的法律法规，包括现行的所有有效的法律法规，只要涉及当事人的合同行为，都应当予以遵守，而不仅仅是指遵守合同法。合同法的平等原则、自愿原则、公平原则、诚实信用原则和合法原则共同构成了合同法的基本原则，贯穿了合同从签订到终止的全过程，也是每一个合同当事人均应遵守、不得违反的基本原则。

五、合同的分类

《合同法》由总则、分则和附则三部分组成。总则包括一般规定、合同的订立、合同的效力、合同的履行、合同的变更和转让、合同的权利和义务终止、违约责任、其他规定等共分为八章。分则按照合同的标的的特点分为 15 类，即：买卖合同；供用电、水、气、热力合同；赠与合同；租赁合同；融资租赁合同；承揽合同；建设工程合同；运输合同；技术合同；保管合同；仓储合同；委托合同；行纪合同；居间合同等。

第四节 合同法律关系

一、合同法律关系的构成

（一）合同法律关系的概念

法律关系是一定的社会关系在相应的法律规范的调整下形成的权利义务关系。合同的法律关系是一种重要的法律关系，其实质是法律关系主体之间的特定的权利义务关系。合同法律关系包括合同法律关系主体、合同法律关系客体、合同法律关系内容三个要素。这三个要素构成了合同法律关系，缺少其中任何一个要素都不能构成合同法律关系，改变其中的任何一个要素就改变了原来设定的法律关系。

（二）合同法律关系的主体

合同法律关系的主体，是指以自己的名义订立并履行合同、具有相应的民事权利能力和民事行为能力、享受一定权利并承担一定义务的人。依据《合同法》，其主体可以是自然人、法人或其他组织。

订立合同首先遇到的就是当事人的合法资格问题。这一问题直接关系到合同是否成立、是否合法以及能否顺利履行。《合同法》第 9 条规定："当事人订立合同，应当具有相应的民事权利能力和民事行为能力。当事人依法可以委托代理人订立合同。"本条规定了合同主体的资格。民事权利能力是参与民事活动、享有民事权利、承担民事义务的资格。民事行为能力是指以自己的意思进行民事活动、取得权利和承担义务的资格。合同当事人订立合同，应当具有合法的主体资格。

1. 自然人的民事权利能力和民事行为能力

自然人，是指基于出生而成为民事法律关系主体的有生命的人。自然人从出生时起到死亡时止，具有民事权利能力，依法享有民事权利、承担民事义务。自然人的民事权利能力一律平等。任何公民，无论年龄、性别、职业、贫富等，都享有法律赋予的平等的民事权利能力，范围完全相同。自然人的民事行为能力分为完全民事行为能力，限制民事行为能力和无民事行为能力三种。根据民法通则的规定，18 岁以上的公民是成年人，具有完全民事行为能力，可以独立进行民事活动。16 周岁以上不满 18 周岁的公民，以自己的劳动收入为主要生活来源的，视为完全民事行为能力。10 周岁以上的未成年人是限制民事行为能力人，可以进行与他的年龄、智力相适应的民事活动。不能完全辨认自己行为的精神病人是限制民事行为能力人，可以进行与他的精神健康状况相适应的民事活动；其他的民事活动由他的法定代理人代理或者征得他的法定代理人的同意。限制民事行为能力人其行为受到限制。不满 10 周岁的未成年人是无民事行为能力人，由他的法定代理人代理民事活动。不能辨认自己行为的精神病人是无民事行为能力人，由他的法定代理人代理民事活动。

2. 法人的民事权利能力和民事行为能力

法人作为合同当事人，也要具有相应的民事权利能力和民事行为能力。

法人是与自然人相对的民事权利主体，是具有民事权利能力和民事行为能力，依法独立享有民事权利和承担民事义务的组织，《中华人民共和国民法通则》将法人分为两类：一类是企业法人，一类是机关、事业单位和社会团体法人。

法人应当具备以下条件：①依法成立；②有必要的财产和经费；③有自己的名称、组织机构和场所；④能够独立承担民事责任。

法人具有民事权利能力和民事行为能力：法人的民事权利能力是指法人依法可以享受何种权利的资格；法人的民事行为能力是指法人依法可以从事何种行为的资格。法人的权利能力是同法律、行政法规的规定和工商行政管理部门核准登记的业务范围以及其内部章程一致的；法人的行为能力由法人机关或法人机关委托其业务人员来实现。法人的民事权利能力和民事行为能力，从其成立时产生，到其终止时消灭。在承担财产责任上，全民所有制企业法人以国家授予其经营管理的财产承担责任，集体所有制企业法人以企业所有的财产承担责任。

3. 其他组织

其他组织是指依法成立，有一定的组织机构和财产，但不具备法人资格的组织。包括法人的分支机构、不具备法人资格的联营体、合伙企业、个人独资企业、个体工商户、农村承包经营户等。其他组织与法人相比，其复杂性在于民事责任的承担比较复杂。

（三）合同法律关系的客体

合同法律关系的客体，即合同的标的。是指合同当事人双方或者多方享有的合同权利和承担的合同义务所共同指向的对象。合同法律关系的客体主要包括物、工程项目、服务、成果等。

（四）合同法律关系的内容

合同法律关系的内容是指合同约定和法律规定的权利和义务。权利是指合同法律关系主体在法定范围内，按照合同约定有权按照自己的意志做出某种行为。权利主体也可以要求义务主体做出一定的行为或不做出一定的行为，以实现自己的有关权利。当权利受到侵害时，有权得到法律的保护。义务是指合同法律关系主体必须按法律的规定或合同约定承担应负的责任。义务和权利是相互对应的，相应主体应自觉履行相应的义务。否则，义务人应承担相应的法律责任。合同法律关系的内容是合同的具体要求，决定了合同法律关系的性质，它是连接合同主体的纽带。

二、合同法律关系的产生、变更与消灭

合同法律关系是不会自然而然地产生的，也不能仅凭法律规范就可以在当事人之间发生具体的合同法律关系，合同的法律关系只有在具有一定的条件下才能产生、变更和消灭。只有一定的法律事实存在，才能在当事人之间发生一定的合同法律关系，或使原来的合同法律关系发生或变更。法律事实是指能够引起合同法律关系产生、变更和消灭的客观现象和事实。法律事实一般包括行为和事件。行为是指法律关系主体有意识的活动，能够引起法律关系发生变更和消灭的行为。行为可分为合法行为和违法行为。凡是符合国家法律法规规定的行为是合法行为，反之则为违法行为。事件是指不以合同法律关系主体的主观意志为转移而发生的，能够引起合同法律关系产生、变更、消灭的客观现象。这些客观事件的出现与否，是当事人无法预见和控制的。一种为由于自然现象所引起的客观事实称为自然事件。另一种是由于社会上发生了不以个人意志为转移、难以预料的重大变故所形成的客观事实称为社会事件。不论是自然事件还是社会事件的发生，都能引起一定的法律后果，即导致合同法律关系的产生或者迫使已经存在的合同法律关系发生变化。

在建设活动中，发包人与勘察人、设计人、施工人订立合法有效的合同，产生建设工程合同关系；而建设行政管理部门依法对建设活动进行监督管理活动，则产生建设行政管

理关系，而不是合同关系。另一方面，行政行为和发生法律效力的法院判决以及仲裁机构的裁决等也属于一种法律事实，也会引起法律关系的发生、变更和消灭。

三、代理关系

（一）代理的概念

代理是代理人在代理权限范围内，以被代理人的名义实施的，其民事责任由被代理人承担的民事法律行为。也就是说，代理人以被代理人的名义对外所实施的民事法律行为，只有在代理权限范围内才能对被代理人有效。无权代理的行为对被代理人不生效力，但经被代理人追认的，仍对被代理人产生效力。

（二）代理的种类

根据《民法通则》规定，以代理权产生的依据不同，将代理分为委托代理、法定代理和指定代理三种。

委托代理，是基于被代理人对代理人的委托授权行为而产生的代理。委托代理关系的产生，只有在被代理人以书面或者口头的形式对代理人进行授权后，这种委托代理关系才真正建立。如果法律法规规定应当采用书面形式的，则应当采用书面形式。

法定代理，是指根据法律的直接规定而产生的代理。法定代理主要是为维护限制民事行为能力人或无民事行为能力人的利益而设立的代理方式。

指定代理，是根据人民法院和有关单位的指定而产生的代理。指定代理只在没有委托代理和法定代理的情况下适用。在指定代理中，被指定的人称为指定代理人，依法被指定为代理人的，如无特殊原因不得拒绝担任代理人。

（三）代理的法律特征

（1）代理人必须在代理权限范围内实施代理行为。无论是委托代理、法定代理，还是指定代理，代理人都不得擅自变更或扩大代理权限，代理人超越代理权限的行为不属于代理行为，被代理人对此不承担责任。委托代理人应当在被代理人的授权范围内实施代理行为，法定代理人应当在法律规定的权限范围内实施代理行为，指定代理人应当在指定的权限范围内实施代理行为。

（2）代理人以被代理人的名义实施代理行为。代理人只有以被代理人的名义实施代理行为，才能为被代理人取得权利和设定义务。如果代理人以自己的名义为法律行为，则不属于代理行为，所设定的权利和义务只能由代理人自己承担。

（3）代理人在被代理人的授权范围内独立地表现自己的意志。在被代理人的授权范围内，代理人以自己的意志去积极地为实现被代理人的利益和意愿进行具有法律意义的活动。它具体表现为代理人有权自行解决他如何向第三人作出意思表示，或者是否接受第三人的意思表示。

（4）被代理人对代理人的代理行为承担民事责任。代理是代理人以被代理人的名义实施的法律行为，所以在代理关系中所设定的民事权利义务应当由被代理人享有和承担。被代理人应当对代理人的合法代理行为承担民事责任。

（四）无权代理

根据我国法律的规定，无权代理包括没有代理权、超越代理权和代理权终止三种。《民法通则》第 66 条第 1 款规定："没有代理权、超越代理权或者代理权终止后的行为，只有经被代理人的追认，被代理人才承担民事责任。未经追认的行为，由行为人承担民事责任。本人知道他人以本人的名义实施民事行为而不作否认表示的，视为同意。"《合同法》第 48 条规定："行为人没有代理权、超越代理权或者代理权终止后以被代理人的名义订立的合同，未经被代理人追认，对被代理人不发生效力，由行为人承担责任。"

（1）没有代理权。既没有委托代理权，也没有法定代理权和指定代理权而以他人名义实施的代理行为，属无权代理。

（2）超越代理权。行为人虽然有代理权，但擅自超越代理权限的代理行为，属于无权代理。一般来说，代理人的代理权限都有一定的限制。按照《民法通则》第 65 条规定，在委托代理中，授权委托书应当载明代理权限。

（3）代理权终止。行为人本来有代理权，但代理权终止后仍以被代理人的名义实施代理行为，属于无权代理。在什么情况下视为代理权终止呢？《民法通则》第 69 条和第 70 条作出了具体的规定。

委托代理终止：

（1）代理期限届满或者代理事务完成；

（2）被代理人取消委托或者代理人辞去委托；

（3）代理人死亡；

（4）代理人丧失民事行为能力；

（5）作为被代理人或者代理人的法人终止。

法定代理或者指定代理终止：

（1）被代理人取得或者恢复民事行为能力；

（2）被代理人或者代理人死亡；

（3）代理人丧失民事行为能力；

（4）指定代理的人民法院或者指定单位取消指定；

（5）由其他原因引起的被代理人和代理人之间的监护关系消灭。

第五节 合同的公证和鉴证

在建设工程合同的订立和履行的过程中，经常需要对合同进行公证和鉴证，因此，作为监理人应了解、熟悉我国的公证和鉴证的法律制度。

一、合同的公证

合同的公证，是指国家的公证机关根据当事人双方的申请，依法对合同的真实性与合法性进行审查并予以确认的一种法律制度。我国的公证机关是经省、自治区、直辖市司法行政机关批准设立的公证处。

合同公证一般实行自愿原则。公证机关进行公证的依据是合同当事人的申请，这是自愿原则的主要体现。

合同的公证一般按以下程序进行：

（1）合同当事人提出公证申请。当事人申请公证，应当亲自到公证处提出书面或口头的公证申请。如果委托他人代理的，必须提交有代理权的有效证件。国家机关、团体、企业、事业单位申请办理公证，应当派代表到公证处，代表人应当出具有代表权的有效证件。

（2）公证员进行审查。公证员应当对合同进行全面的审查，既要审查合同的真实性和合法性，也要审查合同当事人的身份、资质条件、行使权利和履行义务的能力。公证处对当事人提供的证明，认为不完备或有疑义时，有权通知当事人作必要的补充或者向有关单位、个人调查，索取有关资料。

（3）核发公证书。公证员对申请公证的合同，经过审查认为符合公证的原则，应当制作公证书发给当事人。

公证处对不真实、不合法的合同应当拒绝公证。

二、合同的鉴证

合同的鉴证，是指合同管理机关根据当事人双方的申请对其所签订的合同进行审查，以证明其真实性和合法性，并督促当事人认真履行的法律制度。

我国的合同鉴证实行自愿的原则，合同的鉴证根据当事人的申请办理。经过鉴证的合同，由于已经证明了合同的合法性和真实性，因此，有助于提高当事人双方相互信任，有利于合同的履行，并且能够减少合同的争议。

合同的鉴证由县级以上工商行政管理机关办理。申请合同鉴证，除了应当由当事人的申请外，还应当提交合同原本、营业执照、主体资格证明文件、签订合同的法定代表人的资格证明或者委托代理人的委托代理书、申请鉴证经办人的资格证明，以及其他有关证明材料。

合同经审查符合要求的，鉴证机关可以予以鉴证；否则，应当及时告知当事人进行必要的补充或修正后，方可鉴证。

经过鉴证的合同具有以下作用：

（1）经过鉴证审查，可以使合同的内容符合国家的法律、行政法规的规定，有利于纠正违法合同；

（2）可以使合同的内容更加完备，预防和减少合同纠纷；

（3）便于合同管理机关了解情况，督促当事人认真履行合同，提高履行合同的效率。

三、合同公证与鉴证的区别

合同的公证与鉴证，均实行自愿的原则；其公证与鉴证的内容和范围相同；其目的都是为了证明合同的合法性和真实性。

合同公证与鉴证的区别主要体现在三个方面：

（一）合同的公证和鉴证的性质不同

合同公证是司法行政管理机关领导下的公证机关依据《中华人民共和国公证暂行条例》行使公证权所做出的司法行政行为。而合同鉴证是工商行政管理机关依据《合同鉴证办法》行使的行政管理行为。

（二）合同公证与鉴证的效力不同

经过公证的合同，其法律效力高于鉴证的合同。按照《中华人民共和国民事诉讼法》的规定，经过法定程序公证的法律行为、法律事实和文书，人民法院应当作为认定事实的依据。而经过鉴证的合同则没有这样的效力，在诉讼中仍需要对合同进行质证，人民法院应当辨别真伪，审查确定其效力。

（三）合同公证与鉴证的效力范围不同

公证作为司法行政行为，按照国际惯例，在我国境内和境外都有法律效力。而鉴证作为行政管理行为，其效力只能限于我国境内。

思 考 题

1-1　我国法律规范的形式是什么？

1-2　《立法法》对法律效力作了哪些规定？

1-3　合同法的基本概念是什么？

1-4　合同法的调整范围是什么？

1-5　合同法的立法目的是什么？

1-6　合同法的基本原则是什么？

1-7　合同共分为多少类？

1-8　合同法律关系由哪些要素构成？

1-9　代理的种类和法律特征有哪些？

1-10　什么是合同的公证？什么是合同的鉴证？

第二章　民事合同法律制度

第一节　合同概述

一、合同的概念及其法律特征

合同一词有广义和狭义之分。广义的合同，泛指一切确立权利义务关系的协议。狭义的合同则仅指民法上的合同，又称民事合同。我们这里所讲的就是指民法上的合同。《合同法》规定："合同是平等主体的自然人、法人、其他组织之间设立、变更、终止民事权利义务关系的协议。"按照该条规定，凡民事主体之间设立、变更、终止民事权利义务关系的协议都是合同。合同是一种协议，但合同不同于协议书。协议书可能只是一种意向书，并不涉及双方的具体权利义务。

合同具有以下法律特征：

(1) 合同是一种民事法律行为。民事法律行为，是指以意思表示为要素，依其意思表示的内容而引起民事法律关系设立、变更和终止的行为。而合同是合同当事人意思表示的结果，是以设立、变更、终止财产性的民事权利义务为目的，且合同的内容即合同当事人之间的权利义务是由意思表示的内容来确定的。因而，合同是一种民事法律行为。

(2) 合同是一种双方或多方的民事法律行为。合同是两个以上的民事主体在平等自愿的基础上互相或平行作出意思表示，且意思表示一致而达成的协议。首先，合同的成立须有两个或两个以上当事人；其次，合同的各方当事人须互相或平行作出意思表示；再次，各方当事人的意思表示须达成一致，即达成合意或协议，且这种合意或协议是当事人平等自愿协商的结果。因而，合同是一种双方、多方或共同的民事法律行为。

(3) 合同是以在当事人之间设立、变更、终止财产性的民事权利义务为目的。首先，合同当事人签订合同的目的，在于为了各自的经济利益或共同的经济利益，因而合同的内容为当事人之间财产性的民事权利义务；其次，合同当事人为了实现或保证各自的经济利益或共同的经济利益，以合同的方式来设立、变更、终止财产性的民事权利义务关系。无论当事人订立合同是为了设立财产性的民事权利义务关系，还是为了变更或终止财产性的民事权利义务关系，只要当事人达成的协议依法成立并生效，就会对当事人产生法律约束力，当事人也必须依合同规定享有权利和履行义务。

(4) 订立、履行合同，应当遵守法律、行政法规。这其中包括：合同的主体必须合法，订立合同的程序必须合法，合同的形式必须合法，合同的内容必须合法，合同的履行必须合法，合同的变更、解除必须合法，等等。

(5) 合同依法成立，即具有法律约束力。合同法规定："依法成立的合同，对当事人具有法律约束力。当事人应当按照约定履行自己的义务，不得擅自变更或者解除合同。"所谓法律约束力，是指合同的当事人必须遵守合同的规定，如果违反，就要承担相应的法律责任。合同的法律约束力主要体现在以下两个方面：①不得擅自变更或解除合同。②违反合同应当承担相应的违约责任。

二、合同的形式

合同的形式是合同当事人意思表示一致的表现形式。合同的形式即是合同内容的外部表现，又是合同内容的载体。合同的形式对合同当事人权利义务的确定，具有重要的意义。合同的形式主要有以下几种：

1. 口头形式

口头形式是指合同当事人只用语言为意思表示而订立合同，而不用文字表达协议内容的合同形式。在日常生活中经常被采用，口头形式具有简便易行的特征，可以为当事人节省时间和精力，但在发生纠纷时常因举证困难而分不清责任，故其一般只适用于标的金额较小、当事人权利义务比较简单的即时清结的合同。对于不能即时清结的合同和标的数额较大的合同，不宜采用口头形式。

2. 书面形式

书面形式是指合同书、信件以及数据电文（包括电报、电传、传真、电子数据交换和电子邮件）等可以有形地表现所载内容的形式。书面合同一般不要求必须遵从固定的格式，但其内容应当写明当事人的全部权利、义务，明确各方的责任，并由当事人签字或盖章，法人订立书面合同的，应加盖法人的公章（或合同专用章），并由法定代表人或代理人签名盖章。书面合同较口头合同复杂，在当事人发生纠纷时举证方便，容易分清责任，也便于主管机关和合同管理机关监督、检查。法律、行政法规规定采用书面形式的，应当采用书面形式。当事人约定采用书面形式的，应当采用书面形式。

3. 公证形式

公证形式是当事人约定或者依照法律规定，以国家公证机关对合同内容加以审查公证的方式订立合同。公证机关一般均以合同的书面形式为基础，对合同内容的真实性和合法性进行审查确认后，在合同书上加盖公证印鉴，以资证明。经过公证的合同具有最可靠的证据力，当事人除有相反的证据外，不能推翻。

4. 鉴证形式

鉴证形式是当事人约定或依照法律规定、以国家合同管理机关对合同内容的真实性和合法性进行审查的方式订立合同的一种合同形式。鉴证是国家对合同进行管理和监督的行政措施，只能由国家工商行政管理机关进行。鉴证的作用在于加强合同的证明，提高合同的可靠性。

5. 批准形式

批准形式是指法律规定某些类别的合同须采取经国家有关主管机关审查批准的一种合同形式。这类合同，除应由当事人达成意思表示一致而成立外，还应将合同书及有关文件提交国家有关主管机关审查批准才能生效。

6. 登记形式

登记形式是指当事人约定或依照法律规定，采取将合同提交国家登记主管机关登记的方式订立合同的一种合同形式。

7. 合同确认书

合同确认书即当事人采用信件、数据电文等形式订立合同，一方当事人可以在合同成立之前要求以书面形式加以确认的合同形式。

三、合同的主要条款

合同的主要条款是合同一般应具备的条款，又称必要条款。主要条款是合同的核心部分，它确定了当事人的基本的权利和义务，是履行合同与承担责任的基本依据。合同的组成包括合同的主体、客体和内容。合同的主体即合同的当事人，就是权利义务的主体。合同的客体是指当事人权利义务所共同指向的对象即标的。合同的内容是指当事人享有的权利和承担的义务。《合同法》第 12 条规定："合同的内容由当事人约定，一般包括以下条款：当事人的名称或者姓名和住所；标的；数量；质量；价款或者报酬；履行的期限、地点和方式；违约责任；解决争议的方法。"合同的主要条款是根据合同的性质所必须具备的条款。

1. 当事人的名称或者姓名和住所

合同当事人是自然人的，要写明自然人的姓名和住所；当事人是法人或其他组织的，要写明该法人或该组织的名称和住所。名称或者姓名和住所是确定当事人的主要依据，如果合同不具有这些内容，合同的当事人就无法确立，合同的权利和义务就找不到承担者，根本就不可能有合同关系。

2. 标的

合同标的是合同法律关系的客体，是合同当事人双方权利义务所共同指向的对象。

合同标的可以是货物、工程项目、劳务，还可以是技术成果等。标的集中反映了当事人的目的和要求，是合同成立的基础。没有标的，权利义务就失去了目标，当事人之间不可能建立起权利义务关系。因而，没有标的，合同不能订立。标的是任何合同都不能欠缺的条款。

3. 数量

数量是合同标的具体化，也直接体现了合同双方当事人权利义务的大小程度。数量是确定合同标的的具体条件，是同类标的中这一标的区别那一标的的具体特征，也是合同得以正确、全面履行的保障。数量是衡量标的的尺度，通常由数字和计量单位表示。合同中对标的的数量、计量单位和计量方法必须明确并确定，尤其采用法定计量单位。

4. 质量

质量与数量一样，也是合同标的的具体化，质量是标的内在的素质和外观形象的综合，它包括品种、型号、等级、规格要求等。合同的质量要求和标准，必须明确、具体、详细。有国家或行业标准的，按国家或行业标准的签订，同时应写明标准的年号、代号；如无国家或行业标准的，按地方标准或企业标准签订。产品的等级要明确，对某些须安装运转后才能确定内在质量问题的产品，应按照法律法规和政策规定，在合同中明确可提出质量异议的条件和时间。对某些抽样检验质量的产品，有关抽样标准、方法和比例等均应在合同中明确。

5. 价款或报酬

价款或报酬是标的的价金，是当事人一方取得标的应向对方支付的代价。对于有偿合同，存在价款或报酬的问题；在以货物为标的的合同中，这种代价称为价款，在以劳务为标的的合同中，这种代价称为报酬。价金以货币数量表示，除法律、法规另有规定的以外，必须以人民币为计算和支付单位。当事人在签订合同时，应当明确约定价款或者报酬的计算标准、金额总数、结算方式、支付条件、支付日期等内容，以便双方的权利和义务得到具体的、明确的规定，使合同能够得到切实的履行。如果没有约定或约定不明确，当事人也可以事后补充；当事人事后不能达成补充协议的，可以按照合同的有关条款、交易的惯例或法律的补充性规定来确定。

6. 履行期限、履行地点和履行方式

履行期限是交付标的和支付价款的时间，是一方当事人向另一方当事人履行义务的时间界限，即当负有履行义务的一方当事人在约定的期限内没有自动履行义务的，享有权利的一方当事人即可取得要求对方履行义务的权利；同时，合同的履行期限，又是一方当事人行使合同解除权的一个条件，即当负有义务的一方当事人在约定期限内没有履行义务的时候，享有权利的一方当事人即可取得通知对方解除合同的权利。因此，履行期限是合同的一个主要的内容，当事人双方在签订合同时，应当明确约定履行期限，以明确双方的责任。

履行地点是指在什么地方交付或提取标的。履行地点是一个关系到合同是否已经得到履行的判断标准的问题，如果当事人没有在合同约定的期限内到指定的地点履行合同、就可以判断为没有履行合同。一般来讲，交付的标的物是不动产的，在不动产的所在地履行；交付的标的物是动产的，应当在接受该动产一方当事人的所在地履行。此外，在实践中，当事人签订合同时，也有没有明确约定履行地点的情况。在这种情况下，履行地点不明确的，给付货币的，在接受给付一方的所在地履行，其他标的在履行义务一方的所在地履行。

履行方式是指交付标的的方式，即当事人采取什么方法来履行合同规定的义务。合同的履行方式是多种多样的，如一次履行和分期履行；交付方式有送货、代运、自提；价格或报酬的结算方式，都应在合同中规定清楚。如一方要改变履行方式，则应征得对方同意。

7. 违约责任

违约责任是指违反合同约定义务的当事人应当承担的法律责任。它由合同的法律效力决定。当事人可以在合同中约定，一方违反合同时，向另一方支付一定数额的违约金；也可以在合同中约定对于违反合同而产生的损失赔偿额计算方法。合同没有违约责任的条款，不等于合同当事人对违反合同不承担责任，因而并不会使合同失去应有的作用。合同中即使没有违约责任条款，合同仍可成立；当事人不履行合同义务时，仍应依法承担违约的民事责任。

8. 解决争议的方法

当事人可以在合同中约定，合同在履行中发生争议时解决的方法，是通过仲裁方式解决，还是通过法院审判方式解决，应当在合同中明确规定，一旦发生争议，便于按照约定向仲裁机关申请仲裁或者向人民法院提起诉讼。

第二节 合同的订立

一、合同的订立

合同是双方或多方的民事法律行为，合同各方的意思表示达成一致，合同才能成立。合同的订立就是合同当事人进行协商，使各方的意思表示趋于一致的过程。合同的成立是合同法律关系确立的前提，也是衡量合同是否有效以及确定合同责任的前提。一项合同只有成立后才谈得上合同效力及合同责任。当事人订立合同一般采取要约，承诺方式。在当事人协商过程中，一般要先有一方作出订约的意思表示，然后他方予以附和，前者为要约，后者为承诺。因此合同订立的一般程序从法律上可分为要约和承诺两个阶段。此外还有要约交错与意思实现等特殊方式。

（一）要约

1. 要约的概念及法律特征

要约是希望和他人订立合同的意思表示。要约在商业活动和对外贸易中又称为报价、发价或发盘。发出要约的当事人称为要约人，而要约所指向的对方当事人则称为受要约人。一项要约要取得法律效力，必须具有以下法律特征：

（1）要约的内容具体确定。要约的内容必须包括足以决定合同内容的主要条款，因为订约当事人双方就合同主要条款协商一致，合同才能成立。因此，要约既然是订立合同的提议，就须包括能够足以决定合同主要条款的内容。

（2）要约必须表明经受要约人承诺，要约人即受该意思表示约束。即要约必须具有缔结合同的目的。当事人发出要约，是为了与对方订立合同，要约人要在其意思表示中将这一意愿表示出来。凡不以订立合同为目的的意思表示，不构成要约。要约人发出要约，一般可以分为两种：一种是口头形式，即要约人以直接对话或者电话等方式向对方提出要约，这种形式，主要用于即时清结的合同；另一种是书面形式，即要约人采用交换信函、电报、电传和传真等文字形式向对方提出要约。

2. 要约与要约邀请的区别

要约邀请是希望他人向自己发出要约的意思表示。要约是以订立合同为目的的具有法律意义的意思表示行为，一经发出就产生一定的法律效果。而要约邀请的目的是让对方对自己发出要约，是订立合同的一种预备行为，在性质上是一种事实行为，并不产生任何法律效果，即使对方依邀请对自己发出了要约，自己也没有承诺的义务。因此，要约邀请本身不具有法律意义。在实际生活中，寄送的价目表、拍卖公告、招标公告、招股说明书、商业广告等都为要约邀请。但应注意，商业广告的内容符合要约规定的，应视为要约，比如悬赏广告等。

要约与要约邀请的区别在于：①要约是当事人自己发出的愿意订立合同的意思表示，而要约邀请则是当事人希望对方当事人向自己发出订立合同的意思表示的一种意思表示。②要约一经发出，邀请方可以不受自己的要约邀请的约束，即受要约邀请而发出要约的一方当事人，不能要求邀请方必须接受要约。

3. 要约的生效

要约到达受要约人时生效。要约生效的时间依要约的形式不同而有所不同：口头要约一般向受要约人了解时发生法律效力；非口头要约一般自要约送达受要约人时发生法律效力。合同法规定：采用数据电文形式订立合同，收件人指定特定系统接收数据电文的，该数据电文进入该特定系统的时间，视为到达时间；未指定特定系统的，该数据电文进入收件人的任何系统的首次时间，视为到达时间。

4. 要约的撤回

合同法规定，要约可以撤回。要约撤回，是指在要约生效前，要约人使其不发生法律效力的意思表示。要约一旦送达受要约人或被受要约人了解，即发生法律效力。所以，撤回要约的通知应当在要约到达受要约人之前或者与要约同时到达受要约人。因此，要约的撤回只发生在书面形式的要约，而且，撤回通知一般应采取比要约更迅速的通知方式。

5. 要约的撤销

要约的撤销，是指在要约生效后，要约人使其丧失法律效力的意思表示。撤销包括全部内容的撤销，也包括部分内容的变更。合同法规定，要约可以撤销。撤销要约的通知应当在受要约人发出承诺通知之前到达要约人。但有下列情形之一的，要约不得撤销：①要约人确定了承诺期限或者以其他形式明示要约不可撤销；②受要约人有理由认为要约是不可撤销的，并已经为履行合同作了准备工作。

6. 要约的失效

要约失效，即要约丧失其法律效力。要约失效后，要约人不再受其约束，受要约人也终止了承诺的权利。要约失效后，合同即失去了成立的基础，受要约人即使承诺，也不能成立合同。合同法规定，有下列四种情形之一的，要约失效：

（1）拒绝要约的通知到达要约人。

（2）要约人依法撤销要约。

（3）承诺期限届满，受要约人未作出承诺。

（4）受要约人对要约的内容作出实质性变更。

注意，以下几种情况构成新要约：当受要约人已拒绝，但又在要约有效期内同意的；承诺期限届满后，受要约人又表示接受的；受要约人对要约的内容作出实质性变更的。

（二）承诺

1. 承诺及其法律特征

承诺，是受要约人同意要约的意思表示。承诺一经作出，并送达要约人，合同即告成立。要约人有义务接受要约人的承诺，不得拒绝。

一项承诺，必须具备下列法律特征，才能产生合同成立的法律后果：

（1）承诺必须由受要约人作出。

（2）承诺必须向要约人作出。

（3）承诺的内容应当和要约的内容一致。

（4）承诺应在要约有效期内作出。

2. 承诺的方式

合同法规定，承诺应当以通知的方式作出，但根据交易习惯或者要约表明或以通过行为作出承诺的除外。承诺的形式，受要约人以何种方式发出承诺，一般应当与要约的形式一致。当要约是口头形式时，受要约人也应当用口头形式作出承诺。当要约是书面形式时，受要约人也应当用书面形式作出承诺。当然，要约人也可以在要约中规定受要约人必须采用何种形式作出承诺，在这种情况下，受要约人必须按照要约中规定的形式作出承诺。

3. 承诺的期限

承诺应当在要约确定的期限内到达要约人。要约没有确定承诺期限的，承诺应当依照下列规定到达：

（1）要约以对话方式作出的，应当即时作出承诺，但当事人另有约定的除外。

（2）要约以非对话方式作出的，承诺应当在合理期限内到达。

要约以信件或者电报作出的，承诺期限自信件载明的日期或者电报交发之日开始计算。信件未载明日期的，自投寄该信件的邮戳日期开始计算。要约以电话、传真等快速通信方式作出的，承诺期限自要约到达受要约人时开始计算。

受要约人超过承诺期限发出承诺的，除要约人及时通知受要约人该承诺有效的以外，为新要约。受要约人在承诺期限内发出承诺，按照通常情形能够及时到达要约人，但因其他原因承诺到达要约人时超过承诺期限的，除要约人及时通知受要约人因承诺超过期限不接受该承诺的以外，该承诺有效。

4. 承诺生效时间

承诺生效时，合同成立，当事人之间产生合同权利和义务。因此，承诺的生效时间至关重要。合同法规定，承诺通知到达要约人时生效。承诺不需要通知的，根据交易习惯或者要约的要求作出承诺的行为时生效。采用数据电文形式订立合同，收件人指定特定系统接收数据电文的，该数据电文进入特定系统的时间，视为承诺到达时间；未指定特定系统的，该数据电文进入收件人的任何系统的首次时间，视为承诺到达时间。

5. 承诺的撤回

撤回承诺是阻止承诺发生法律效力的一种意思表示。合同法规定，承诺可以撤回。由于承诺通知一经收到，合同即告成立。因此，撤回承诺的通知应当在承诺通知到达要约人之前或者与承诺同时到达要约人。

6. 承诺时变更要约内容

承诺的内容应当与要约的内容一致。

当受要约人对要约的内容作出实质性变更的，为新要约。有关合同标的、数量、质量、价款或者报酬、履行期限、履行地点和方式、违约责任和解决争议方法等的变更，是对要约内容的实质性变更。

承诺对要约的内容作出非实质性变更的，除要约人及时表示反对或者要约表明承诺不得对要约的内容作出任何变更的以外，该承诺有效，合同的内容以承诺的内容为准。

（三）订立合同的原则

订立合同的过程是订约当事人进行协商的过程。订约当事人在发出要约，新要约，直至承诺的协商过程中，应当遵循订立经济合同合法的原则、平等互利的原则和协商一致的原则。

（1）订立合同必须贯彻合法的原则。合同合法的原则是指合同订立的主体、订立的方式和程序、订立合同所涉及的内容都要符合我国法律和行政法规的规定。

（2）订立合同必须贯彻平等互利的原则。平等是指在合同法律关系中，当事人双方之间在合同的订立、履行和承担合同违约责任等方面都处于平等的法律地位，彼此的权利和义务对等；互利是指合同的双方当事人在相互的经济交往中都有利可得。平等互利就是当事人双方平等地享有权利，平等地承担义务，这是当事人之间建立合同关系的前提条件。

（3）订立合同必须贯彻协商一致的原则。协商一致是指双方当事人相互充分表达各自意见，并取得意思表示一致，这是当事人之间建立合同关系的法定方式。合同是双方协议的法律行为，双方当事人意思表示一致，合同才能成立。

二、合同的成立

合同的成立是指合同当事人依照有关法律、行政法规对合同的内容和条款进行协商一致的意见。《合同法》第8条规定："依法成立的合同，对当事人具有法律约束力。当事人应当按照约定履行自己的义务，不得擅自变更或者解除合同。依法成立的合同，受法律保护。"合同的成立是合同存在的前提。如果合同没有成立，也就不存在有效合同关系，更谈不上合同的履行，变更，终止等问题。合同的成立也是认定合同是否有效的前提条件，如果合同根本不成立，那么确认合同的有效和无效就无从谈起。再有，合同的成立是区分合同责任和缔约责任的根本标志。合同责任是指基于合同关系所产生的对合同当事人的法律约束力。

合同成立的条件主要有以下几个方面：

（1）订约主体存在双方或多方当事人。

（2）双方当事人订立合同必须是"依法"进行的。

（3）当事人必须就合同的主要条款协商一致。

（4）合同的成立应具备要约和承诺阶段。

以上只是合同的一般成立条件。实际上由于合同的性质和内容不同，许多合同都具有其特有的成立要件。

当事人采用合同书形式订立合同的，自双方当事人签字或者盖章时，合同成立。采用合同书形式订立合同，在签字或者盖章之前，当事人一方已经履行主要义务，对方接受的，该合同成立。法律、行政法规规定或者当事人约定采用书面形式订立合同，当事人未采用书面形式但一方已经履行主要义务，对方接受的，该合同成立。

合同法对合同成立的地点也作出了以下规定：

（1）承诺的地点为合同成立的地点。

（2）采用数据电文形式订立合同的，收件人的主营业地为合同成立的地点；没有主营业地的，其经常居住地为合同成立的地点。

（3）采用合同书形式订立合同的，双方当事人签字或者盖章的地点为合同成立的地点。

（4）当事人另有约定的，按照其约定。

合同成立的地点涉及合同的履行及产生纠纷之后的案件管辖地问题。因此，合同当事人有必要在合同中明确合同成立的地点。

三、格式条款

格式条款是当事人为了重复使用而预先拟定，并在订立合同时未与对方协商的条款。采用格式条款订立合同的，提供格式条款的一方应当遵循公平原则确定当事人之间的权利和义务，并采取合理的方式提请对方注意免除或者限制其责任的条款，按照对方的要求，对该条款予以说明。

格式条款具有合同法规定的合同无效或无效免则情形的，或者提供格式条款一方免除其责任、加重对方责任、排除对方主要权利的，该条款无效。合同无效情况见下节。无效免责条款包括：

（1）造成对方人身伤害的；

（2）因故意或者重大过失造成对方财产损失的。

对格式条款的理解发生争议的，应当按照通常理解予以解释。对格式条款有两种以上解释的，应当作出不利于提供格式条款一方的解释。格式条款和非格式条款不一致的，应当采用非格式条款。

四、缔约过失责任

所谓缔约过失责任，是指在合同缔结过程中，缔约人故意或者过失地违反先合同义务时依法承担的民事责任。其中先合同义务，是随着缔约人双方为成立合同互相接触磋商逐渐产生的注意义务（或称附随义务），而非合同有效成立所产生的义务。它包括互相协助、互相照顾、互相保护、互相通知、诚实信用等义务。缔约过失责任既不同于违约责任，也有别于侵权责任，是一种独立的责任。缔约过失责任主要是赔偿责任。

缔约过失责任的构成，主要体现在：

（1）缔约一方受有损失。

（2）缔约当事人有过错。

（3）缔约当事人的过错行为与损失之间有因果关系。

（4）合同尚未成立。

承担缔约过失责任有以下几种情形：

（1）假借订立合同，恶意进行磋商。

（2）故意隐瞒与订立合同有关的重要事实或者提供虚假情况。

（3）有其他违背诚实信用原则的行为。

（4）违反缔约过程中的保密义务。

第三节 合同的效力

一、合同的生效

（一）合同生效的概念

合同生效是指业已成立的合同具有法律约束力。合同是否成立取决于当事人是否就合同的必要条款达成合意，而其是否生效取决于是否符合法律规定的生效条件。合同成立之后，既可能因符合法律规定而生效，又可能因违反法律规定或者意思表示有瑕疵而无效、可变更或者可撤销。因此合同生效只是合同成立后的法律效力情形之一。

《合同法》第44条规定："依法成立的合同，自成立时生效"；"法律、行政法规规定应当办理批准、登记等手续生效的，依照其规定。"本条是关于合同生效的规定。本条规定的内容可以分解为两项：一是合同生效的条件，二是合同生效的时间。根据本条规定；只有依法成立的合同才能生效，才受国家法律的保护。这就意味着依法成立是合同的有效条件，也就是说，有效的合同必须是依法成立的合同，而且其主体、内容、方式、形式都必须符合法律的规定。

（二）附条件合同的效力

附条件的合同是指合同当事人约定一定的条件，将条件的成就与否作为该合同生效或者解除的依据。也就是说，合同生效或者解除取决于该条件的是否成就。附条件的合同中的"条件"，是指当事人所约定的决定合同生效或者解除的特定事实，既可以是事件，又可以是行为。条件必须是将来的事实，是不确定的事实，是当事人约定的事实。

《合同法》第45条规定："当事人对合同的效力可以约定附条件。附生效条件的合同，自条件成就时生效。附解除条件的合同，自条件成就时失效。当事人为自己的利益不正当地阻止条件成就的，视为条件已成就；不正当地促成条件成就的，视为条件不成就"。本条规定了附条件合同的效力。附生效条件的合同，因条件成就；合同生效，当事人应当履行合同。附解除条件的合同，因条件成就，合同失效，当事人终止履行合同。

附条件合同是一种效力特殊的合同。在附生效条件的合同中，在合同成立之后、条件成就与否未定之前，合同的效力发生与否尚处于不确定状态，但当事人一旦条件成就就可以取得权利的希望；在附解除条件的合同中，在其条件是否成就未定之前，合同的效力虽然发生，但一旦条件成就就失去效力。因此，在附条件合同中，当事人获取权利的希望，可以称为期待权。

（三）附期限合同的效力

《合同法》第46条规定："当事人对合同的效力可以约定附期限。附生效期限的合同，自期限届至时生效。附终止期限的合同，自期限届满时失效。"本条是关于附期限的合同的规定。附期限的合同分为两类。

（1）附生效期限的合同。是指合同当事人在合同中约定合同效力起始期限的合同。附生效期限的合同，自生效期限到来之日起生效，如当事人在合同中约定：本合同自某月某日起生效，或者约定本合同自签字之日起生效。

（2）附终止期限的合同。是指合同当事人在合同中约定合同效力终止期限的合同。附终止期限的合同，自终止期限届满时失效，如合同当事人在合同中约定：本合同有效期为5个月，则5个月届满后合同终止。附条件合同与附期限合同最主要的区别是：附条件合同中的条件是否成就是不确定的，而附期限合同中的期限却是确定的。附条件合同的存续期限一般不确定，附期限合同的存续期限一般是确定的。

（四）限制民事行为能力人订立合同的效力

限制民事行为能力人订立的合同，经法定代理人追认后，该合同有效，但纯获得益的合同或者与其年龄、智力、精神健康状况相适应而订立的合同，不必经法定代理人追认。这就明确了限制民事行为能力人订立的合同，必须经其法定代理人的追认才有效。相对人可以催告法定代理人在一个月内予以追认。法定代理人未作表示的，视为拒绝追认。合同被追认之前，善意相对人有撤销的权利。撤销应当以通知的方式作出。但如果是纯获利益的合同，如赠与合同，或与其年龄、智力、精神健康状况相适应的合同，如简单的买卖合同，不必经过法定代理人的追认，合同也有效。

（五）无权代理所订立的合同的效力

行为人没有代理权、超越代理权或者代理权终止后以被代理人名义订立的合同，未经被代理人追认对被代理人不发生效力，由行为人承担责任。无权代理所订立的合同，未经被代理人追认，对被代理人不发生效力，由行为人承担责任。就是说，由于行为人没有代理权，其以他人名义实施的行为实质上是冒用他人的名义，有代理的实质而不具有代理的形式，由此产生的后果当然应当由行为人承担。相对人可以催告被代理人在一个月内予以追认，被代理人未作表示的，视为拒绝追认。合同未经追认之前，善意相对人有撤销的权利。撤销应当以通知的方式作出。

此外，应注意《合同法》还规定："行为人没有代理权、超越代理权或者代理权终止后以被代理人名义订立合同，相对人有理由相信行为人有代理权的，该代理行为有效。"

属于因无效代理订立的无效合同，包括以下情况：

（1）无权代理人订立的未经被代理人追认的合同。

（2）代理人以被代理人的名义同自己签订的合同。

（3）代理人以被代理人的名义同自己代理的其他人签订的合同。

（4）代理人与对方通谋签订的损害被代理人利益的合同。

（六）法人或者其他组织的法定代表人、负责人超越权限订立的合同效力。

法人或者其他组织的法定代表人、负责人是具有特殊身份的人，他们对外可以直接代表企业与其他法人、组织或者个人签订合同。法人或者其他组织的法定代表人、负责人执行职务的行为与非执行职务的行为经常很难区分开来。而且他们的许多行为经常是个人行为和组织行为合一。因此为了保护相对人的利益，维护交易，《合同法》第 50 条规定："法人或者其他组织的法定代表人、负责人超越权限订立的合同，除相对人知道或者应当知道其超越权限的以外，该代表行为有效。"根据本条规定，当事人一方可以要求法人或者其他组织履行合同中的义务，如果其不履行合同中的义务就应承担违约责任。若相对人知道或者应当知道其超越权限而与其签订合同，就是一种恶意行为，此时应认定其合同无效。

二、无效合同和被撤销的合同

（一）无效合同

合同的无效是指合同严重欠缺有效要件，不发生法律效力。也就是法律不允许按当事人同意的内容对合同赋予法律效果，即为合同无效。《合同法》第 52 条规定有下列情形之一的，合同无效。

1. 一方以欺诈、胁迫的手段订立合同，损害国家利益的合同

以欺诈、胁迫的手段订立合同，显然违背了合同当事人的意愿，损害国家利益的行为，显然违背了对方的真实意图，当然无效。

2. 恶意串通，损害国家、集体或者第三人利益的合同

合同当事人双方从主观上相互勾结、串通，意图通过订立合同来达到客观上损害国家、集体或者第三人的利益，此种合同违背了诚信原则和合法原则，所以，恶意串通的合同无效。

3. 以合法形式掩盖非法目的的合同

这是指当事人订立的合同在形式上是合法的，但在缔约目的和内容上是非法的。以合法形式掩盖非法目的，在本质上仍是非法，所以是无效合同。

4. 损害社会公共利益的合同

当事人订立合同，不得损害社会公共利益。因为，社会公共利益与每一个人息息相关，任何人都不能违反。

5. 违反法律、行政法规的强制性规定的合同

合同的内容是由当事人协商制订的，法律一般不予干涉。但法律并不是对当事人订立合同一点都没有限制。许多法律法规的强制性规定由于和整个社会的利益都有关系，也是当事人在订立合同时所不能违背的，违反这些法律、法规的强制性规定的合同无效。

（二）合同的撤销

合同的撤销是指因意思表示不真实，通过撤销权人行使撤销权，使已经生效的合同归于消灭。合同的撤销必须具备法律规定的条件，不具备法定的条件，当事人任何一方都不能随便撤销合同，否则要承担法律责任。当合同具备法定的条件，当事人所拥有的权利就是合同的撤销权。合同的撤销是一种法律行为，而合同的撤销权是合同当事人的法定权利。在以下情况下，当事人一方可请求人民法院或者仲裁机构变更或者撤销合同：

（1）合同是因重大误解而订立的。

（2）合同的订立显失公平。

（3）一方以欺诈、胁迫的手段或者乘人之危，使对方在违背真实意思的情况下订立合同。

当然，当事人请求变更的，人民法院或者仲裁机构不得撤销。

当具有撤销权的当事人自知道或者应当知道撤销事由之日起一年内没有行使撤销权，或者具有撤销权的当事人知道撤销事由后明确表示或者以自己的行为放弃撤销权，此时撤销权消灭。

（三）无效合同和被撤销合同的法律后果

1. 自始没有法律约束力与部分无效

无效的合同或者被撤销的合同自始没有法律约束力。合同部分无效，不影响其他部分效力的，其他部分仍然有效。换言之，无效合同自起成立时起就是无效的，从来没有发生过法律效力，而不是从其被确认无效之日起没有约束力；被撤销的合同自其被撤销之日起，追溯至其成立时起无效。因此，合同被确认无效或者被撤销的最终结果是一致的。

合同的内容往往是由多个部分组成的，各个条款在合同中的地位和作用并不相同。如果有些条款违法而另一些条款并不违法，违法条款对合同效力的影响就要看其在合同中的地位以及各合同条款之间的关系。如果违法条款不影响其他条款的效力的，其他条款仍然有效；如果影响到其他条款的效力，其他条款也随之无效。

2. 合同无效等不影响解决争议条款的效力

合同无效、被撤销或者终止的，不影响合同中独立存在的有关解决争议方法的条款的效力。合同无效、被撤销或者终止的，都属于合同实体内容的确认或者变化，这种确认或者变化往往会在当事人之间产生争议。当事人对解决争议方法的条款的约定不属于实体权利义务的内容本身，而属于解决争议的程序问题。无论这些条款的性质是否便于当事人争议的处理，都决定了其本身的独立性，即合同无效、被撤销或者终止的，不影响合同中独立存在的有关解决争议方法的条款的效力。

3. 财产返还和赔偿损失

合同无效或者被撤销后，因该合同取得的财产，应当予以返还；不能返还或者没有必要返还的，应当折价补偿。有过错的一方应当赔偿对方因此所受到的损失，双方都有过错的，应当各自承担相应的责任。

4. 收归国有和返还集体、第三人问题

当事人恶意串通，损害国家、集体或者第三人利益的，因此取得的财产应当收归国家所有或者返还集体、第三人。对于因当事人恶意串通，损害国家、集体或者第三人利益而确认无效的合同，其依据该合同并通过恶意串通所取得的财产，应当按其损害对象为国家、集体还是第三人的不同，分别收归国家所有或者返还集体、第三人，即损害国家利益所取得的财产收归国有，损害集体、第三人所取得的利益分别返还集体、第三人，决不能使恶意串通的当事人因该行为而获得好处。

第四节　合同的履行

一、合同履行的概念及其法律特征

合同的履行，是指合同生效后，双方当事人按照约定全面履行自己的义务，从而使双方当事人的合同目的得以实现的行为。履行合同才是实现订立合同的目的，它关系到当事人的利益。合同的履行是合同法律效力的主要内容和集中体现，双方当事人正确履行合同的结果，是使双方的权利得以实现，合同关系归于消灭。

二、合同履行的一般原则

合同履行的原则，是指合同当事人双方在履行合同义务时应遵循的原则。合同履行原则即包括合同的基本原则，也包括合同履行的特有原则。合同法的基本原则是指导整个合同法律规范和合同行为的准则，它即是指导当事人订立合同的准则，也是指导当事人履行合同的准则。合同履行的特有原则是属于合同履行的原则，它是适用于合同行为履行阶段。这些原则包括：实际履行原则，全面履行原则，诚实信用原则。

1. 实际履行原则

实际履行原则，是要求合同当事人按照合同的标的履行，不能任意用其他标的代替合同的标的履行的原则。实际履行原则体现在两个方面，一是合同当事人必须按照合同的标的履行，合同规定的标的是什么，就得履行什么，不得任意以违约金或按损害赔偿金等标的代替合同规定的标的履行。二是合同当事人一方不按照合同的标的履行时，应承担实际履行的责任，另一方当事人有权要求其实际履行。

2. 全面履行原则

全面履行原则，又称适当履行原则或正确履行原则。《合同法》第 60 条第 1 款规定："当事人应当按照约定全面履行自己的义务。"全面履行原则是指合同当事人必须按照合同规定的条款全面履行各自的义务。具体讲就是必须按合同规定的数量、品种、质量、交货地点、期限交付物品，并及时支付相应价金。这一原则的意义在于约束当事人信守诺言，讲究信用，全面按合同的规定履行权利义务，以保证当事人双方的合同利益。

3. 诚实信用原则

合同当事人还应当遵循诚实信用原则，根据合同的性质、目的和交易习惯履行通知、协助、保密等合同的附随义务。合同的附随义务是指合同中虽未明确规定，但依照合同性质、目的或者交易习惯，当事人应负有的义务。附随义务是与合同的主义务相对应的。合同的附随义务主要是根据《合同法》的诚实信用原则产生的。

三、没有约定或者约定不明确的合同履行

合同依法订立后，当事人应当按照约定全面履行自己的义务。当事人应当遵循诚实信用原则，根据合同的性质、目的和交易习惯履行通知、协助、保密等义务。因而，一项合同不可能事无巨细，面面俱到；而且即使合同成立后，也会因情况发生变化而需要对合同的内容作出调整。因此，合同成立后，当事人可以就合同中及没有规定的内容订立补充协议，作为合同的组成部分，与合同具有同等的法律效力。为此，对有缺陷的合同，《合同法》作出了具体的规定："合同生效后，当事人就质量、价款或者报酬、履行地点等内容没有约定或者约定不明确的，可以协议补充；不能达成补充协议的，按照合同有关条款或者交易习惯确定。"

如果当事人不能达成一致意见，也不能确定合同的内容，应按法律的规定履行。

《合同法》第62条规定："当事人就有关合同内容约定不明确，依照本法第61条的规定仍不能确定的，适用下列规定：

（1）质量要求不明确的，按照国家标准、行业标准履行；没有国家标准、行业标准的，按照通常标准或者符合合同目的的特定标准履行。

（2）价款或者报酬不明确的，按照订立合同时履行地的市场价格履行；依法应当执行政府定价或者政府指导价的，按照规定履行。

（3）履行地点不明确，给付货币的，在接受货币一方所在地履行；交付不动产的，在不动产所在地履行；其他标的，在履行义务方所在地履行。

（4）履行期限不明确的，债务人可以随时履行，债权人也可以随时要求履行，但应当给对方必要的准备时间。

（5）履行方式不明确的，按照有利于实现合同目的的方式履行。

（6）履行费用的负担不明确的，由履行义务一方负担。

《合同法》第63条规定：执行政府定价或者政府指导价的，在合同约定的交付期限内政府价格调整时，按照交付时的价格计价。逾期交付标的物的，遇价格上涨时，按照原价格执行；价格下降时，按照新价格执行。逾期提取标的物或者逾期付款的，遇价格上涨时，按照新价格执行；价格下降时，按照原价格执行。

四、合同履行中的抗辩权、拒绝权、代位权和撤销权

（一）抗辩权

1. 抗辩权的概念

抗辩权又称异议权，是指对抗请求权或者否认他人权利主张的权利。抗辩权的作用是使对方的权利受到阻碍或者消灭。根据抗辩权是使对方的权利永久性地消灭还是暂时受阻，可以将其区分为永久的抗辩权和一时的抗辩权，前者即可以使请求权永远消灭的抗辩权，如诉讼时效届满后的抗辩权；后者是请求在一段时间内暂时不能行使的抗辩权，如保证中的先诉抗辩权。在此主要讨论合同法中的同时履行抗辩权，后履行抗辩权和不安抗辩权。

2. 同时履行抗辩权

同时履行抗辩权属于抗辩权的一种，又是称履行合同的抗辩权，是指在未约定先后履行顺序的双务合同中，当事人一方在对方未为对待给付之前，有权拒绝对方请求自己履行合同义务的权利。《合同法》第66条规定："当事人互负债务，没有先后履行顺序的，应当同时履行。一方在对方履行之前有权拒绝其履行请求。一方在对方履行债务不符合约定时，有权拒绝其相应的履行请求。"同时，履行抗辩权是由双务合同的关联性所决定的。就是说，在双务合同中，一方的权利与另一方的义务之间存在着相互依存、互为因果关系。这种关联性表现为三个方面：

①发生上的关联性，即双方当事人的权利义务产生于同一个合同，相互之间的权利义务具有对待关系，一方的权利就是另一方的义务，反之亦然。

②履行上的关联性，即双方当事人基于对待义务履行合同，一方义务的履行就意味着对方权利的实现，而一方不履行义务，则对方的权利实现就受到障碍，其义务履行也受到影响。

③存续上的关联性，即在双务合同中，当事人应当同时履行其所承担的债务，一方只有在自己履行债务的情况下，才能请求对方履行义务，反之亦然。

3. 后履行债务抗辩权

当事人互负债务，有先后履行顺序的，先履行一方未履行之前，后履行一方有权拒绝其履行请求；先履行一方履行债务不符合约定的，后履行一方有权拒绝其相应的履行请求。

后履行抗辩权的构成条件是：

①必须是双务合同。后履行抗辩权是双务合同中的抗辩权；

②合同债务的履行存在着先后。履行先后根据当事人约定、法律规定或者交易习惯确定；

③先履行债务一方不履行债务或者履行债务不符合约定。

当事人按照约定在履行时间上互有先后的，对履行在先的当事人而言，先为履行是其义务，在其未履行债务之前，无权请求对方履行债务，而对方对其请求享有拒绝履行的请求；先履行一方的履行不符合约定条件的后履行一方享有拒绝履行其相应的履行请求的权利，这也属于瑕疵履行抗辩权。

4. 不安抗辩权

不安抗辩权，又称之为异时履行抗辩权或先履行抗辩权，是指双务合同的当事人，一方负有先行履行合同的义务的，在合同订立之后，履行之前，有充分的证据证明后履行一方有未来不履行或者无力履行合同时，先履行义务人可以暂时中止履行，通知对方当事人在合理的期限内提供适当担保；如果对方在合理的期限内提供了适当的担保的，中止履行的一方应当恢复履行；如果对方当事人未能在合同的期限内提供适当的担保，中止履行的一方可以解除合同。不安抗辩权的适用必须具有法定事由和确切证据。

应当先履行债务的一方当事人有确切证据证明对方有下列情形之一的，可以中止履行：

①经营状况严重恶化；

②转移财产、抽逃资金，以逃避债务；

③丧失商业信誉；

④有丧失或者可能丧失履行债务能力的其他情形。当事人没有确切证据中止履行的，应当承担违约责任。

当事人行使不安抗辩权中止履行合同义务时，应当及时通知对方。对方提供适当担保时，应当恢复履行。中止履行后，对方在合理期限内未恢复履行能力并且未提供适当担保的，中止履行的一方可以解除合同。

（二）拒绝权

拒绝权是债权人对债务人未履行合同的拒绝接受的权力，拒绝权包括提前履行拒绝权和部分履行拒绝权。按照合同约定的期限履行债务是当事人的义务，提前或者逾期履行都构成违约。债权人接受债务人履行期限的约定往往有其自身的考虑，如果债务人随意提前履行，通常会给其带来不必要的损失或者负担，因此，可以拒绝提前履行。但是，根据诚实信用原则，提前履行并不损害债权人的利益的，债权人应当为债务人提供必要的方便，此时应当接受履行，不应以提前履行为由拒绝接受。当然，因债务人的提前履行给债权人增加费用的债务人应当予以负担。

合同约定全部履行而进行部分履行的，也是对约定的违约，债权人对此种履行当然可以拒绝。但是，根据诚实信用原则，部分履行不损害债权人利益的，债权人应当接受，不应该拒绝。当然，与提前履行一样，如果债务人的部分履行给债权人增加费用的，该费用由债务人承担。

（三）债权人的代位权

所谓债权人代位权是指在债务人行使债权发生懈怠而对债权造成损害的，债权人以自己的名义代债务人行使其债权的权利，但该债权专属于债务人自身的除外。《合同法》第73条规定："因债务人怠于行使其到期债权对债权人造成损害的，债权人可以请求人民法院以自己的名义代位行使债务人的债权，但该债权专属于债务人自身的除外。代位权的行使范围以债权人的债权为限。债权人行使代位权的必要费用，由债务人负担。"

代位权具有下列特点：

（1）代位权是为自己的目的居于他人之位代他人行使权利的权利。就是说，债权人居于债务人对第三人的债权人的位置，代债务人对债务人的债务人行使债权，以确保自己的债权实现。

（2）代位权是一种法定的权利。代位权是由法律直接规定的权利，不需要当事人特别约定。只要债权一发生，债权人就享有代位权，该权利随着债权的转让而转让，随着债权的消灭而消灭。

（3）代位权是债权人以自己的名义行使债权人的权利。代位权是债权人所享有的权利，其行使也是以债权人的名义，因而与代理人的代理权不同，代理人必须以被代理人的名义行使代理权。

（四）债权人的撤销权

撤销权是指债务人放弃其到期债权、无偿转让财产或者以明显不合理的低价转让财产，对债权人造成损害的，债权可以请求人民法院撤销债务人的行为的权利。

构成撤销的具体事由有三个方面：

（1）债务人放弃到期债权。这是对权利的抛弃，属于单方行为。在债务人负有义务的情况下，其到期债权的实现或以增加债务人的可用于偿债的现实财产，确保债权的实现。对债务人放弃到期债权的，债权人可以行使撤销权。

（2）债务人无偿转让财产。无偿转让财产属于赠与，其效果与放弃到期债权相同。债权人可以行使撤销权。

（3）债务人以明显不合理的低价转让财产，并且受让人知道该情形的。债务人正常转让财产的自由不应因其负有债务而受限制，因为正常转让财产的前提和结果是换取与其转让财产等价的财产，债务人财产总量并不因此而减少。但是，如果债务人以明显人合理的价格转让财产，则会减少其责任财产，损害债权人的利益，对此债权人可以行使撤销权。

撤销权的行使范围以债权人的债权为限。债权人行使撤销权的必要费用，由债务人负担。

债权人在知道或应当知道有撤销权时起，应当在一年内行使他的撤销权，如果撤销权人没有在这一年内行使撤销权的，则该撤销权即为消灭。如果在五年之内，撤销权人不知道有撤销权事实没有行使其撤销权的，撤销权也自动消灭，五年期限应当认为是撤销权的最长期限。

五、当事人分立、合并后的合同履行

（一）当事人分立后的合同履行

分立是指非自然人的民事主体，包括法人和非法人组织，在合同成立并生效后，由原有的主体分为两个以上的民事主体。合同的当事人发生分立的，分立后的当事人之间对原合同享有连带债权承担连带债务，即各分立后的法人或者其他组织，对合同的另一方当事人承担连带责任，其中一个法人或者其他组织负有对合同的所有债务进行清偿的义务，也享有要求合同的另一方当事人对其履行全部合同债务的权利。但是分立后的当事人约定各自的债权比例，并且通知债务人的，则它们之间为按约定比例享有债权。

（二）当事人合并后的合同履行

合并是指法人或其他组织，在成立合同并生效后，与其他的法人或组织合并成一个法人或组织。凡发生合并的，由合并后的法人或其他组织享有合同的债权、承担合同的义务。

第五节　合同的变更、转让和终止

一、合同变更

合同的变更是指合同成立后、尚未履行或尚未完全履行之前，合同的内容发生改变。这里的合同变更，是狭义的合同变更，即合同内容的变更。广义的合同变更，除合同内容的变更外，还包括合同主体的变更。合同主体的变更实际上是合同权利义务的转移。因此，合同法将其归为"合同的转让"。合同依法成立，对合同当事人均具有法律约束力，任何一方不得擅自变更。但是当合同当事人依据主客观情况发生的变化、法律允许对合同进行变更。因此，《合同法》第 77 条对合同变更作出了一般规定，即："当事人协商一致，可以变更合同。法律、行政法规规定变更合同应当办理批准、登记等手续的，依照其规定。"

合同变更具有下列特征：

①合同的变更是通过协议达成的。

②合同的变更也可以依据法律的规定产生。

③合同的变更是合同内容的局部变更，是对合同内容作某些修改和补充，而不是合同内容的全部变更。

④合同的变更会变更原有权利义务关系，产生新的权利义务关系。

合同变更须具备的条件为：

①合同关系原已存在。

②合同内容发生变化。

③合同的变更必须依当事人协议或法律的规定。

④合同的变更必须遵守法律规定的方式。

合同法为了规范合同行为，减少合同纠纷，保护合同当事人合法利益，不但对订立合同规定了一定的方式，而且对变更合同规定了一定方式。合同的变更必须遵守这些法定方式。法律规定需要采用书面形式订立合同的，当事人协议变更合同也应采取书面形式；法律、行政法规规定变更合同应当办理批准、登记等手续的，当事人应当依法办理有关的审批、登记手续，只有遵守了这些法律规定的方式，合同的变更才发生法律效力。

《合同法》第78条规定："当事人对合同变更的内容约定不明确的，推定未变更。"本条是关于合同变更约定不明确的推定的规定。

合同变更的法律效力应当包括以下方面：

①变更后的合同部分，原有的合同内容失去效力，当事人应按照变更后的合同内容履行。

②合同的变更只对合同未履行的部分有效，不对合同已经履行的内容发生效力。

③合同的变更不影响当事人请求损害赔偿的权利。

二、合同的转让

(一) 合同转让概述

合同转让是指合同当事人一方依法将其合同的权利和（或）义务全部或部分地转让给第三人。合同转让包括合同权利转让、合同义务的转让、合同权利和义务的一并转让。

合同转让的主要特征是：

①合同的转让以有效合同的存在为前提。

②合同的转让是合同主体改变。

③合同的转让不改变原合同的权利义务内容。

④合同的转让既涉及转让人（合同一方当事人）与受让人（第三人）的关系，也涉及原合同双方当事人的关系。

合同的转让需要具备以下条件：

①必须有有效成立的合同存在。

②必须有转让人（合同当事人）与受让人（第三人）协商一致的转让行为。

③必须经债权人同意或通知债务人。

④合同权利的转让必须是转让依法能够转让的权利；

⑤合同转让必须依法办理审批登记手续。

（二）合同权利的转让

合同权利转让，是指合同债权人通过协议将其债权全部或部分地转让给第三人。合同权利转让具有以下特点。

①合同权利转让的主体是债权人与第三人。

②合同权利转让的标的是合同债权。

③合同权利转让的效力是第三人成为合同当事人，享受合同债权，合同权利的转让可以是全部合同权利的转让，也可以是部分合同权利的转让。

不得转让合同权利包括：

①根据合同的性质不得转让的合同权利。

②按照当事人的约定不得转让合同权利。

③依照法律规定不得转让的合同权利。

债权人转让权利的，应当通知债务人。未经通知，该转让对债务人不发生效力。债权人转让权利的通知不得撤销，但经受让人同意的除外。

债权人转让权利的，受让人取得与债权有关的从权利，但该从权利专属于债权人自身的除外。债务人接到债权转让通知后，债务人对让与人的抗辩，可以向受让人主张。

（三）合同义务的转让

合同义务转让，又称合同义务的转移，是指债务人将合同的义务全部或者部分转移给第三人。债务人将合同的义务全部或者部分转移给第三人的，应当经债权人同意。合同义务转让也是合同内容不变而合同主体的变更。

合同义务转让可分为全部转让和部分转让。全部转让是指第三人受让债务人的全部债务，第三人取代债务人的地位而成为合同的债务人；部分转让是指第三人受让债务人的部分债务，原债务人仍然承担债务，但其中的部分债务已转让给第三人即新债务人。

合同义务转让的特殊效力：

①债务人的抗辩权随债务的转让而转让。

②从债务随主债务的转让而转让。从债务随主债务的转让而转让，是从随主原则的一种体现。

（四）合同权利义务的一并转让

合同权利义务的一并转让，是指合同当事人一方将其权利义务一并转移给第三人，而第三人一并接受其转让的权利义务。合同权利义务的一并转让既可以根据当事人之间的合同而发生，又可以根据法律规定而发生。

协议性的合同权利义务一并转让是通过合同一方与第三人达成协议的方式进行的转让。此种协议需要经过合同对方的同意，即仅转让方与第三人的转让协议还不能生效，还必须由合同相对人同意的意思表示作为补充。概括转让生效后，受让人一并地受让转让人的地位。

法定的权利义务一并转让。《合同法》条90条规定："当事人订立合同后合并的，由合并后的法人或者其他组织行使合同权利，履行合同义务。当事人订立合同后分立的，除债权人和债务人另有约定的以外，由分立的法人或者其他组织对合同的权利和义务享有连带债权，承担连带责任。"本条是关于当事人合并和分立后的权利义务一并继受的规定，可以简称为法定的一并转让。

三、合同的权利义务终止

合同关系是反映财产流转关系，是一种有着产生、变化和消灭的动态过程。合同终止就是反映合同消灭制度的，因而又称为合同的消灭。所谓合同终止，是指因一定事由的产生或者出现而使合同权利义务归于消灭。换言之，合同的终止就是在一定的事由出现后合同不复存在。《合同法》第六章将合同的终止称为"合同的权利义务终止。"

合同终止后，合同的从权利或者从债务也随之消灭。如抵押权、质权等担保方面的从属于主债权的权利，随主债权的消灭而消灭。

合同法规定有下列情形之一的，合同的权利义务终止。

（一）债务已经按照约定履行

合同所规定的权利义务履约完毕，合同的权利义务自然终止，这是合同的权利义务终止的正常状态。

（二）合同解除

合同解除是指在合同有效成立后，在一定的条件下通过当事人的单方行为或者双方协议终止合同效力的行为。合同的解除是合同终止的事由之一，具有下列特点：

①合同的解除是对有效合同的解除。

②合同的解除必须具有解除的事由。

③合同的解除必须通过解除行为而实现。

④合同的解除产生终止合同的效力并溯及地消灭合同。

合同的解除具有协议解除和单方解除两种基本方式：

（1）协议解除。合同的协议解除是指当事通过协议解除合同的方式。《合同法》第93条规定："经当事人协商一致，可以解除合同。当事人可以约定一方解除合同的条件。解除合同的条件成就时。解除权人可以解除合同。"经当事人协商一致解除合同的，当然属于协议解除，而在约定的解除条件成就时的解除，也是以合同对解除权的约定为基础的，可以看作一种特殊的协议解除。在附条件的合同中对附解除条件的合同及其效力进行了解释，对附解除条件的合同而言，解除条件成就时合同即告解除。

（2）单方解除。合同的单方解除（也可称法定解除），是指在具备法定事由时合同一方当事人通过行使解除权就可以终止合同效力的解除。合同法规定有下列情形之一的，当事人可以解除合同：

①因不可抗力致使不能实现合同目的。

②在履行期限届满之前，当事人一方明确表示或者以自己的行为表明不履行主要债务。

③当事人一方迟延履行主要债务，经催告后在合理期限内仍未履行。

④当事人一方迟延履行债务或者有其他违约行为致使不能实现合同目的。

⑤法律规定的其他情形。

合同解除后所产生的法律后果为：合同解除后，尚未履行的，终止履行；已经履行的，根据履行情况和合同性质，当事人可以请求恢复原状，或者采取其他补救措施，并有权要求赔偿损失。

（三）债务相互抵销

抵销是指二人互负债务时，各以其债权充当债务之债偿，而使其债务与对方的债务在对等额内相互消灭。抵销既消灭了互负的债务，也消灭了互享的债权，因此抵销是合同之债消灭的原因。

抵销必须具备以下条件：

①双方当事人互负债务、互享债权。

②双方互负债务的标的种类、品质相同。

③双方互负的债务均届清偿期。

④双方互负债务均不是不得抵销的债务。

（四）债务人依法将标的物提存

提存是在因债权人的原因而难以交付合同标的物时，将该标的物提交给提存机关而消灭合同的行为。债务人将标的物依法提存后，即发生债务消灭、合同关系消灭的后果。因此，提存是合同消灭的原因。

在下列情况下债务人可以将标的物提存：

①债权人无正当理由拒绝受领。

②债权人下落不明。

③债权人死亡而未确定继承人。

④债权人丧失行为能力而未确定监护人。

⑤法律规定的其他情形。

标的物不适于提存或者提存费用过高的，债务人依法可以拍卖或者变卖标的物，提存所得的价款。标的物提存后，毁损、灭失的风险由债权人承担。提存期间，标的物的孳息归债权人所有。提存费用由债权人负担。

（五）债权人免除债务

免除是指债权人抛弃债权从而发生债务消灭的单方行为。因债权人抛弃债权，债务人的债务得以免除，合同关系归于消灭，因而免除是合同终止的一种方法。

（六）债权债务同归于一人

债权和债务同归于一人的，合同的权利义务终止，但涉及第三人利益的除外。

（七）法律规定或者当事人约定终止的其他情形

合同的权利义务因法律规定或者当事人约定而终止，如一方当事人为公民的债，该公民死亡，又无继承人及遗产，则合同终止。双方当事人协商一致也可以使合同的权利义务终止。

第六节 违 约 责 任

一、违反合同的责任

（一）违约责任的概念及其法律特征

违约责任是指合同当事人一方不履行合同义务或其履行不符合合同约定时，对另一方当事人应承担民事责任。《合同法》第107条规定："当事人一方不履行合同义务或者履行合同义务不符合约定的，应当承担继续履行，采取补救措施或者赔偿损失等违约责任。"

违约责任具有以下几个法律特征：

（1）违约责任是当事人一方不履行合同债务或其履行不符合合同约定或法律规定时所产生的民事责任。

（2）违约责任原则上是不履行合同债务或其履行不符合约定或法律规定的一方当事人向另一方当事人承担的民事责任。

（3）违约责任可以由当事人在法律允许的范围内约定。

（4）违约责任是财产责任。

（二）构成违约责任应具备的条件

构成违约责任应具备以下几个的条件：

（1）违约一方当事人必须有不履行合同义务或者履行合同义务不符合约定的行为，这是构成违约责任的客观要件。

（2）违约一方当事人主观上有过错，这也是违约责任的主观要件。

（3）违约一方当事人的违约行为造成了损害事实。

（4）违约行为和损害结果之间存在着因果关系。

（三）违约行为

按照《民法通则》第111条和《合同法》第107条的规定，违约行为是指当事人一方不履行合同义务或者履行合同义务不符合约定条件的行为。简言之，违约行为是指违反合同的行为，在理论上常常被界定为合同当事人一方违反合同债务的行为。

1. 违约行为的特点

（1）违约行为的主体是合同当事人。合同是当事人之间的法律关系，即合同具有相对性，违反合同的行为只能是合同当事人的行为。

（2）违约行为是一种客观的违反合同的行为。违约行为是不履行合同义务或者履行合同义务不符合约定的行为，以其行为是否在客观上与约定的行为或者合同义务相符合作为判断标准，而不管行为人的主观状态如何。

（3）违约行为侵害的客体是合同对方的债权。合同设定的是一种债权，债权是债权人对债务人的请求权。因违约行为的发生，债权人的债权就无法实现，从而侵害了其债权。

2. 违约行为的类型

违约行为包括以下几种类型：①先期违约；②不履行；③迟延履行；④不适当履行；⑤其他不完全履行行为。

二、承担违约责任的形式

（一）违约责任的几种基本形式

违约责任形式是指以什么方式承担违约责任。《民法通则》和《合同法》对承担违约责任的基本形式作出文明规定。《民法通则》第111条规定："当事人一方不履行合同义务或者履行合同义务不符合约定条件的，另一方有权要求履行或者采取补救措施，并有权要求赔偿损失"。《合同法》第 107 条规定："当事人一方不履行合同义务或者履行合同义务不符合约定条件的，应当承担继续履行、采取补救措施或者赔偿损失等违约责任"。根据我国的法律规定来看，承担违约责任有三种基本形式，即继续履行、采取补救措施、赔偿损失。

1. 继续履行

继续履行是指合同当事人一方不履行合同义务或者履行合同义务不符合约定条件时，对方当事人为维护自身利益并实现其合同目的，要求违约方继续按照合同的约定履行义务。请求违约方履行和继续履行是承担违约责任的基本方式之一。

继续履行具有下列特征：

①违约方继续履行是承担违约责任形式之一。

②请求违约方履行的内容是强制违约方交付按照约定本应交付的标的。

③继续履行是实际履行原则的补充或者延伸。

构成继续履行应具备以下条件：

①必须有违约行为。

②必须有受害人请求违约方继续履行合同债务行为

③必须是违约方能够继续履行合同。如违约方不能履行，或因不可归责于当事人双方的原因致使合同履行实在困难，如果实际履行则显失公平的，不能采用强制实际履行。

④强制履行不违背合同本身的性质和法律。如在一方违反基于人身依赖关系产生的合同和提供个人服务的合同情况下，不得实行强制履行。

《合同法》规定当事人一方不履行非金钱债务或者履行非金钱债务不符合约定的，对方可以请求履行，但有下列情形之一的除外：①法律上或者事实上不能履行；②债务的标的不适于强制履行或者强制履行费用过高；③债权人在合理期限内未请求履行。

非金钱债务是金钱债务以外的以物或者行为为给付标的的债务。当事人一方不履行非金钱债务或者履行非金钱债务不符合约定的，受害人可以请求违约方继续履行。但是非金钱债务不同于金钱债务，一方违约后，由于法律上的或者事实上的原因，在有些情况下不必要或者不可能再继续履行，此时就不能再请求继续履行。

2. 采取补救措施

从广义上讲，继续履行、赔偿损失等违约责任都属于补救措施，或者说都是对违约行为的补救。我国《民法通则》第 111 条和《合同法》第 107 条，均将"继续履行"、"采取补救措施"和"赔偿损失"并列规定为三种基本的违约责任形式，这种表述方法表明，在我国的违约责任形式中，补救措施是一种单独的违约责任形式，有其不同于其他违约责任形式的专门的或者特殊的含义，不是违约责任的概称或者泛称。补救措施是指除继续履行、支付违约金、赔偿金以外的，可以使债权人的合同目的得以实现的一切手段。

补救措施的具体类型，即质量不符合约定的，应当按照当事人的约定承担违约责任。对违约责任没有约定或者约定不明确，依照《合同法》第 61 条的规定仍不能确定的，受损害方根据标的的性质以及损失的大小，可以合理选择请求修理、更换、重作、退货、减少价款或者报酬等违约责任。

3. 赔偿损失

在合同法上，赔偿损失又称为损失赔偿、损害赔偿，是指违约方以支付金钱的方式弥补受害方因违约方的违约行为所减少的财产或者所丧失的利益。分而言之，赔偿就是以金钱方式弥补损失，而损失则是财产的减少或者利益的丧失。合同依法成立后，债务人必须按照合同的约定全面地、适当地完成其合同义务，以使债权人的合同债权得到完全实现。合同的履行是依法成立的合同所必然发生的法律效果，当事人一方不履行合同或者履行合同义务不符合约定的，应承担不履行或不适当履行合同的责任，对方有权要求其履行或采取补救措施，违约一方在履行义务或采取补救措施后，对方还有其他损失的，违约方还应当进行赔偿。《合同法》第112条规定："当事人一方不履行合同义务或者履行合同义务不符合约定的，在履行义务或者采取补救措施后，对方还有其他损失的，应当赔偿损失。"

赔偿损失具有下列特征：

（1）赔偿损失是最基本、最重要的违约形式。损害赔偿是由合同债务未得到履行而产生的法律责任，任何其他责任形式原则上都可以转化为损害赔偿。

（2）赔偿损失是以支付金钱的方式弥补损失。损失是以金钱计算并支付的，任何损失一般都可以转化为金钱，以金钱赔偿是最便利的一种违约责任承担方式。

（3）赔偿损失是指由违约方赔偿受害方因违约所产生的损失与违约行为无关的损失不存在损害赔偿，而且，赔偿损失是违约方向受损害方承担的违约责任。

（4）损失的赔偿范围或者数额允许当事人进行约定，当事人既可以约定违约金，又可以约定损害赔偿的计算方法。当事人的约定具有优先效力。

当事人一方不履行合同义务或者履行合同义务不符合约定，给对方造成损失的，损失赔偿额应当相当于因违约所造成的损失，包括合同履行后可以获得的利益，但不得超过违反合同一方订立合同时预见到或者应当预见到的因违反合同可能造成的损失。也就是说，赔偿损失的确定方式主要有：按照法律确定损失赔偿范围、约定损失赔偿额的计算方法，约定违约金，约定定金等。

同时应注意：当事人一方违约后，对方应当采取适当措施防止损失的扩大；没有采取适当措施致使损失扩大的，不得就扩大的损失要求赔偿。当事人因防止损失扩大而支出的合理费用，由违约方承担。

（二）违约金

违约金是指当事人在合同中约定的或法律所规定的，一方违约时应支付给对方的一定数量的货币。《合同法》第114条规定："当事人可以约定一方违约时应当根据违约情况向对方支付一定数额的违约金，也可以约定因违约产生的损失赔偿额的计算方法。约定的违约金低于造成的损失的，当事人可以请求人民法院或者仲裁机构予以增加；约定的违约金过分高于造成的损失的，当事人可以请求人民法院或者仲裁机构予以适当减少。当事人就迟延履行约定违约金的，违约方支付违约金后，还应当履行债务。"

1. 违约金的特点

(1) 违约金主要是由当事人协商确定的，虽然我国原有的法律曾规定过法定违约金，但在实践中，法定违约金本身的作用是无法与约定违约金来比较的。现行的《合同法》中仅规定了约定违约金，而未再规定法定违约金。所以违约金由双方当事人在合同中约定，是违约金的一大特点。

(2) 违约金的数额预先确定。违约金的数额都是预先确定的。违约金的数额的确定的两种方式，一是当事人直接在合同中约定发生违约后应当承担的违约金的具体的确定数额。二是在合同中没有就违约金的具体数额作出约定，而对违约金的计算方法作出规定，在发生违约行为以后，由当事人来计算出实际应当支付的违约金数额。

(3) 违约金是一种违约后生效的补救方式。违约金在订立时并不能立即生效，而只是发生一方违约以后，才能产生效力。违约金是经当事人协商确定的。当然，约定的违约金。都必须在一方违约后才能生效。

(4) 违约金具有担保和补偿双重功能。违约金订立在合同成立之时，对双方当事人的履行合同有一种督促作用，同时，违约金的支付是以当事人有不履行合同的行为或者履行合同不符合的约定的违约行为前提的而不必证明因一方的违约行为给对方造成了实际的损害。所以违约金具有明显的惩罚性。这是违约金不同于一般的损害赔偿金的最显著的地方，也正是违约金的担保作用的具体体现。

2. 违约金责任的成立条件

(1) 违约行为的存在。只有在一方当事人违反合同的情况下，另一方当事人有权要求其支付违约金。

(2) 有违约金的约定。我国的违约金都是约定违约金，所以违约的产生条件就是必须有违约金的约定。如果当事人在合同中没有有关违约金的事先约定，则在一方违约时，另一方就无法要求违约方支付违约金，同时，违约金的约定必须是合法有效的。

(三) 定金和混合违约金

定金是指当事人为了确保合同的履行，依照法律规定或当事人的约定，由一方当事人在合同履行之前，按照合同标的额的一定比例，预先付给对方当事人的金钱或其他代替物。当事人可以依照担保法约定一方向对方给付定金作为债权的担保。债务人履行债务后，定金应当抵作价款或者收回。给付定金的一方不履行约定的债务的，无权要求返还定金；收受定金的一方不履行约定的债务的，应当双倍返还定金。

当事人既约定违约金，又约定定金的，称为混合违约金。合同约定混合违约金，当一方违约时，对方可以选择适用违约金或者定金条款。

三、承担违约责任的其他规定

(一) 因不可抗力不能履行合同的责任问题

不可抗力是指人们不能预见、不能避免、不能克服的客观情况。不可抗力作为人力所不可抗拒的力量，它包括自然现象和社会现象两种。自然现象包括地震、台风、洪水、海啸等。社会现象包括战争、海盗、罢工等。

因不可抗力不能履行合同的，根据不可抗力的影响，部分或者全部免除责任，但法律另有规定的除外。当事人迟延履行后发生不可抗力的，不能免除责任。

当事人一方因不可抗力不能履行合同的，应当及时通知对方，以减轻可能给对方造成的损失，并应当在合理期限内提供证明。

（二）当事人双方都违反合同的责任问题

合同当事人双方违约是指，合同的双方当事人都有违约行为。《合同法》第120条规定，当事人双方都违反合同的，应当各自承担相应责任。

（三）第三人原因的违约责任的问题

第三人原因的违约责任，是指合同的一方当事人与第三人有特定的关系，由于第三人的原因，使一方当事人未能按照合同的约定履行债务时，应当承担的责任。《合同法》第121条明确规定："当事人一方因第三人的原因造成违约的，应当向对方承担违约责任。当事人一方和第三人之间的纠纷，依照法律规定或者按照约定解决。"第三人原因违约责任的构成要件为：①合同的一方的违约是第三人的原因造成的；②合同的一方构成违约。

（四）加害给付责任问题

因当事人一方的违约行为，侵害对方人身、财产权益的，受损害方有权选择依照合同法要求其承担违约责任或者依照其他法律要求其承担侵权责任。

加害给付是指因债务人的履行行为造成债权人的履行利益以外的权利损害的情况。加害给付责任是就因为债务人的加害给付，对债权人承担的赔偿责任。

思 考 题

2-1　什么是合同？

2-2　合同具有哪些法律特征？

2-3　合同的主要条款包括哪些？

2-4　一项要约取得法律效力，必须符合哪些规定？

2-5　承诺应具备哪些条件，才能产生合同成立的法律后果？

2-6　合同成立的主要条件有哪些？

2-7　承担缔约过失责任的情形有哪些？

2-8　合同的履行具有哪些法律特征？

2-9　什么是抗辩权、拒绝权、代位权和撤销权？

2-10　什么是合同变更？什么是合同转让？什么是合同终止？

2-11　合同变更必须具备哪些条件？

2-12　合同变更有什么法律效力？

2-13　合同转让与合同变更有何区别？

2-14　什么是违约责任？构成违约责任应具备哪些条件？

2-15　违约责任有哪几种形式？

第三章　水利工程施工招标投标管理

第一节　概　述

水利工程建设项目施工是工程项目形成工程实体的阶段，是各种资源投入量最大、最集中、最终实现预定项目目标的重要阶段。招标是招标人（项目法人）对工程建设项目的实施者采用市场采购的方式来进行选择的方法和过程，也可以说是招标人对申请实施工程的承包人的审查、评比和选用的过程。因此通过严格规范的招标投标工作，选择一个高水平的承包人完成工程的建造和保修，是保证对工程的投资、进度和质量进行有效控制，获得合格的工程产品，达到预期投资效益的关键。

一、合同数量的划分与分标

招标前发包人应首先确定如何发包，依照我国法律规定，发包人可以将整个工程项目发包给一个总承包人，也可以分别发包给几个承包人，但不能规避招标。

一个项目可以只发一个标，发包人只与一个承包人签订一个施工合同，这样做的最大优点是由于只有一个承包人，不存在承包人之间的相互干扰，施工过程中管理工作比较简单。但是由于只发一个标，可能工程量过大，专业种类过多，导致有能力参与竞争的承包人数量较少，不利于发包人优选承包人和得到一个有竞争力的报价，而且，由于只有一个承包人，在承包人的履约能力、责任心等方面，发包人的风险较大。发包人也可以将全部的施工内容分解成若干个单位工程和特殊专业工程分别发包，一来可以发挥不同承包人的专业特长，增强投标的竞争性；二来每个独立合同比总承包合同更容易落实，即使出现问题也是局部的，易于纠正或补救。但分标也要适当，要讲科学性。采用分标方式，有利于发包人多方组织强大的施工力量、按专业选择优秀的施工企业；完善的计划安排还有利于缩短整个建设工期。但另一个方面，由于分标，招标次数增多，合同数量多，发包人直接面对的承包人相应也多，因此对发包人来说，管理跨度大，协调工作多，合同争执也较多，管理工作量大而复杂。这就要求发包人要具有强大的管理能力，或委托得力的监理人进行管理。所以发包人发包时，应综合考虑自己的管理能力、工程特点、工程承包市场情况等，科学合理地确定合同的数量，并合理地划分标段。

二、选择确定招标方式

《水利工程建设项目招标投标管理规定》（水利部令第 14 号）第 9 条规定："招标分为公开招标和邀请招标。"

（一）公开招标

公开招标（无限竞争性招标），对于发包人来讲，选择范围大，有利于择优选择理想的承包人，承包人之间公平竞争，有利于降低报价。但招标程序较多、时间长，发包人管理工作量大，需花费大量的人力、物力和财力。与此同时，发包人还须预防承包人相互串通，合谋投标。

按《水利工程建设项目招标投标管理规定》第 3 条规定，符合下列具体范围并达到规模标准之一的水利工程建设项目必须进行招标。

1. 具体范围

（1）关系社会公共利益、公共安全的防洪、排涝、灌溉、水力发电、引（供）水、滩涂治理、水土保持、水资源保护等水利工程建设项目。

（2）使用国有资金投资或者国家融资的水利工程建设项目。

（3）使用国际组织或者外国政府贷款、援助资金的水利工程建设项目。

2. 规模标准

（1）施工单项合同估算价在 200 万元人民币以上的。

（2）重要设备、材料等货物的采购，单项合同估算价在 100 万元人民币以上的。

（3）勘察设计、监理等服务的采购，单项合同估算价在 50 万元人民币以上的。

（4）项目总投资额在 3000 万元人民币以上，但分标单项合同估算价低于本项第（1）、（2）、（3）规定的标准的项目原则上都必须招标。

以上依法必须招标的项目中，国家重点水利项目、地方重点水利项目及全部使用国有资金投资或者国有资金投资占控股或者主导地位的项目应当公开招标。

（二）邀请招标

邀请招标（有限竞争性），由于不需要进行资格预审，减少了程序，简化了手续，可以节省招标的费用和时间。发包人对所邀请的承包人较了解，降低了风险，可防止相互串通投标。但由于被邀请的竞争对手较少，可能漏掉一些技术上、报价上有竞争力的承包人，发包人获得的报价不见得理想。邀请招标一般适合以下几种情况：

（1）专业性强，特别是在经验、技术装备、专门技术人员等方面有特殊要求的。

（2）工程不大，若采用公开招标使发包人在时间和资金上耗费不必要的精力。

（3）工期紧迫、涉及专利保护或需要保密的工程等。

（4）公开招标后无人投标的情况。

按《水利工程建设项目招标投标管理规定》第 10 条规定，有下列情况之一的，经批准后可采用邀请招标：

（1）项目总投资额在 3000 万元人民币以上，但分标施工单项合同估算价在 200 万元人民币以下的项目。

（2）项目技术复杂，有特殊要求或涉及专利权保护，受自然资源或环境限制，新技术或技术规格事先难以确定的项目。

（3）应急度汛项目。

（4）其他特殊项目。

采用邀请招标的，招标前发包人必须履行下列批准手续：

（1）国家重点水利项目经水利部初审后，报国家发展计划改革委员会批准；其他中央项目报水利部或其委托的流域管理机构批准。

（2）地方重点水利项目经省、自治区、直辖市人民政府水行政主管部门会同同级发展计划行政主管部门审核后，报本级人民政府批准；其他地方项目报省、自治区、直辖市人民政府水行政主管部门批准。

（三）可不进行招标的项目

按《水利工程建设项目招标投标管理规定》第 12 条规定：下列项目可不进行招标，但须经项目主管部门批准：

（1）涉及国家安全、国家秘密的项目。

（2）应急防汛、抗旱、抢险、救灾等项目。

（3）项目中经批准使用农民投工、投劳施工的部分（不包括该部分中勘察设计、监理和重要设备、材料采购）。

（4）不具备招标条件的公益性水利工程建设项目的项目建议书和可行性研究报告。

（5）采用特定专利技术或特有技术的。

（6）其他特殊项目。

三、选择合同类型

对于施工承包合同来说，合同的类型按其计价方式主要有单价合同、总价合同以及成本加酬金合同等。不同的合同类型适用不同的条件，对于合同当事人来讲，又有不同的合同权利、义务、责任和风险。因此，选择何种类型的合同，应根据具体情况来选择，不同的项目、不同的标段可采用不同的计价方式的合同。

（一）单价合同

单价合同适用于招标时尚无详细图纸或设计内容尚不十分明确，工程量尚不准确的工程。因此，单价合同适用的范围比较广泛，特别是在水利水电工程建设中，一般均采用单价合同。单价合同中，承包人承担单价的风险，发包人承担工程量的风险，既体现了公平合理的原则，也符合风险管理原理。

单价合同的优点主要在于：

（1）招标前，发包人无需对工程作出完整、详尽的设计，因而可以缩短招标时间。

（2）能鼓励承包人提高工作效率，节约工程成本，增加承包人的利润。

（3）支付时，只需按已经商定的单价乘以支付工程量即可得出支付费用，计算程序比较简单。

（二）总价合同

总价合同适用于设计深度满足精确计算工程量的要求，图纸和规范中对工程作出了详尽的描述，工程范围明确，施工条件稳定，结构不甚复杂，规模不大，工期较短，且对最终产品要求很明确，而发包人也愿意以较大富裕度的价格发包的工程项目。

总价合同不随工程量变化而变化，因此承包人要承担单价和工程量的双重风险，而发包人较为省事，风险较小，合同双方结算也较简单。但在招标时，承包人考虑到风险较大，一般报价也偏高。

（三）成本加酬金合同

成本加酬金合同是以实际成本加上双方商定的酬金来确定合同总价。这种合同与总价合同截然相反，合同价格在签订合同时不能确定。工程费用实报实销，发包人承担着全部工程量和价格的风险，而承包人不承担风险，一般获利较小，但能确保获利。

由于这种合同应用受到很大限制，所以主要适用于以下几种情况：

（1）开工前工程内容不十分明确，如设计尚未全部完成及要求开工，或工程内容估计变化很大等。

（2）质量要求高或采用新技术、新工艺，实现无法确定价格的工程。

（3）时间紧急的抢险、救灾等工程。

（4）带有研究、开发性质的工程。

对于成本减酬金合同，发包人应加强对工程的控制，在合同中应规定工程成本开支范围，规定发包人有对成本进行决策、监督和审查的权利。

综上所述，发包人在选择合同类型时，应当考虑以下主要因素：

（1）发包人的意愿。

（2）工程设计的深度。

（3）项目的规模及其复杂程度。

（4）工程项目的技术先进性。

（5）承包人的意愿和能力。

（6）工程的进度的紧迫程度。

（7）市场情况。

（8）发包人的管理能力。

（9）外部因素或风险，如政治形势、通货膨胀、恶劣气候等。

四、招标程序

按照《水利工程建设项目招标投标管理规定》第 17 条规定，招标工作一般按下列程序进行：

（1）招标前，按项目管理权限向水行政主管部门提交招标报告备案。

（2）编制招标文件。

（3）发布招标信息（招标公告或投标邀请书）。

（4）发售资格预审文件。

（5）按规定日期接受潜在投标人编制的资格预审文件。

（6）组织对潜在投标人资格预审文件进行审核。

（7）向资格预审合格的潜在投标人发售招标文件。

（8）组织购买招标文件的潜在投标人现场踏勘。

（9）接受投标人对招标文件有关问题要求澄清的函件，对问题进行澄清，并书面通知所有潜在投标人。

(10) 组织成立评标委员会，并在中标结果确定前保密。

(11) 在规定时间和地点，接受符合招标文件要求的投标文件。

(12) 组织开标评标会。

(13) 在评标委员会推荐的中标候选人中，确定中标人。

(14) 向水行政主管部门提交招标投标情况的书面总结报告。

(15) 发中标通知书，并将中标结果通知所有投标人。

(16) 进行合同谈判，并与中标人订立书面合同。

五、招标应具备的条件

（一）招标人应具备的条件

当招标人具备以下条件时，按有关规定和管理权限经核准可自行办理招标事宜：

(1) 具有项目法人资格（或法人资格）。

(2) 具有与招标项目规模和复杂程度相适应的工程技术、概预算、财务和工程管理等方面专业技术力量。

(3) 具有编制招标文件和组织评标的能力。

(4) 具有从事同类工程建设项目招标的经验。

(5) 设有专门的招标机构或者拥有3名以上专职招标业务人员。

(6) 熟悉和掌握招标投标法律、法规、规章。

招标人申请自行办理招标事宜时，应当报送以下书面材料：

(1) 项目法人营业执照、法人证书或者项目法人组建文件。

(2) 与招标项目相适应的专业技术力量情况。

(3) 内设的招标机构或者专职招标业务人员的基本情况。

(4) 拟使用的评标专家库情况。

(5) 以往编制的同类工程建设项目招标文件和评标报告，以及招标业绩的证明材料。

(6) 其他材料。

当招标人不具备以上的条件时，应当委托符合相应条件的招标代理机构办理招标事宜。招标代理机构是依法设立从事招标代理业务并提供相关服务的社会中介组织。

招标代理机构应当具备下列条件：

(1) 有从事招标代理业务的营业场所和相应资金。

(2) 有能够编制招标文件和组织评标的相应专业力量。

(3) 有符合《中华人民共和国招标投标法》（以下简称《招标投标法》）第37条第3款规定条件可以作为评委员会成员人选的技术经济等方面的专家库。

（二）水利工程施工招标应具备的条件

水利工程建设项目施工招标应当具备以下条件：

(1) 初步设计已经批准。

(2) 建设资金来源已落实，年度投资计划已经安排。

（3）监理单位已确定。

（4）具有能满足招标要求的设计文件，已与设计单位签订适应施工进度要求的图纸交付合同或协议。

（5）有关建设项目永久征地、临时征地和移民搬迁的实施、安置工作已经落实或已有明确安排。

六、提交招标报告备案

水利工程建设项目施工招标，必须在具备施工招标条件后，由招标人向主管部门提出招标报告备案，报告具体内容应当包括：招标已具备的条件、招标方式、分标方案、招标计划安排、投标人资质（资格）条件、评标方法、评标委员会组建方案以及开标、评标的工作具体安排等。

第二节　水利工程施工招标

一、编制招标文件

招标文件的编制是招标准备工作中最为重要的一个环节，其重要性体现在两个方面：

（1）招标文件是招标人提供给投标人的投标依据。在招标文件中应明白无误地向投标人介绍工程项目的实施要求，包括工程基本情况、工期或供货期要求、工程或货物质量要求、支付规定等方面的各种信息，以便投标人据之投标。

（2）招标文件是签订工程合同的基础。绝大部分招标文件的内容将成为组成合同的内容，如合同条件、技术条款、招标图纸、工程量清单等。招标文件的缺陷经常给合同造成先天不足。因此，编好招标文件对招标方是非常重要的。

（一）水利工程施工招标文件的主要内容

水利部《水利工程建设项目施工招标投标管理规定》（水建〔1995〕130号）规定，施工招标文件的主要内容应包括：

（1）工程综合说明（包括水文地质条件、建设项目内容、技术要求、质量标准、现场施工条件、建设工期等）。

（2）投标邀请书。

（3）投标须知。

（4）投标书格式及其附件。

（5）工程量报价表及其附录。

（6）合同协议书格式及履约保函。

（7）合同条件。

（8）技术条款。

（9）图纸、技术资料和设计说明。

（10）评标办法、标准。

（二）编制招标文件的原则

招标文件的编制必须做到系统、完整、准确、明了，使投标者一目了然。编制招标文件的依据和原则是：

（1）应遵守国家的法律和法规和规章，如合同法、经济法、招标投标法等多项有关的法律、法规。如果招标文件的规定不符合国家的法律、法规和规章，则有时可能导致文件部分无效或招标作废。

（2）国际贷款组织贷款的项目，必须遵守该组织的各项规定和要求，特别要注意各种规定的审核批准程序，应该遵照国际惯例。

（3）应注意公正地处理发包方和承包方的利益。如果不恰当地将过多的风险转移给承包方，势必迫使承包方加大风险费，提高投标报价，最终还是发包方增加支出。

（4）招标文件应该正确地、详尽地反映项目的客观情况，以便投标者的投标能建立在可靠的基础上，这样也减少履约过程中的争议。

（5）招标文件包括许多内容，从投标者须知、合同条件技术条款、图纸、工程量表，这些内容应该力求统一，尽量减少和避免各文件之间的矛盾，招标文件的漏洞会为承包方创造许多索赔的机会。招标文件用语应力求严谨、明确，以便在产生争端时易于根据合同文件判断解决。

（6）设计应当正确并达到应有深度，提供的资料应当准确。否则，在合同实施中会由于经常发生设计变更、新增项目、工程量大幅度变化、现场条件变化等原因，增加合同价款。

（7）招标文件不得要求或者标明特定的生产供应者以及含有倾向或者排斥潜在投标人的其他内容。

二、编制标底

标底是招标单位对招标项目所需的费用的预先测算数。它是招标单位判断投标者报价合理性、可靠性以及评标、定标和选择承包单位的评分依据。

标底应由招标单位编制。招标单位自己没有编制能力的，可委托招标代理机构、监理单位或其他设计、咨询单位编制。标底一般不得突破国家批准的设计概算，也就是说，概算对于标底应具有控制作用。如果由于某些特殊原因，确实需要突破概（预）算总投资时，则需说明理由并报请上级主管部门批准。《招标投标法》规定，招标人设有标底的，标底必须保密，并应在评标时参考标底。

三、发布招标公告或投标邀请书

当采用公开竞争性招标的方式时，一般应在投标开始前的合理时间，在有影响的报刊上刊登通告，邀请潜在投标人投标。愿参加投标的企业应在公告指明的日期和地点向招标单位购买资格预审文件。如果采用邀请招标方式时，则采取向初选投标人发出投标邀请函的方式，邀请他们参与投标。

招标公告或投标邀请书的内容一般包括：

（1）招标工程项目的名称、地点。

（2）招标工程项目的范围和内容。

（3）费用支付方式。

（4）购买资格预审文件的地点、时间、价格。

（5）计划的开工、竣工日期。

（6）建设资金来源。

（7）投标保证金数额。

《招标公告发布暂行办法》（国家发展与改革委员会令第 4 号）规定，《中国日报》、《中国经济导报》、《中国建设报》、中国采购与招标网（http://www.chinabidding.com.cn）为发布依法必须招标项目的招标公告的媒介。依法必须招标的项目应至少在一家指定的媒介发布招标公告；其中，依法必须招标的国际招标项目的招标公告应在《中国日报》发布。指定报纸在发布招标公告的同时，应将招标公告如实抄送指定网络。水利工程项目招标，还应在《中国水利报》上发布。两个以上媒介发布的同一招标项目的招标公告的内容应当相同。

除发布国际招标公告外，指定媒介发布依法必须招标的项目的招标公告，不得收取费用。指定报纸和网络应当在收到招标公告文本之日起 7 日内发布招标公告。

招标公告应载明招标人的名称和地址、招标项目的性质、数量、实施地点和时间、投标截止日期以及获取招标文件的办法等事项。招标人或其委托的代理机构应当保证招标公告的真实、准确和完整。在指定报纸免费发布的招标公告所占版面一般不超过整版的1/4，且字体不小于六号字。

拟发布的招标公告文本应当由招标人或其委托的招标代理机构的主要负责人签名并加盖公章，并向指定媒介提供营业执照（或法人证书）、项目批准文件的复印件等证明文件。

四、进行资格预审

（一）资格预审的目的

资格预审是在工程项目正式招标前，对投标人进行的资格调查，以确定投标人是否有能力承担并完成该工程项目。一般竞争性招标项目都要对投标者进行资格预审，未进行资格预审的工程项目，也要进行资格后审。

通过资格预审，要达到下列主要目的：

（1）通过资格预审，了解投标者的财务能力、技术能力及类似本工程的施工经验。

（2）通过资格预审，择优选择在财务、技术、施工经验、信誉等方面优胜者参加投标。

（3）通过资格预审，首先淘汰那些不合格的投标者，只邀请那些合格的投标者参加投标，减少评标的工作量。

（4）通过资格预审，对那些不合格的投标者来说，可以节约购买招标文件、现场考察及参加投标的费用。

（5）通过资格预审，可以排除将合同授予不合格投标者的风险，为发包方选择一个优秀的投标者中标打下良好的基础。

应当注意,《招标投标法》规定,依法必须进行招标的项目,其招标投标活动不受地区或者部门的限制,任何单位或个人不得违法限制或者排斥本地区、本系统以外的法人或者其他组织参加投标;招标人不得以不合理的条件限制或者排斥潜在投标人,不得对潜在投标人实行歧视待遇。

(二) 资格预审的内容

《水利工程建设项目施工招标投标管理规定》(水建〔1995〕130号)规定,申请参加投标的单位应按资格预审公告(通知)的要求填写资格预审文件,并向招标单位提供下列材料:

(1) 施工企业资质证书(副本)营业执照(副本)及会计事务所或银行出具的资信证明。

(2) 企业职工人数、技术人员、技术工人数量及平均技术等级,企业主要施工机械设备。

(3) 近2年承建的主要工程情况(要附有质量监督部门出具的质量评定意见)。

(4) 现有主要施工任务(包括在建和已中标尚未开工的建设项目)。

(5) 近2年企业的财务状况。

(三) 资格预审文件

招标方应在资格审查前首先编制资格预审文件,一般包括下列文件:

(1) 工程概况和合同条款要点。

(2) 对投标单位提出具体的要求和限制条件。

(3) 资格预审文件说明。

(4) 要求投标者填报的各种报表,一般包括:投标人基本情况表、近期完成的类似工程情况表、正在施工的和新承接的工程情况表、财务状况表。

(5) 工程主要图纸。

(四) 资格预审和资格预审报告

首先组成资格预审评审委员会,成员由招标方代表、财务、技术方面专家共同组成。评审委员会主任委员由招标方代表担任。评审委员会下设:综合组、商务组、技术组等。

评审要求:

①完整性。

②有效性。

③正确性。

评审内容:

①财务方面:能否有足够的资金承担本工程。

②施工经验:是否承担过类似于本工程项目,特别是本工程具有特殊要求的施工项目,过去施工过的工程数量、规模。

③人员:投标者所具有的工程技术人员和管理人员的数量、工作经验、能力能否满足本工程的要求,特别是派往本工程的项目经理的情况能否满足要求。

④设备:投标者所拥有的施工设备能否满足工程的要求。

两个以上法人或者其他组织可以组成一个联合体，以一个投标人的身份共同投标。联合体各方均应当具备承担招标项目的响应能力；国家有关规定或者招标文件对投标人资格条件有规定的，联合体各方均应当具备规定的响应资格条件。由同一专业的单位组成的联合体，按照资质等级较低的单位确定资质等级。联合体各方应当签订共同投标协议，明确约定各方拟承担的工作和责任，并将共同投标协议连同投标文件一并提交招标人。联合体中标的，联合体各方应当共同与招标人签订合同，就中标项目向招标人承担连带责任。

资格预审评审委员会对评审结果要写出书面报告，评审报告的主要内容包括：工程项目概要；资格预审简介；资格预审评审标准；资格预审评审程序；资格预审评审结果；资格预审评审委员会名单及附件；资格预审评分汇总表；资格预审分项评分表；资格预审详细评审标准等。

五、发售招标文件

在资格预审结束后，招标单位应发函通知审查合格的潜在投标单位，在规定时间和地点购买招标文件。

《招标投标法》规定，招标人对已发出的招标文件进行必要的澄清或者修改的，应当在招标文件要求提交投标文件截止时间至少 15 日前，以书面形式通知所有招标文件收受人。该澄清或者修改的内容为招标文件的组成部分。

招标人应当确定投标人编制投标文件所需要的合理时间；但是，依法必须进行招标的项目，自招标文件开始发出之日起至投标人提交投标文件截止之日止，最短不得少于20 日。

六、组织现场踏勘和标前会议

从发出招标文件至规定的报送投标文件的截止期限之前的这一段时间内，招标单位要按招标文件中规定的时间和地点，组织投标单位进行现场踏勘，使之进一步了解工程的现场条件及环境。此外，还可结合现场踏勘举行标前会议，澄清问题。对投标单位提出的问题，一般由招标单位通过书面答复，并以备忘录的形式发给各投标单位，它与澄清会议的记录一起均作为招标文件的补充和组成部分。

七、解答投标人的质疑

投标人研究招标文件和现场考察后会以书面形式提出某些质疑问题，招标人应及时给予书面解答。招标人对任何一个投标人所提问题的回答，必须发送每一位投标人保证投标的公正和公平，但不必说明问题的来源。回答函件作为招标文件的组成部分，如果书面解答的问题与招标文件中的规定不一致，以函文的解答为准。

八、接受投标书

投标人按招标文件规定的各项内容、要求，以及自身的实际能力、经营条件和管理水平编制投标书，并按招标文件规定的时间、地点报送。

投标文件的内容应符合招标文件的要求，一般应包括：

（1）投标书综合说明，工程总报价。

（2）按照工程量清单填写单价分析、单位工程造价、全部工程总造价、三材用量。

（3）施工组织设计，包括选用的主体工程和施工导流工程施工方案，参加施工的主要施工机械设备进场数量、型号清单。

（4）保证工程质量、进度和施工安全的主要组织保证和技术措施。

（5）计划开工、各主要阶段（截流、下闸蓄水、第一台机组发电、竣工等）进度安排和施工总工期。

（6）参加工程施工的项目经理和主要管理人员、技术人员名单。

（7）工程临时设施用地要求。

（8）招标文件要求的其他内容和其他应说明的事项。

投标人对招标文件个别内容不能接受者，允许在投标书中另作声明。投标时未作声明，或声明中未涉及的内容，均视为投标单位已经接受，中标后，即成为双方签订合同的依据。不得以任何理由提出违背招标文件的附加条件，或在中标后提出附加条件。

投标人在规定投标内容以外，可以附加提交"建议方案"，包括修改设计、更改合同条款和承包范围等，并做出这类变更的报价，供招标单位选用。在投标书面上应注明"建议方案"字样。招标单位有权拒绝或接受"建议方案"。

投标人应对所有的投标文件认真校核，并按招标文件规定签字盖章。投标保证应符合招标文件的要求。然后按投标须知要求封装，由投标人授权代表亲自在截标之前送交招标单位。招标单位应设专门的机构和人员负责管理投标书。在接受投标书时，应注意检查投标书的密封、签章等外观情况以及投标保证，并封存在密封箱内。在投标截止前，投标人有权对其已递交的投标书通过信函进行修改或撤回。

第三节　开标、评标和中标

一、开标

《招标投标法》规定，投标截止的时间即开标时间。开标以会议形式举行，即在规定的时间、地点当众宣布所有投标者的投标文件中的投标者名称、投标报价和其他需要宣布的事项，使所有投标者了解各投标者的标价和自己在其中的先后顺序。招标单位当场逐一宣读投标报价书，但不解答任何问题。但是，如果招标文件中规定投标者可提出某种供选择的替代方案，这种方案的报价也在开标时宣读。

对包括设备安装和土建工程的招标，或是对大型成套设备的采购和安装，有时分两个阶段开标。即投标文件同时递交，但分两包包装，一包为技术标，另一包为商务标。技术标的开标实质上是对技术实施方案的审查，只有在技术标通过之后才开商务标，技术标通不过的则商务标将被原封退回。

（一）无效标书

根据《水利工程建设项目招标投标管理规定》第45条规定，招标人对有下列情况之一的投标文件，可以拒绝或按无效标处理：

（1）投标文件密封不符合招标文件要求的。

（2）逾期送达的。

（3）投标人法定代表人或授权代表人未参加开标会议的。

（4）未按招标文件规定加盖单位公章和法定代表人（或其授权人）的签字（或印鉴）的。

（5）招标文件规定不得标明投标人名称，但投标文件上标明投标人名称或有任何可能透露投标人名称的标记的。

（6）未按招标文件要求编写或字迹模糊导致无法确认关键技术方案、关键工期、关键工程质量保证措施、投标价格的。

（7）未按规定交纳投标保证金的。

（8）超出招标文件规定，违反国家有关规定的。

（9）投标人提供虚假资料的。

（二）开标

开标由招标人主持，邀请所有投标人参加。开标应当按招标文件中确定的时间和地点进行。开标人员至少由主持人、监标人、开标人、唱标人、记录人组成，上述人员对开标负责。

开标时由投标人或者其推选的代表检查投标文件的密封情况，也可以由招标人委托的公证机构检查并公证；经确认无误后，由工作人员当众拆封，宣读投标人名称、投标文件的其他主要内容。招标人在招标文件要求提交投标文件的截止时间前收到的所有投标文件，开标时都应当众予以拆封、宣读。开标过程应当记录，并存档备查。

根据《水利工程建设项目招标投标管理规定》第39条规定，开标一般按以下程序进行：

（1）主持人在招标文件确定的时间停止接收投标文件，开始开标。

（2）宣布开标人员名单。

（3）确认投标人法定代表人或授权代表人是否在场。

（4）宣布投标文件开启顺序。

（5）依开标顺序，先检查投标文件密封是否完好，再启封投标文件。

（6）宣布投标要素，并作记录，同时由投标人代表签字确认。

（7）对上述工作进行记录，存档备查。

开标后，任何投标者都不允许更改他的投标内容和报价，也不允许再增加优惠条件，但在发包方要求时可以作一般性说明和疑点澄清。

开标后即转入秘密评标阶段，这阶段的工作要严格对投标者以及任何不参与评标工作的人保密。

二、评标

（一）评标机构的组成

评标由评标委员会负责。评标委员由招标人的代表和有关技术、经济等方面的专家组成，成员为 5 人以上单数（水利工程 7 人以上），其中技术、经济等方面的专家不得少于成员总数的 2/3。这些专家应当从事相关领域工作满 8 年，并具有高级职称或具有同等专业水平，由招标人从国务院有关部门或者省、自治区、直辖市人民政府有关部门提供的专家名册或者招标代理机构的专家库中选出多于评标委员会规定的人数，评标委员会从中以随机抽取的方式确定。与投标人有利害关系的人不得进入评标委员会，已经进入的，应当更换。

评标委员会的评标工作受有关行政部门监督。

（二）评标原则

评标工作应按照严肃认真、公平公正、科学合理、客观全面、竞争优选、严格保密的原则进行，保证所有投标人的合法权益。

招标人应当采取必要的措施，保证评标秘密进行，在宣布授予中标人合同之前，凡属于投标书的审查、澄清、评价和比较及有关授予合同的信息，都不应向投标人或与该过程无关的其他人泄露。

任何单位和个人不得非法干预、影响评标的过程和结果。如果投标人试图对评标过程或授标决定施加影响，则会导致其投标被拒绝；如果投标人以他人名义投标或者以其他方式弄虚作假，骗取中标的，则中标无效，并将依法受到惩处；如果招标人与投标人串通投标，损害国家利益、社会公共利益或者他人合法权益，则中标无效，并将依法受到惩处。

（三）施工评标标准和方法

1. 评标标准

（1）施工方案（或施工组织设计）与工期。

（2）投标价格和评标价格。

（3）施工项目经理及技术负责人的经历。

（4）组织机构及主要管理人员。

（5）主要施工设备。

（6）质量标准、质量和安全管理措施。

（7）投标人的业绩、类似工程经历和资信。

（8）财务状况。

2. 评标方法

评标方法可采用打分法或评议法。

打分法是由每一位评委独立地对各投标文件分别打分，即对每一项指标采用百分制打分，并乘以该项权重，得出该项指标实际得分，将各项指标实际得分相加之和为总得分。最后由评标委员会统计打分结果，评出中标者。

评议法不量化评价指标，通过对投标人的投标报价、施工方案、业绩等内容进行定性的分析与比较，选择能够满足招标文件各项要求，并且经过评审的投标价格最低、标价合理（不低于成本）者为候选中标人。

（四）评标程序与内容

根据水利部《水利工程建设项目招标投标管理规定》第44条规定，评标工作一般按以下程序进行：

（1）招标人宣布评标委员会成员名单并确定主任委员。

（2）招标人宣布有关评标纪律。

（3）在主任委员主持下，根据需要，讨论通过成立有关专业组和工作组。

（4）听取招标人介绍招标文件。

（5）组织评标人员学习评标标准和方法。

（6）经评标委员会讨论，并经1/2以上委员同意，提出需投标人澄清的问题，以书面形式送达投标人。

（7）对需要文字澄清的问题，投标人应当以书面形式送达评标委员会。

（8）评标委员会按招标文件确定的评标标准和方法，对投标文件进行评审，确定中标候选人推荐顺序。

（9）在评标委员会2/3以上委员同意并签字的情况下，通过评标委员会工作报告，并报招标人。评标委员会工作报告附件包括有关评标的往来澄清函、有关评标资料及推荐意见等。

（五）评标的内容

1. 投标文件的符合性鉴定

符合性鉴定也称响应性鉴定，即检查投标文件是否响应招标文件的要求和条件，响应的含义是其投标文件应该符合招标文件的条款、条件规定，无显著差异或保留。符合性鉴定一般包括下列内容。

（1）投标文件的有效性。

1）投标人以及联合体形式投标的所有成员是否已通过资格预审，获得投标资格。

2）投标文件中是否提交了承包人的法人资格证书及投标负责人的授权委托证书；如果是联合体，是否提交了合格的联合体协议书以及投标负责人的授权委托证书。

3）投标保证的格式、内容、金额、有效期、开具单位是否符合招标文件要求。

4）投标文件是否按要求进行了有效的签署等。

（2）投标文件的完整性。投标文件中是否包括招标文件规定应递交的全部文件，如标价的工程量清单、报价汇总表、施工进度计划、施工方案、施工人员和施工机械设备的配备等，以及应该提供的必要的支持文件和资料。

（3）与招标文件的一致性。

1）凡是招标文件中要求投标人填写的空白栏目是否全部填写，是否作出明确的回答，如投标书及其附录是否完全按要求填写。

2）对于招标文件的任何条款、数据或说明是否有任何修改、保留和附加条件。

《招标投标法》规定，投标人应当按照招标文件的要求编制投标文件。投标文件应当对招标文件提出的实质性要求和条件作出响应。这里的"实质性要求和条件"是指招标文件中有关招标项目的价格、项目的计划、技术规范、合同的主要条款等。投标文件必须对这些条款作出响应，不得对招标文件形成修改、不得遗漏或回避招标文件中的问题，更不能提出任何附带条件。

如果投标文件实质上不响应招标文件的要求，将被列为废标予以拒绝。不允许投标人通过修正或撤回其不符合要求的差异或保留，使之成为具有响应性投标。对于投标书的非实质性差异，可根据投标须知中的规定原则，要求投标人予以澄清。

2. 技术评估

技术评估的目的是确认和比较投标人完成本工程的技术能力的可靠性。技术评估的主要内容如下：

（1）施工方案的可行性。对各类分部分项工程的施工方法，施工人员和施工机械设备的配备、施工现场的布置和临时设施的安排、施工顺序及其相互衔接等方面的评审，特别是对该项目的关键工序的施工方法进行可行性论证，审查其技术的难点或先进性和可靠性。

（2）施工进度计划的可靠性。审查施工进度计划是否满足对竣工时间的要求，并且是否科学和合理，切实可行，同时还要审查保证施工进度计划的措施，例如施工机具、劳务的安排是否合理和可能等。

（3）施工质量保证。审查投标文件中提出的质量控制和管理措施，包括质量管理人员的配备、质量检验仪器的配置和质量管理制度。

（4）工程材料和机器设备供应的技术性能符合设计技术要求。审查投标文件中关于主要材料和设备的样本、型号、规格和制造厂家名称、地址等，判断其技术性能是否达到设计标准。

（5）分包商的技术能力和施工经验。如果投标人拟在中标后将中标项目的部分工作分包给他人完成，应当在投标文件中载明。应审查拟分包的工作必须是非主体，非关键性工作；审查分包人应当具备的资格条件，完成相应工作的能力和经验。

（6）对于投标文件中按照招标文件规定提交的建议方案作出技术评审。如果招标文件中规定可以提交建议方案，则应对投标文件中的建议方案的技术可靠性与优缺点进行评估，并与原招标方案进行对比分析。

3. 商务评估

商务评估的目的是从工程成本、财务和经验分析等方面评审投标报价的准确性、合理性、经济效益和风险等，比较授标给不同的投标人产生的不同后果。商务评估在整个评标工作中通常占有重要地位。商务评估的主要内容如下：

1）审查全部报价数据计算的正确性。通过对投标报价数据全面审核，看其是否有计算上或累计上的算术错误，如果有按"投标者须知"中的规定予以澄清。

2）分析报价构成的合理性。通过分析工程报价中直接费、间接费、利润和其他费用的比例关系、主体工程各专业工程价格的比例关系等，判断报价是否合理，注意审查工程量清单中的单价有无脱离实际的"不平衡报价"；计日工劳务和机械台班（时）报价是否合理等。

3）对建议方案的商务评估（如果有的话）。

4．投标文件澄清

在必要时，为了有助于投标文件的审查、评价和比较，评标委员会可以约见投标人对其投标文件予以澄清，以口头或书面提出问题，要求投标人回答，随后在规定的时间内，投标人以书面形式正式答复。澄清和确认的问题必须由授权代表正式签字，并声明将其作为投标文件的组成部分，但澄清问题的文件不允许变更投标价格或对原投标文件进行实质性修改。

这种澄清的内容可以要求投标人补充报送某些标价计算的细节资料；对其具有某些特点的施工方案作出进一步的解释；补充说明其施工能力和经验，或对其提出的建议方案作出详细的说明，等等。

5．综合评价与比较

综合评价与比较是在以上工作的基础上，根据事先拟定好的评标原则、评价指标与标准和评标办法，对筛选出来的若干个具有实质性响应的招标文件综合评价与比较，最后选定候选中标人。中标人的投标应当符合下列条件之一：

（1）能最大限度地满足招标文件中规定的各项综合评价标准。

（2）能满足招标文件各项要求，并且经评审的投标价格最低，但是投标价格低于成本的除外。

评标委员会完成评标后，应当向招标人提出书面评标报告，并抄送有关行政监督部门。评标报告应当如实记载以下内容：

（1）基本情况和数据表。

（2）评标委员会成员名单。

（3）开标记录。

（4）符合要求的投标一览表。

（5）废标情况说明。

（6）评标标准、评标方法或者评标因素一览表。

（7）经评审的价格或者评分比较一览表。

（8）经评审的投标人排序。

（9）推荐的中标候选人名单与签订合同前要处理的事宜。

（10）澄清、说明、补正事项纪要。

评标报告由评标委员会全体成员签字。对评标结论持有异议的评标委员会成员可以书面方式阐述其不同意见和理由。评标委员会成员拒绝在评标报告上签字且不陈述其不同意见和理由的，视为同意评标结论。评标委员会应当对此作出书面说明并记录在案。

向招标人提交书面评标报告后，评标委员会即告解散。评标过程中使用的文件、表格以及其他资料应当即时归还招标人。

招标人根据评标委员会提出的评标报告和推荐的中标候选人直接或通过谈判后确定中标人。招标人也可以授权评标委员会直接确定中标人。评标报告应报有关行政监督部门审查。

在确定中标人前，招标人不得与投标人就投标价格、投标方案等实质性内容进行谈判。

若经评标委员会经评审，认为所有投标都不符合招标文件要求的，可以否决所有投标。依法必须进行招标的项目的所有投标被否决的，招标人应当依照招标投标法重新招标。

三、中标与签订合同

中标人确定后，招标人应于 15 日内向有关行监督部门提交评标报告，经核准同意后，招标人向中标人发出中标通知书，并同时将中标结果通知所有未中标的投标人。

中标通知书对招标人和中标人均具有法律效力。中标通知书发出后，如果招标人想改变中标结果，拒绝和中标人签订合同，应当赔偿中标人的损失，如双倍返还投标保证金；如果中标人拒绝在规定的时间内提交履约担保和签订合同，招标人可报请有关行政监督部门批准后，取消其中标资格，并按规定没收其投标保证金，并考虑与备选的排序第二投标人签订合同。

招标人和中标人应当自中标通知书发出之日起 30 天内，在中标通知书规定的时间、地点，按照招标文件和中标人的投标文件签订书面合同。所订立的合同不得对上述文件作实质性修改，不得再行订立违背合同实质性内容的其他协议。

思 考 题

3-1 招标投标活动遵循的原则是什么？

3-2 依法进行招标项目的范围和规模是什么？

3-3 招标投标法规定的招标方式有几种？

3-4 水利工程建设项目法人自行招标应具备是什么条件？

3-5 水利工程建设施工项目招标应具备的条件是什么？

3-6 水利工程建设项目施工招标文件的主要内容是什么？

3-7 水利工程建设项目招标的工作程序是什么？

3-8 水利工程建设项目开标的工作程序是什么？

3-9 水利工程建设项目评标的工作程序是什么？

3-10 水利工程建设施工项目评标的标准是什么？

第四章 水利工程施工合同

第一节 建设工程合同概述

一、建设工程合同的概念

所谓建设工程合同，又称建设工程承包合同，是指承包人进行工程建设，发包人支付价款的合同。包括勘察、设计、施工合同。建设工程合同的标的是基本建设工程。"百年大计，质量第一"，基本建设工程具有建设周期长、质量要求高的特点，有的项目需要几年、甚至十几年才能完成。这就要求承包人必须具有相当高的建设能力，要求发包人与参与建设方之间的权利、义务和责任明确、相互密切配合。而建设工程合同又是明确各方当事人的权利、义务和责任，以保证完成基本建设任务的法律形式。因此，建设工程合同在我国的经济建设和社会发展中有着十分重要的地位和作用。

二、建设工程合同的法律特征

建设工程合同除了具有一般合同的共同特征外，还具有其自身的法律特征：

（一）建设工程合同的主体必须是法人或其他组织

建设工程合同在主体上有不同于承揽合同主体的特点。承揽合同的主体没有限制，可以是公民个人，也可以是法人或其他组织。而建设工程合同的主体是有限制的，建设工程合同的承包人必须是法人或其他经济组织，公民个人不得作为合同的承包人。

发包人只能是经过批准建设工程的法人，承包人也只能是具有从事勘察、设计、施工任务资格的法人。作为发包人必须持有已经批准的基建计划，工程设计文件，技术资料、已落实资金及做好基建应有的场地、交通、水电等准备工作。作为承包人必须持有效的相应的资质证书和营业执照。建筑工程承包合同的标的是工程项目，当事人之间权利义务关系复杂，工程进度和质量又十分重要。因此，合同主体双方在履行合同过程中必须密切配合，通力协作。

（二）合同的标的仅限于基本建设工程

建设工程合同的标的只能是属于基本建设的工程而不能是其他的事物，这也是建设工程合同与承揽合同不同的主要所在。为完成不能构成基本建设的一般工程的建设项目而订立的合同，不属于工程建设合同，而应属于承揽合同。例如，个人为建造个人住房而与其他公民或建筑队订立的合同，就为承揽合同，而不属于工程建设合同。

（三）具有一定的计划性和程序性

在市场经济条件下，建设工程合同已有相当一部分不再是计划合同。但是，基本建设项目的投资渠道多样化，并不能完全改变基本建设的计划性，国家仍然需要对基建项目实行计划控制。所以，建设工程合同仍应受国家计划的约束。对于计划外的工程项目，当事人不得签订工程建设合同；对于国家的重大项目工程建设合同，更应当根据国家规定的程序和国家批准的投资计划和计划任务书签订。

由于基本建设工程建设周期长、质量要求高、涉及的方面广，各阶段的工作之间有一定的严密程序，因此，建设工程合同也就具有程序性的特点。国家对建设工程计划任务书、建设地点的选择、设计文件、建设准备、计划安排、施工生产准备、竣工验收、交付生产方面都有具体规定，双方当事人必须按规定的程序办事。例如，未经立项，没有计划任务书，则不能进行签订勘察设计合同的工作；没有完成勘察设计工作，也不能签订建筑施工合同。

（四）在签订和履行合同中接受国家多种形式的监督管理

建设工程合同因涉及基本建设规划，其标的物为不动产的工程，承包人所完成的工作成果不仅具有不可移动性，而且须长期存在和发挥效用，事关国计民生，因此，国家要实行严格的监督和管理。对于承揽合同，国家一般不予以特殊的监督和管理，而建设工程合同则是在国家多种形式的监督管理下实施的。国家除通过有关审批机构按照基本建设程序的规定监督建设工程承包合同的签订外，在合同开始履行到终止的过程中，国家通过银行信贷和结算的方式进行监督，主管部门通过参与竣工验收进行监督，通过这些监督促进建设工程承包合同的履行。

（五）建设工程合同的形式有严格的要求，应当采用书面形式

《合同法》第270条规定："建设工程合同应当采用书面形式"。这是国家对基本建设工程进行监督管理的需要，也是由建设工程合同履行的特点所决定的。不采用书面形式的建设工程合同不能有效成立。书面形式一般由双方当事人就合同经过协商一致而写成的书面协议，就主要条款协商一致后，由法定代表人或其授权的经办人签名，再加盖单位公章或合同专用章。由于建设工程合同对国家或局部地区或部门的基本建设影响重大，涉及的资金巨大，因此，合同法规定建设工程合同应当采用书面形式。

三、建设工程合同的分类

建设工程合同可分为两大类：建设工程勘察设计合同和施工合同。

（一）建设工程勘察设计合同

建设工程勘察，是指根据建设工程的要求，查明、分析、评价建设场地的地质地理环境特征和岩土工程条件，编制建设工程勘察文件的活动。建设工程设计，是指根据建设工程的要求，对建设工程所需的技术、经济、资源、环境等条件进行综合分析、论证，编制建设工程设计文件的活动。建设工程勘察、设计应当与社会、经济发展水平相适应，做到经济效益、社会效益和环境效益相统一。从事建设工程勘察、设计活动，应当坚持先勘察、后设计、再施工的原则。

建设工程勘察设计合同是委托人与承包人为完成一定的勘察、设计任务，明确相互权利义务而签订的合同。勘察设计的委托人，是建设单位或其他有关单位；承包人是持有勘察设计证书的勘察设计单位。建设工程勘察设计合同，包括初步设计合同和施工设计合同。初步勘察设计合同，是为项目立项进行初步的勘察、设计，为主管部门进行项目决策而成立的合同；施工设计合同是指在项目决策确立之后，为进行具体的施工而成立的设计合同。

1. 建设工程勘察设计合同的主要特点

（1）勘察设计合同的当事人双方必须具有法人地位，同时要具有签订合同的主体资格。委托人是建设单位或有关单位，承包人是持有勘察设计证书的勘察设计单位。

（2）勘察设计合同的签订，必须有国家下达的基本建设计划和编制的计划任务书，除委托人提供的资料、技术要求、收费标准和期限外，还应遵循《合同法》和《建设工程勘察设计合同条例》等有关法律、法规的规定。

（3）建设工程勘察设计任务在由两个以上的设计单位配合设计时，如委托其中一个单位承包，可以签订总包合同，总包单位再与各分包单位签订分包合同。总包单位对委托人负责，分包单位对总包单位负责。

（4）勘察设计合同生效后，委托人应向承包人给付一定的定金。勘察设计合同履行后，定金抵作勘察设计费。委托人不履行合同的，无权请求返还定金，承包人不履行合同的，应当双倍返还定金。

2. 建设工程勘察设计合同的主要条款

（1）建设工程名称、规模、投资额、建设地点。建设工程名称是指合同双方当事人要进行建设的工程的名称。建设工程规模是指建设工程项目的设计任务书和初步文件中规定的全部生产能力或效益，如工程项目中的产品生产能力。建设工程投资额一般是指设计任务书估算的投资中的建筑工程费、安装工程费和设备购置费等。

（2）委托人提交勘察或者设计基础资料、设计文件（包括概预算）的内容，技术要求及期限。由委托人提供勘察或者设计基础的内容，大致为：向设计单位提供勘察报告及有关资料；工程外部建设条件资料；需要经过科研取得的技术资料；工程所在地的气象、地震资料；有关环境保护和"三废"治理方面的资料：如工程设计属于技术改造或扩建项目的设计时，委托人还应提供企业生产现状的资料。委托人提供设计所需的基础资料的期限关系到工程的进度，因此，也应在建设工程承包合同中明确规定。

（3）承包人勘察的范围、进度和质量；设计的阶段、进度、质量和设计文件（包括概预算）份数。

（4）勘察、设计取费的依据、取费标准及拨付办法。

（5）其他协作条款。

（6）违约责任。

（二）施工合同

施工合同是发包人与承包人就完成具体工程建设项目的土建施工、设备安装、设备调试、工程保修等工作内容，明确合同双方权利义务关系的协议。施工合同是建设工程合同的一种，它与其他建设工程施工合同一样是双务有偿合同。施工合同的主体是发包人和承包人。发包人是建设单位、项目法人、发包人，承包人是具有法人资格的施工单位、承建单位、承包人，如各类建筑工程公司、建筑安装公司等。

1. 施工合同的特点

施工合同具有以下特点：

（1）施工合同应当采取书面形式。双方协商同意的有关修改承包合同的设计变更文件、洽谈记录，会议纪要以及资料，图表等，也是承包合同的组成部分。

（2）列入国家计划内的重点建筑安装工程，必须按照国家规定的基本建设程序和国家批准的投资计划签订合同，如果双方不能达成一致意见，由双方上级主管部门处理。

（3）签订施工合同必须遵守国家法律、法规，并具备以下基本条件：承包工程的初步设计和总概算已经批准；承包工程的投资已列入国家计划；当事人双方均具有法人资格；当事人双方均有履行合同的能力。

2. 施工合同的内容

施工合同的主要条款就是合同的主要内容，即合同双方当事人在合同中予以明确的各项要求、条件和规定，它是合同当事人全面履行合同的依据。施工合同的主要条款，是施工合同的核心部分，它是明确施工合同当事人基本权利和义务，使施工合同得以成立的不可缺少的内容，因此，施工合同的主要条款对施工合同的成立起决定性作用。《合同法》第 257 条规定："施工合同的内容包括工程范围、建设工期、中间交工工程的开工和竣工时间、工程质量、工程造价、技术资料交付时间、材料和设备供应责任、拨款和结算、竣工验收、质量保修范围和质量保修期、双方相互协作等条款。"

（1）工程范围。工程范围是指施工合同数量方面的要求。数量是指标的的计量，是以数字和计量单位来衡量标的的尺度。没有数量就无法确定双方当事人的权利义务的大小，而使双方全国利义务处于不确定的状态，因此，必须在施工合同中明确规定标的的数量。一项工程，只有明确其建筑范围、规模、安装的内容，使工人才可能有的放矢，进行建筑安装。施工合同中要明确规定建筑安装范围的多少，不仅要明确数字，还要明确计量单位。

（2）建设工期、中间交工工程的开工和竣工时间。建设工期、中间交工工程的开工和竣工时间是对工程进度和期限的要求。建设工期是承包人完成工程项目的时间界限，是确定施工合同是否按时履行或迟延履行的客观标准，承包人必须按合同规定的工程履行期限，按时按质按量完成任务，期限届满而不能履行合同，除依法可以免责外，要承担由此产生的违约责任。工程进度是施工工程的进展情况，反映固定资产投资活动进度和检查计划完成情况的重要指标。一般以形象进度来表示单位工程的进度；用文字或实物量完成的百分比说明、表示或综合反映单项工程进度。从开工期到竣工期，实际上也就是施工合同的履行期限。每项工程都有严格的时间要求，这关系到国家的计划和总体规划布局，因此，施工合同中务必明确建设工期，双方当事人应严格遵守。

（3）工程质量、质量保修范围以及质量保证期。建筑安装工程对质量的要求特别严格，不仅是因为工程造价高，对国民经济发展影响大，更重要的是它关系到人民群众的生命和财产的安全，因此，承包人不仅在建筑安装过程中要把工程质量关，还要在工程交付后，在一定的期限内负责保修。工程质量是指建筑安装工程满足社会生产和生活一定需要的自然属性或技术特征。一般说，又坚固耐久、经济适用、美观等特性，工程质量就是这些属性的综合反映，它是表明施工企业管理水平的重要标志。在工程交付后，承包人要在一定的期限内负责保修。承包人的保修责任是有条件的，这些条件有：一是指在一定的期限内保修，超过保修期限，工程出现质量问题，承包人不负责修理；二是只有在规定的条件下出现的特定的质量问题，承包人才负责保修，由于发包人或使用工程者的过错造成的损坏，承包人不负责保修。在符合条件的保修期间，承包人对工程的修缮应是无偿的。

（4）工程造价。工程造价是指建筑安装某项工程所花费的全部投资。按基本建设预算价格计算的工程造价称为工程预算造价；按实际支出计算的工程造价称为实际工程造价。在施工合同中，必须明确建筑安装工程的造价。

（5）技术资料交付时间。技术资料交付时间是针对发包人履行的义务而言的。设计文件是指发包人向承包人提供建筑安装工作所需的有关基础资料。为了保证承包人如期开工，保证工程按期按质按量完成，发包人应在施工合同规定的日期之前将有关文件、资料交给承包人。如果由于发包人拖延提供有关文件、资料致使工程未能保质保量按期完工，承包人不承担责任，并可以追究发包人的违约责任。当然，发包人除对提供的文件、资料要迅速及时外，还要对提供的设计文件和有关资料的数量和可靠性负责。

（6）材料和设备的供应责任。材料和有关设备是进行建筑安装工程的物质条件，及时提供材料和设备是建筑安装工程顺利进行所必不可少的必要条件，因此，施工合同应对材料和设备的供应和进场期限作出明确规定。强调材料和设备的供应期限，是在保证材料和设备的数量和质量的前提下而言的，只有既及时地提供材料和设备，又保证这些材料和设备的数量和质量，才是根本的宗旨。

（7）拨款与结算。拨款与结算包括支付工程预付款、材料预付款以及在施工合同履行过程中按时拨付月进度款、完工付款和最终付款（结算）。在施工合同中均应明确这些款项如何支付及何时支付，以确保当事人的权利义务的实现。

（8）竣工验收。竣工验收是指基本建设工程竣工后，按设计要求检查工程质量的工作。验收的程序一般由承包人在规定的时间内向发包人提交交工验收通知书，发包人在规定的期限内进行验收，经检验合格，双方签订交工验收证书。竣工验收应有包括合同当事人及主管部门组成的验收委员会进行。验收的依据是国家颁发的施工验收规范和质量检验标准及合同的规定。

（9）双方相互协作的事项。一项建筑安装工程的进程和质量十分重要，施工合同当事人权利义务又较复杂，所以要保证建筑安装工作的顺利进行，须发包人和承包人在履行合同的过程中始终密切配合，通力协作。只有双方全面履行合同的义务，才能实现订立合同的根本目的。因此。在施工合同的履行过程中，当事人相互协作是必不可少的，双方可就其他需要协作的事项在施工合同中作出规定。

3. 施工合同承包人的资质

为保证建设工程的顺利进行，要严格审查施工队伍的资质证明。作为承包人的施工队伍必须具有以下证件：

（1）企业法人营业执照。企业法人营业执照是一个施工单位有无资格施工的证明。企业法人营业执照可以反映出施工队伍的基本概况，如资金是否雄厚、人员多少、施工技术及施工设施、开业年限的长短等。没有企业法人营业执照决不能签订合同。

（2）安全生产合格证。安全生产是保证建筑工程顺利施工的一个重要因素。每个施工单位都应设一个专门机构或派专人负责安全问题。

（3）企业资质等级证书。建设部和国务院各有关主管部门，分别制定了通用工业与民用建筑、冶金建设、有色金属工业建设等各类施工企业的资质等级标准。这些施工企业资质等级标准，都是按施工企业完成工程任务的能力和经历、主要管理人员素质、有职称的业务技术人员占企业平均人数的比率和资金等方面的不同情况确定的，并依此确定各等级施工企业的营业范围，即承包工程范围。承包人不得越级承包，如果越级承包工程，所签合同无效。

（4）外地建筑企业进驻当地施工，应根据当地政府的有关规定办理必要的手续。

四、建设工程的总承包、转包与分包

（一）建设工程的总承包

《合同法》规定："发包人可以与总承包人订立建设工程合同，也可以分别与勘察人、设计人、承包人订立勘察、设计、施工承包合同。"对于发包人来讲，也就是鼓励发包人将整体工程一并发包。一是鼓励采用将建设工程的勘察、设计、施工、设备采购一并发包给一个总承包人；二是将建设工程的勘察、设计、施工、设备采购四部分分开几个具有相应资质条件的总承包人。采用以上两种发包方式发包工程既节约投资，强化现场管理，提高工程质量，又可以在一旦出现事故责任时，很容易找到责任人。

（二）禁止建设工程肢解发包

肢解发包，就是将应当由一个承包人完成的建设工程肢解成若干部分发包给几个承包人的行为。这种行为可导致建设工程管理上的混乱，不能保证建设工程的质量和安全，容易造成建设工期延长，增加建设成本。为此，《合同法》规定："发包人不得将应当由一个承包人完成的建设工程肢解成若干部分发包给几个承包人。"禁止肢解发包不等于禁止分包，比如在工程施工中，总承包人有能力并有相应资质承担上下水、暖气、电气、电信、消防工程等，就应当由其自行组织施工；若总承包人需将上述某种工程分包，依据法律规定与合同约定在征得发包人同意后，亦可分包给具有相应资质的企业，但必须由总承包人统一进行管理，切实承担总包责任。此时，发包人要加强监督检查，明确责任，保证工程质量和施工安全。

（三）禁止建设工程转包

所谓转包，是指建设工程的承包人将其承包人的建设工程倒手转让给他人，使他人实际上成为该建设工程新的承包人的行为。《合同法》规定："承包人不得将其承包的全部建设工程转包给第三人或者将其承包的全部建设工程肢解以后以分包的名义分别转包给第三人。"转包行为有较大的危害性。一些单位将其承包的工程压价倒手转包给他人，从中牟取不正当利益，形成"层层转包，层层扒皮"的现象，最后实际用于工程建设的费用大为减少，导致严重偷工减料；一些建设工程转包后落入不具有相应资质条件的包工队手中，

留下严重的工程质量后患，甚至造成重大质量事故。从法律的角度讲，承包人擅自将其承包的工程转包，违反了法律的规定，破坏了合同关系的稳定性和严肃性。从合同法律关系上说，转包行为属于合同主体变更的行为，转包后，建设工程承包合同的承包人由原承包人变更为接受转包的新承包人，原承包人对合同的履行不再承担责任。承包人将承包的工程转包给他人，擅自变更合同的主体的行为，违背了发包人的意志，损害了发包人的利益，是法律所不允许的。

（四）建设工程的分包

所谓建设工程的分包，是指对建设工程实行总承包的承包人，将其总承包的工程项目的某一部分或几部分，在发包给其他的承包人，与其签订总承包项目下的分包合同，此时，总承包合同的承包人即成为分包合同的发包人。

《合同法》规定："总承包人或者勘察、设计、施工承包人经发包人同意，可以将自己承包的部分工作交由第三人完成。第三人就其完成的工作成果与总承包人或者勘察、设计、施工承包人向发包承担连带责任。"依据法律的规定，承包人必须经发包人同意，才可以将自己承包的部分工作交由第三人完成。而且，分包人（第三人）应就其完成的工作成果与总承包人或者勘察、设计、施工承包人向发包人承担连带责任。

《合同法》还明确规定："禁止承包人将工程分包给不具备相应资质条件的单位。禁止分包单位将其承包的工程再分包。建设工程主体结构的施工必须由总承包人自行完成。"这就明确了三个方面：一是承包人将工程分包必须分包给具有相应资质的分包人；二是分包人不得将其承包的工程再分包；三是建设工程主体结构的施工必须由承包人自己完成。

关于工程分包，《水利水电工程标准文件》规定：

（1）承包人不得将其承包的全部工程转包给第三人，或将其承包的全部工程肢解后以分包的名义转包给第三人。

（2）承包人不得将工程主体、关键性工作分包给第三人。除专用合同条款另有约定外，未经发包人同意，承包人不得将工程的其他部分或工作分包给第三人。

（3）分包人的资格能力应与其分包工程的标准和规模相适应。

（4）按投标函附录约定分包工程的，承包人应向发包人和监理人提交分包合同副本。

（5）承包人应与分包人就分包工程向发包人承担连带责任。

（6）分包分为工程分包和劳务分包。工程分包应遵循合同约定或者经发包人书面认可。禁止承包人将本合同工程进行违法分包。分别人应具备与分包工程规模和标准相适应的资质和业绩，在人力、设备、资金等方面具有承担分包工程施工的能力。分包人应自己完成所承包的任务。

（7）在合同实施过程中，如承包人无力在合同规定的期限内完成合同中的应急防汛、抢险等危及公共安全和工程安全的项目，发包人可对该应急防汛、抢险等项目的部分工程制定分包人。因非承包人原因形成指定分包条件的，发包人的指定分包不应增加承包人的额外费用，因承包人原因形成指定分包条件的，承包人应承担指定分包所增加的费用。由指定分包人造成的与其分包工作有关的一切索赔、诉讼和损失赔偿由指定分别人直接对发包人负责，承包人不对此承担责任。

（8）承包人和分别人应当签订分包合同，并履行合同约定的义务。分包合同必须遵循承包合同的各项原则，满足承包合同中相应条款的要求。发包人可以对分包合同实施情况进行监督检查。承包人应将分包合同副本提交发包人和监理人。

（9）除了第（7）项规定的指定分包外，承包人对其分包项目的实施以及分包人的行为向发包人负全部责任。承包人应对分包项目的工程进度、质量、安全、计量和验收等实施监督和管理。

（10）发包人应按专用合同条款的约定设立项目管理机构组织分包工程的施工活动。

五、对建设工程合同当事人的有关法律规定

（一）对工程进度、质量的检查的规定

建设工程合同的标的较大，而且建设工程合同的标的物建设工程具有特殊性，且合同的履行也不是一蹴而就，因此，发包人有权在不妨碍承包人正常作业的情况下，随时可以对作业进度、质量进行检查。《合同法》第 277 条规定："发包人在不妨碍承包人正常作业的情况下，可以随时对作业进度、质量进行检查。"

发包人对工程作业的检查一般通过两种方式：一是委派具体管理人员作为工地代表，负责对工程进度、质量进行监督检查，办理中间交工工程验收手续以及其他应当由发包人解决事宜。另一种是发包人委托监理人实施工程建设过程中的检查。国家规定强制监理的工程，发包人应当委托监理人对工程实施监理。监理人应当依照法律、法规及有关的技术标准、设计文件和建设工程合同，对承包人在施工质量、建设工期和建设资金使用等方面，代表发包人对承包人的建设工作实施监督。

工地代表、监理人在检查过程中发现工程设计不符合建设工程质量要求的，应当报告发包人要求设计人改正。如果发现工程的施工不符合工程设计要求、施工技术标准和合同约定的，工地代表和监理人有权要求承包人改正，承包人应当立即改正，不得拒绝。

（二）对隐蔽工程检查的规定

所谓隐蔽工程，是指建设工程中建设工程完成后，由其外观所不能再现工程。隐蔽工程因其隐蔽性质而无法使其在建设工程完成后，由发包人等进行验收，因此，隐蔽工程在隐蔽以前，承包人应当通知发包人检查。《合同法》第 278 条规定："隐蔽工程在隐蔽以前，承包人应当通知发包人检查。发包人没有及时检查的，承包人可以顺延工程日期，并有权要求赔偿停工、窝工等损失。"实践中，当工程具备覆盖、掩盖条件的，承包人应当先进行自检，自检合格后，在隐蔽工程进行隐蔽前及时通知发包人或发包人派驻工地的代表对隐蔽工程的条件进行检查并参加隐蔽工程的作业。发包人接到通知后，应当在要求的时间内到隐蔽工程现场，对隐蔽工程的条件进行检查，检查合格的，发包人在检查记录上签字，承包人检查合格后方可进行掩盖。

发包人在接到通知后，没有按期对隐蔽工程进行检查的，承包人应当催告发包人在合理的期限内进行检查。因为发包人不进行检查，承包人就无法进行隐蔽工程的施工，因此承包人通知发包人检查而发包人未能及时进行检查的，承包人有权暂停施工。承包人可以顺延工期，并要求发包人赔偿因此造成的停工、窝工、材料和构件积压等损失。

如果承包人未通知发包人检查而自行进行隐蔽工程的掩盖，事后发包人有权要求对隐蔽的工程进行检查，承包人应当按照要求接受检查。如果经检验不合格，承包人应当返工，由此产生的费用和工期延误责任有承包人自己承担。

（三）对承包人的违约责任的规定

承包人对承建的工程质量负有瑕疵担保责任。在工程质量保证期内，工程所有人或者使用人发现工程瑕疵的，有权直接请求承包人修理或者返工、改建。《合同法》第281条规定："因施工人的原因致使建设工程质量不符合约定的，发包人有权请求施工人在合理的期限内无偿修理或者返工、改建。经过修理或者返工、改建后，造成逾期交付的，施工人应当承担违约责任。"

（四）对承包人的质量责任的规定

建筑物作为一种特殊的产品，承包人应当对其产品的质量负有责任。《合同法》第282条规定："因承包人的原因致使建设工程在合理的使用期限内造成人身和财产损害的，承包人应当承担损害赔偿责任。"承包人承担损害赔偿责任，应当符合以下条件：

（1）因承包人的原因引起建设工程对人身和财产损害。建设工程的承包人应当按照法律的规定认真履行工程质量保证义务。在施工中，承包人必须严格按照工程设计和施工技术标准施工，不得使用不合格的建筑材料，不得有任何偷工减料的行为。承包人不履行法定质量保证义务，造成工程质量安全问题，应当承担法律责任。当然，如果不是承包人的原因造成的，承包人不承担责任。

（2）人身、财产损害是发生在建设工程合理使用期限内。建设工程的承包人应当在建设工程合理使用期限内对整个工程质量安全承担责任。因承包人的原因致使建设工程在合理的使用期限内，造成人身和财产损害的，受损害人有权向责任者要求赔偿。

（五）对发包人未履行约定义务的规定

建设工程合同约定由发包人提供原材料、设备、场地、资金、技术资料，而发包人未按约定时间和要求予以提供，属于发包人违约，发包人应当承担违约责任。《合同法》第283条规定："发包人未按约定的时间和要求提供原材料、设备、场地、资金、技术资料的，承包人可以顺延工程日期，并有权要求赔偿停工、窝工等损失。"这就说明，只要发包人未按合同约定的时间和要求提供原材料、设备、场地、资金、技术资料，承包人可以顺延工程日期，并有权要求赔偿停工、窝工等损失。

（六）对发包人的原因致使工程停建、缓建的规定

建设工程合同签订后，当事人应按合同的约定履行。由于建设工程标的额一般较大，客观情况的变化对当事人均有影响。建设工程履行过程中，发包人可能因种种原因需要中途停建或缓建。由于发包人自身的原因致使工程停建或缓建的，发包人应当承担违约责任。因此，《合同法》第284条作出了明确的规定："因发包人的原因致使工程中途停建、缓建的，发包人应当采取措施弥补或者减少损失，赔偿承包人因此造成的停工、窝工、倒运、机械设备地调迁、材料和构件积压等损失和实际费用。"

（七）对发包人未支付价款的规定

发包人在工程建设完成后，对竣工验收合格的工程应按照合同约定的方式和期限进行工程决算，支付工程价款，在向承包人支付价款后接受工程。如果发包人不想承包人支付工程价款，属于发包人违约，发包人应当承担法律责任。《合同法》第286条对此作出了具体的规定："发包人未按照约定支付价款的，承包人可以催告发包人在合理期限内支付价款。发包人逾期不支付的，除按照建设工程的性质不宜折价、拍卖的以外，承包人可以与发包人协议将该工程折价，也可以申请人民法院将该工程依法拍卖。建设工程的价款就该工程折价或者拍卖的价款优先受偿。"

第二节　水利工程施工合同文件

一、对双方有约束力的合同文件

（一）合同文件的组成

合同文件简称合同。我国《合同法》规定，建设工程合同应当采用书面形式。合同文件就是指由发包人和承包人签订的为完成合同规定的各项工作所需的全部文件和图纸，以及在协议书中明确列入的其他文件和图纸。对水利水电工程施工合同而言，通常应包括下列内容：

1. 合同协议书（包括补充协议书或协议书备忘录）

合同协议书是由承包人按中标通知书规定的时间与发包人签订的。除法律另有规定或合同另有约定外，发包人和承包人的法定代表人或其委托代理人在合同协议书上签字并盖单位章后，合同生效。

2. 合同条款

合同条款指由发包人拟定和选定，经双方同意采用的条款，它规定了合同双方的责任、权利和义务。合同条款一般包含两部分：第一部分——通用条款和第二部分——专用条款。

3. 技术标准和要求（或合同技术条款）

技术标准和要求（或合同技术条款）指构成合同文件组成部分的名为技术标准和要求的文件，包括合同双方当事人约定对其所作的修改或补充。技术条款应规定合同的工作范围和技术要求。合同条款划清了发包人和承包人双方在合同中各自的责任、权力和义务，而技术条款则是双方责任、权力和义务在工程施工中的具体工作内容，也是合同责任、权力和义务在工程安全和质量管理等实物操作领域的具体延伸，是发包人委托监理人进行合同管理的实物标准，是发包人和监理人在工程施工过程中实施进度、质量和费用控制的操作程序和方法。同时，也是承包人进行投标报价和发包人进行合同支付的实物依据。

4. 图纸

图纸指包含在合同中的招标图纸、投标图纸和发包人按合同约定向承包人提供的施工图纸和其他图纸（包括配套说明和有关资料）。图纸应足够详细，以便承包人在参照了技术条款和工程量清单后，能确定合同所包括的工作性质和范围。主要包括：

（1）列入合同的招标图纸和发包人按合同规定向承包人提供的所有图纸，包括配套说明和有关资料。列入合同的招标图纸已成为合同文件的一部分，具有合同效力，主要用于在履行合同中作为衡量变更的依据，但不能直接用于施工。

（2）列入合同的投标图纸和承包人提交并经监理人批准的所有图纸，包括配套说明和有关资料。经发包人确认进入合同的投标图纸也是合同文件的一部分，用于在履行合同中检验承包人是否按其投标时承诺的条件进行施工的依据，也不能直接用于施工。

（3）由发包人按合同约定向承包人提供的施工图纸和其他图纸，包括配套说明和有关资料。

5. 已标价工程量清单

已标价工程量清单指构成合同文件组成部分的由承包人按照规定的格式和要求填写并标明价格的工程量清单，一般包括按照合同应实施的工作的说明、估算的工程量以及由承包人填写的单价和总价。它是投标文件的组成部分。

6. 投标函

投标函是指构成合同文件组成部分的由承包人填写并签署的投标函。投标函是投标人提交的组成投标文件最重要的单项文件。在投标函中承包人要确认他已阅读了招标文件并理解了招标文件的要求，并声明他为了承担和完成合同规定的全部义务所需的投标金额。这个金额必须和工程量清单中所列的总价相一致。同时，承包人应声明，所递交的投标文件及有关资料内容完整、真实和准确。

7. 投标函附录

投标函附录指附在投标函后构成合同文件的投标函附录。

8. 中标通知书

中标通知书指发包人通知承包人中标的函件，是接受承包人投标函的意思表示。

9. 合同协议书

合同协议书指双方就最后达成协议所签订的协议书。

10. 其他合同文件

其他合同文件指经合同双方当事人确认构成合同文件的其他文件，如明确列入中标通知书或合同协议书中的其他文件。

（二）施工合同文件优先次序

构成合同的各种文件，应该是一个整体，它们是有机的结合，互为补充、互为说明。但是，由于合同文件内容众多、篇幅庞大，很难避免彼此之间出现解释不清或有异议的情况。因此合同条款中应规定合同文件的优先次序，即当不同文件出现模糊或矛盾时，以哪个文件为准。一般情况下，除非合同另有规定，《水利水电工程标准文件》中规定的解释合同文件的优先顺序如下：

（1）合同协议书（包括补充协议书、协议书备忘录）。

（2）中标通知书。

（3）投标函及投标函附录。

（4）专用合同条款。

（5）通用合同条款。

（6）技术标准和要求（或和技术条款）。

（7）图纸。

（8）已标价工程量清单。

（9）其他合同文件。

如果发包人选定不同于上述的优先次序，则可以在专用条款中予以修改说明；如果发包人不规定文件的优先次序，则亦可在专用条款中说明，并可将对出现的含糊或异议的解释和校正权赋予监理工程师，即监理工程师有权向承包人发布指令，对这种含糊和异议加以解释和校正。

（三）施工合同文件的适用法律

法律是合同的基础，合同的效力通过法律来实现。国际工程中，应在合同中规定一种适用于该合同并据以对该合同进行解释的国家或地方的法律，称为该合同的"适用法律"，本合同的有效性受该法律的控制，合同的实施受该法律的制约和保护。《水利水电工程标准文件》规定的适用法律为：适用于合同的法律包括中华人民共和国法律、行政法规、部门规章，以及工程所在地的地方法规、自治条例、单行条例和地方政府规章。

（四）施工合同文件解释的原则

对合同文件的解释，除应遵循上述合同文件的优先次序、主导语言原则和适用法律原则，还应遵循国际上对工程承包合同文件进行解释的一些公认的原则，主要有如下几点：

1. 诚实信用原则

各国法律都普遍承认诚实信用原则（简称诚信原则），它是解释合同文件的基本原则之一。诚信原则是指合同双方当事人在签订和履行合同中都应是诚实可靠、恪守信用的。根据这一原则，法律推定当事人在签订合同之前都认真阅读和理解了合同文件，都确认合同文件的内容是自己真实意思的表示，双方自愿遵守合同文件的所有规定。因此，按这一原则解释，即"在任何法系和环境下，合同都应按其表述的规定准确而正当地予以履行。"

根据此原则对合同文件进行解释应做到：

（1）按明示意义解释，即按照合同书面文字解释，不能任意推测或附加说明。

（2）公平合理的解释，即对文件的解释不能导致明显不合理甚至荒谬的结果，也不能导致显失公平的结果。

（3）全面完整的解释，即对某一条款的解释要与合同中其他条款相容，不能出现矛盾。

2. 反义居先原则

这个原则是指：如果由于合同中有模棱两可、含糊不清之处，因而导致对合同的规定有两种不同的解释时，则按不利于文件起草方或提供方的原则进行解释，也就是以与起草方相反的解释居于优先地位。

对于工程施工承包合同，业主总是合同文件的起草或提供方，所以当出现上述情况时，承包商的理解与解释应处于优先地位。但是在实践中，合同文件的解释权通常属于监理工程师，这时，承包商可以要求监理工程师就其解释作出书面通知，并将其视为"工程变更"来处理经济与工期补偿问题。

3. 明显证据优先原则

这个原则是指：如果合同文件中出现几处对同一问题有不同规定时，则除了遵照合同文件优先次序外，应服从如下原则，即具体规定优先于原则规定；直接规定优先于间接规定；细节的规定优先于笼统的规定。根据此原则形成了一些公认的国际惯例有：细部结构图纸优先于总装图纸；图纸上数字标志的尺寸优先于其他方式（如用比例尺换算）；数值的文字表达优先于用阿拉伯数字表达；单价优先于总价；定量的说明优先于其他方式的说明；规范优先于图纸；专用条款优先于通用条款等。

4. 书写文字优先原则

除非合同另有约定，一般按此原则规定：书写条文优先于打字条文；打字条文优先于印刷条文。

二、施工合同条款

（一）施工合同条款的内容

施工合同的合同条款，一般均应包括下述主要内容：一般约定，发包人义务，监理人的职责和权力，承包人的权利和义务，材料和工程设备，施工设备和临时设施，交通运输，测量放线，施工安全、治安保卫和环境保护，进度计划，开工和竣工，暂停施工，工程质量，试验和检验，工程变更，价格调整，计量与支付，竣工验收，缺陷责任与保修责任，保险，不可抗力，违约，索赔，争议的解决。它的核心问题是规定双方的权利、义务，以及分配双方的风险责任。

（二）施工合同条款的标准化

由于合同条款在合同管理中的重要性，所以合同双方都很重视。对作为条款编写者的发包人而言，必须慎重推敲每一个词句，防止出现任何不妥或有疏漏之处；对承包人而言，必须仔细研读合同条款，发现有明显错误要及时向业主指出予以更正，有模糊之处又必须及时要求发包人澄清，以便充分理解合同条款表示的真实思想与意图。还必须考虑条款可能带来的机遇和风险。只有在这些基础上才能得出一个合适的报价。因此，在订立一个合同过程中，双方在编制、研究、协商合同条款上要投入很多的人力、物力和时间。

世界各国为了减少每个工程都必须花在编制讨论合同条款上的人力物力消耗，也为了避免和减少由于合同条款的缺陷而引起的纠纷，都制订出自己国家的工程承包标准合同条款。第二次世界大战以后，国际工程的招标承包日益增加，也陆续形成了一些国际工程常用的标准合同条款。世界各国工程建设实践证明，采用标准合同条款，除了可以为合同双方减少大量资源消耗外，还有如下优点：

（1）标准合同条款能合理地平衡合同各方的权利和义务，公平地在合同各方之间分配风险和责任。因此多数情况下，合同双方都能赞同并乐于接受，这就会在很大程度上避免合同各方之间由于缺乏所需的信任而引起争端，有利于顺利完成合同。

（2）由于投标者熟悉并能掌握标准合同条款，这意味着他们可以不必为不熟悉的合同条款以及这些条款可能引起的后果担心，可以不必在报价中考虑这方面的风险，从而可能导致较低的报价。

（3）标准合同条款的广泛使用，为合同管理人员及其培训提供了一个稳定的工作内容和依据。这将有利于提高合同管理人员的水平，从而提高建设项目的管理的水平。

为了规范水利水电工程施工，水利部、国家电力公司、国家工商行政管理局曾联合编制了适合我国大中型水利水电工程施工的《水利水电工程施工合同和招标文件示范文本》（2000 年版），并于 2000 年 2 月 23 日发出"关于印发《水利水电工程施工合同和招标文件示范文件》的通知（水建管〔2000〕62 号）"，要求实施。

为了进一步加强水利水电工程施工招标管理，规范资格预审文件和招标文件编制工作，水利部在国家发展与改革委员会等九部委联合编制的《标准施工招标资格预审文件》和《标准施工招标文件》（本书中简称《标准文件》）的基础上，结合水利水电工程特点和行业管理需要，组织编制了《水利水电工程标准施工招标资格预审文件》（2009 年版）和《水利水电工程标准施工招标文件》（2009 年版）（本书中简称《水利水电工程标准文件》），并于 2009 年 12 月 29 日发出"《关于印发水利水电工程标准施工招标资格预审文件和水利水电工程标准施工招标文件的通知》（水建管〔2009〕629 号）"，要求："凡列入国家或地方投资计划的大中型水利水电工程使用《水利水电工程标准文件》，小型水利水电工程可参照使用。""《水利水电工程标准文件》是《标准文件》在水利水电工程应用上的补充和细化，上述文件应结合使用，二者条款号若内容不一致时，采用《水利水电工程标准文件》"、"通用合同条款应不加修改地引用"、"专用合同条款可根据招标项目的具体特点和实际需要，按其条款编号和内容对通用合同条款进行补充、细化，但除通用合同条款明确专用合同条款可作出不同约定外，补充和细化的内容不得与通用合同条款规定相抵触，不得违反法律、法规和行业规章的有关规定和平等、自愿、公平和诚实信用原则。""技术标准和要求（合同技术条款）是参考性的文本，招标人可根据工程项目的具体需要进行修改，但应注意与通用合同条款、专用合同条款以及工程量清单的衔接。""《水利水电工程标准文件》中须不加修改引用的内容，若确因工程的特殊条件需要修改时，应按项目的隶属关系报项目主管部门批准。""《水利水电工程标准文件》自 2010 年 2 月 1 日起施行"。对《水利水电工程标准文件》的使用范围、使用方法和使用时间作出了明确的规定。

《水利水电工程标准文件》由第一部分通用合同条款（24 方面、60 条、211 款）、第二部分专用合同条款（26 条、37 款，并增加"保密"和"联合体各成员承担连带责任"两条）和通用合同条款使用说明组成。

应该注意的是，标准化条款是一种格式条款。我国《合同法》规定，采用格式条款订立合同，应当遵循公平原则确定当事人之间的权利和义务；提供条款一方免除其责任、加重对方责任、排除对方主要权利的，该条款无效。《合同法》还规定，对格式条款的理解发生争议的，应当按照通常理解予以解释，对格式条款有两种以上解释的，应当作出不利于提供格式条款一方的解释；格式条款与非格式条款不一致的，应当采用非格式条款。

第三节　施工合同当事人的义务和责任

发包人与承包人签订的施工合同，明确了合同双方的权利义务关系，双方当事人应当按合同的约定，全面履行合同约定的义务，才能保证合同权利的实现。作为受发包人委托和授权进行合同管理的监理人，应当熟悉合同约定的各个条款，才能管理好合同。

一、当事人的一般义务和责任

《水利水电工程标准文件》通用合同条件规定了合同双方当事人的一般义务和责任。下面简述如下：

（一）发包人

1. 发包人的概念

发包人是指专用合同条款中指明并与承包人在合同协议书中签字的当事人以及取得该当事人资格的合法继承人。发包人应该具有工程发包主体资格，具有履行合同义务的民事行为能力和享受合同权利的民事权利能力。

2. 发包人的一般义务和责任

（1）遵守法律。发包人在履行合同过程中应遵守法律、法规和规章，并保证承包人免于承担因发包人违反法律、法规和规章而引起的任何责任。

（2）发出开工通知。发包人应委托监理人按合同规定的日期前向承包人发出开工通知。

（3）提供施工场地。施工场地（或称工地、现场）指用于合同工程施工的场所，以及在合同中指定作为施工场地组成部分的其他场所，包括永久占地和临时占地。永久占地指发包人为建设本合同工程永久征用的场地；临时占地指发包人为建设本合同工程临时征用，承包人在完工后须按合同要求退还的场地。

发包人应在合同双方签订合同协议书后的 14 天内，将本合同工程的施工场地范围图提交给承包人，该施工用地范围在专用合同条款中约定。发包人提供的施工场地范围图应标明场地范围内永久占地和临时占地的范围和界限，以及指明提供给承包人用于施工场地布置的范围和界限及其有关资料。

除专用合同条款另有约定外，发包人应按合同技术条款的约定，向承包人提供施工场地内的工程地质图纸和报告，以及地下障碍物图纸等施工场地有关资料，并保证资料的真实、准确、完整。

（4）协助承包人办理证件和批件。发包人应协助承包人办理法律规定的有关施工证件和批件。

（5）组织设计交底。发包人应根据合同进度计划，组织设计单位向承包人进行设计交底。

（6）支付合同价款。发包人应按合同约定向承包人及时支付合同价款。

（7）组织竣工验收（组织法人验收）。发包人应按合同约定及时组织法人验收。

（8）其他义务。发包人应履行合同约定的其他义务，例如：按合同规定的期限提供部分施工准备工程给承包人使用；按合同有关条款和《技术条款》的有关规定；委托监理人向承包人提供现场测量基准点、基准线和水准点及其有关资料；按合同规定负责办理由发包人投保的保险；委托监理人在合同规定的期限内向承包人提供应由发包人负责提供的图纸；统一管理工程的文明施工，并应按法律及合同的有关规定履行其治安保卫和施工安全职责；按环境保护的法律、法规和规章的有关规定统一筹划本工程的环境保护工作等。

（二）承包人

1. 承包人的概念

承包人是指与发包人签订合同协议书的当事人以及取得该当事人资格的合法继承人。

2. 承包人的一般义务

（1）遵守法律。承包人在履行合同过程中应遵守法律、法规和规章，并保证发包人免于承担因承包人违反法律、法规和规章而引起的任何责任。

（2）依法纳税。承包人应按有关法律规定纳税，应缴纳的税金包括在合同价格内。

（3）完成各项承包工作。承包人应按合同约定以及监理人在职责和权限范围内作出的指示，实施、完成全部工程，保证符合按施工图纸和《技术条款》中规定的质量要求，并修补工程中的任何缺陷。除合同条款另有约定外，承包人应提供为完成合同工作所需的劳务、材料、施工设备、工程设备和其他物品，并按合同约定负责临时设施的设计、建造、运行、维护、管理和拆除。

（4）对施工作业和施工方法的完备性负责。承包人应按合同约定的工作内容和施工进度要求，编制施工组织设计和施工措施计划，并对所有施工作业和施工方法的完备性和安全可靠性负责。

（5）保证工程施工和人员的安全。承包人应按合同约定认真采取施工安全措施，确保工程及其人员、材料、设备和设施的安全，防止因工程施工造成的人身伤害和财产损失。

（6）负责施工场地及其周边环境与生态的保护工作。承包人应按照合同有关约定负责施工场地及其周边环境与生态的保护工作，遵守有关环境保护的法律，履行合同约定的环境保护义务，并对违反法律和合同约定义务所造成的环境破坏、人身伤害和财产损失负责。

（7）避免施工对公众与他人的利益造成损害。承包人在进行合同约定的各项工作时，不得侵害发包人与他人使用公用道路、水源、市政管网等公共设施的权利，避免对邻近的公共设施产生干扰，并应采取有效措施防止工地附近建筑物和居民的生命财产遭受损害。承包人占用或使用他人的施工场地，影响他人作业或生活的，应承担相应责任。

（8）为他人提供方便。承包人应按监理人的指示为他人在施工场地或附近实施与工程有关的其他各项工作提供可能的条件。除合同另有约定外，提供有关条件的内容和可能发生的费用，由监理人按合同有关约定商定或确定。总监理工程师应与合同当事人协商，尽量达成一致。不能达成一致的，总监理工程师应认真研究后审慎确定。

（9）工程的维护和照管。除合同另有约定外，合同工程完工证书颁发前，承包人应负责照管和维护工程。合同工程完工证书颁发时尚有部分未完工程的，承包人还应负责该未完工程的照管和维护工作，直至完工移交给发包人为止。

（10）其他义务。承包人应履行合同约定的其他义务，比如：应在接到开工通知后及时调遣人员和调配施工设备、材料进入工地，按施工总进度要求完成施工准备工作；应认真执行监理人发出的与合同有关的任何指示，按合同规定的内容和时间完成全部承包工作；按合同规定的内容和时间要求，编制施工组织设计、施工措施计划和由承包人负责的施工图纸，报送监理人审批；按合同规定负责办理由承包人投保的保险；按国家有关规定文明施工，并应在施工组织设计中提出施工全过程的文明施工措施计划。

还有一些其他义务，可在专用合同条款中补充约定。

二、当事人违约

（一）承包人违约

1. 承包人违约的情形

在履行合同过程中发生的下列情况属承包人违约。

（1）承包人违反合同关于转让和分包的约定，私自将合同的全部或部分权利转让给其他人，或私自将合同的全部或部分义务转移给其他人。

（2）承包人违反合同关于材料、设备、施工设备和临时设施专用于合同项目的约定，未经监理人批准，私自将已按合同约定进入施工场地的施工设备、临时设施或材料撤离施工场地。

（3）承包人违反合同关于禁止使用不合格的材料和设备的约定，使用了不合格材料或工程设备，工程质量达不到标准要求，又拒绝清除不合格工程。

（4）承包人未能按合同进度计划及时完成合同约定的工作，已造成或预期造成工期延误。

（5）承包人在缺陷责任期（工程质量保修期）内，未能对工程完工验收鉴定书所列的缺陷清单的内容或缺陷责任期（工程质量保修期）内发生的缺陷进行修复，而又拒绝按监理人指示再进行修补。

（6）承包人无法继续履行或明确表示不履行或实质上已停止履行合同。

（7）承包人不按合同约定履行义务的其他情况。

2. 对承包人违约的处理

（1）立即解除合同。承包人发生上述违约情形的第（6）种约定的违约情况时，发包人可通知承包人立即解除合同，并按有关法律处理。

（2）限期整改。承包人发生除上述违约情形的第（6）种约定以外的其他违约情况时，监理人可向承包人发出整改通知，要求其在指定的期限内改正。承包人应承担其违约所引起的费用增加和（或）工期延误。

（3）整改后复工。经检查证明承包人已采取了有效措施纠正违约行为，具备复工条件的，可由监理人签发复工通知复工。

3. 承包人违约解除合同

监理人发出整改通知28天后，承包人仍不纠正违约行为的，发包人可向承包人发出解除合同通知。合同解除后，发包人可派员进驻施工场地，另行组织人员或委托其他承包人施工。发包人因继续完成该工程的需要，有权扣留使用承包人在现场的材料、设备和临时设施。但发包人的这一行动不免除承包人应承担的违约责任，也不影响发包人根据合同约定享有的索赔权利。

4. 协议利益的转让

因承包人违约解除合同的，发包人有权要求承包人将其为实施合同而签订的材料和设备的订货协议或任何服务协议利益转让给发包人，并在解除合同后的 14 天内，依法办理转让手续。

5. 紧急情况下无能力或不愿进行抢救

在工程实施期间或缺陷责任期内发生危及工程安全的事件，监理人通知承包人进行抢救，承包人声明无能力或不愿立即执行的，发包人有权雇佣其他人员进行抢救。此类抢救按合同约定属于承包人义务的，由此发生的金额和（或）工期延误由承包人承担。

（二）发包人违约

1. 发包人违约的情形

在履行合同过程中发生的下列情形，属发包人违约：

（1）发包人未能按合同约定支付预付款或合同价款，或拖延、拒绝批准付款申请和支付凭证，导致付款延误的。

（2）发包人原因造成停工的。

（3）监理人无正当理由没有在约定期限内发出复工指示，导致承包人无法复工的。

（4）发包人无法继续履行或明确表示不履行或实质上已停止履行合同的。

（5）发包人不履行合同约定其他义务的。

2. 承包人有权暂停施工

发包人发生除上述发包人违约的第 4 种情形以外的违约情况时，承包人可向发包人发出通知，要求发包人采取有效措施纠正违约行为。发包人收到承包人通知后的 28 天内仍不履行合同义务，承包人有权暂停施工，并通知监理人，发包人应承担由此增加的费用和（或）工期延误，并支付承包人合理利润。

3. 发包人违约解除合同

（1）发生上述发包人违约的第 4 种情形的违约情况时，承包人可书面通知发包人解除合同。

（2）承包人合同约定暂停施工 28 天后，发包人仍不纠正违约行为的，承包人可向发包人发出解除合同通知。但承包人的这一行动不免除发包人承担的违约责任，也不影响承包人根据合同约定享有的索赔权利。

4. 解除合同后的承包人撤离

因发包人违约而解除合同后，承包人应妥善做好已竣工工程和已购材料、设备的保护和移交工作，按发包人要求将承包人设备和人员撤出施工场地。承包人撤出施工场地应遵守合同关于竣工清场的约定，发包人应为承包人撤出提供必要条件。

（三）第三人造成的违约

在履行合同过程中，一方当事人因第三人的原因造成违约的，应当向对方当事人承担违约责任。一方当事人和第三人之间的纠纷，依照法律规定或者按照约定解决。

三、监理人的职责和权力

《水利水电工程标准文件》通用合同条件规定了监理人的职责和权力。监理人员在实施监理的过程中，应严格按合同的规定，履行监理人的职责，行使监理人的权力。

（一）监理人的职责和权力

⑴ 监理人受发包人委托，享有合同约定的权力。监理人的权力范围在专用合同条款中明确。当监理人认为出现了危及生命、工程或毗邻财产等安全的紧急事件时，在不免除合同约定的承包人的责任的情况下，监理人可以指示承包人实施为消除或减少这种危害所必须进行的工作，即使没有发包人的事先批准，承包人也应立即遵照执行。监理人应按合同关于变更的约定增加相应的费用，并通知承包人。

（2）监理人发出的任何指示应视为已得到发包人的批准，但监理人无权免除或变更合同约定的发包人和承包人的权利、义务和责任。

（3）合同约定应由承包人承担的义务和责任，不因监理人对承包人提交文件的审查或批准，对工程、材料和设备的检查和检验，以及为实施监理作出的指示等职务行为而减轻或解除。

（二）总监理工程师

发包人应在发出开工通知前将总监理工程师（以下简称总监）的任命通知承包人。总监理工程师更换时，应在调离14天前通知承包人。总监理工程师短期离开施工场地的，应委派代表代行其职责，并通知承包人。

（三）监理人员

（1）总监理工程师可以授权其他监理人员负责执行其指派的一项或多项监理工作。总监理工程师应将被授权监理人员的姓名及其授权范围通知承包人。被授权的监理人员在授权范围内发出的指示视为已得到总监理工程师的同意，与总监理工程师发出的指示具有同等效力。总监理工程师撤销某项授权时，应将撤销授权的决定及时通知承包人。

（2）监理人员对承包人的任何工作、工程或其采用的材料和工程设备未在约定的或合理的期限内提出否定意见的，视为已获批准，但不影响监理人在以后拒绝该项工作、工程、材料或工程设备的权利。

（3）承包人对总监理工程师授权的监理人员发出的指示有疑问的，可向总监理工程师提出书面异议，总监理工程师应在48h内对该指示予以确认、更改或撤销。

（4）除专用合同条款另有约定外，总监理工程师不应将有关规范规定和合同约定应由总监理工程师作出确定的权力授权或委托给其他监理人员。

（四）监理人的指示

（1）监理人应按合同有关约定向承包人发出指示，监理人的指示应盖有监理人授权的施工场地机构章，并由总监理工程师或总监理工程师按合同约定授权的监理人员签字。

（2）承包人收到监理人按合同约定作出的指示后应遵照执行。指示构成变更的，应按合同关于变更的约定处理。

（3）在紧急情况下，总监理工程师或被授权的监理人员可以当场签发临时书面指示，承包人应遵照执行。承包人应在收到上述临时书面指示后24h内，向监理人发出书面确认函。监理人在收到书面确认函后24h内未予答复的，该书面确认函应被视为监理人的正式指示。

（4）除合同另有约定外，承包人只从总监理工程师或按合同约定被授权的监理人员处取得指示。

（5）由于监理人未能按合同约定发出指示、指示延误或指示错误而导致承包人费用增加和（或）工期延误的，由发包人承担赔偿责任。

（五）商定或确定

（1）合同约定总监理工程师对任何事项进行商定或确定时，总监理工程师应与合同当事人协商，尽量达成一致。不能达成一致的，总监理工程师应认真研究后审慎确定。

（2）总监理工程师应将商定或确定的事项通知合同当事人，并附详细依据。对总监理工程师的确定有异议的，构成争议，按照合同有关约定处理。在争议解决前，双方应暂按总监理工程师的确定执行，按照合同有关约定对总监理工程师的确定作出修改的，按修改后的结果执行。

（六）监理人应公正地履行职责

监理人应公正地履行职责，在按合同要求由监理人发出指示、表示意见、审批文件、确定价格以及采取可能涉及发包人或承包人的义务和权利的行动时，应认真查清事实，并与双方充分协商后作出公正的决定。

思 考 题

4-1 什么是建设工程合同？

4-2 建设工程合同具有哪些特征？

4-3 施工合同一般包括哪些内容？

4-4 施工合同主要包括哪些文件？

4-5 解释合同的原则是什么？

4-6 合同文件的优先顺序如何排列？

4-7 发包人的主要合同义务有哪些？

4-8 承包人的主要合同义务有哪些？

4-9 发包人违约时，依据合同约定，承包人应该如何应对？

4-10 承包人违约时，依据合同约定，发包人应该如何应对？

第五章 水利工程施工合同目标控制

第一节 施工合同质量目标控制

为了达到工程项目投资的目的，确保工程质量至关重要。对工程质量进行严格的控制，是监理人的重要职责。对工程质量控制主要对承包人人员、材料设备、施工过程、隐蔽工程和工程的隐蔽部位等实施严格的监督与管理。

一、对承包人人员的管理

（一）承包人自身的管理

1. 承包人人员的基本要求

承包人应为完成合同规定的各项工作向施工场地派遣或雇用技术合格和数量足够的，而又具有相应资格的各类专业技工和合格的普工、具有技术理论知识和施工经验的各类专业技术人员、具有相应岗位资格的各级管理人员。这不仅要求承包人配备足够的数量的人员，还对各类人员提出了素质要求，承包人应按投标文件中的主要人员表中列入的人员配备，未经发包人同意，主要人员不能随意更换。

承包人施工项目经理是承包人驻施工工地的全权负责人，承包人应按合同约定指派项目经理，并在约定的期限内到职。承包人更换项目经理应事先征得发包人同意，并应在更换14天前通知发包人和监理人。承包人项目经理短期离开施工场地，应事先征得监理人同意，并委派代表代行其职责。

承包人项目经理应按合同约定以及监理人的指示，负责组织合同工程的实施。在情况紧急且无法与监理人取得联系时，可采取保证工程和人员生命财产安全的紧急措施，并在采取措施后24小时内向监理人提交书面报告。承包人为履行合同发出的一切函件均应盖有承包人授权的施工场地管理机构章，并由承包人项目经理或其授权代表签字。承包人项目经理可以授权其下属人员履行其某项职责，但事先应将这些人员的姓名和授权范围通知监理人。

2. 承包人应保障其人员的合法权益

承包人应遵守有关法律、法规和规章的规定，充分保障承包人员的合法权益。一般来说，承包人应做到：

（1）承包人应与其雇佣的人员签订劳动合同，并按时发放工资。

（2）承包人应按劳动法的规定安排工作时间，保证其雇佣人员享有休息和休假的权利。因工程施工的特殊需要占用休假日或延长工作时间的，应不超过法律规定的限度，并按法律规定给予补休或付酬。

（3）承包人应为其雇佣人员提供必要的食宿条件，以及符合环境保护和卫生要求的生活环境，在远离城镇的施工场地，还应配备必要的伤病防治和急救的医务人员与医疗设施。

（4）承包人应按国家有关劳动保护的规定，采取有效地防止粉尘、降低噪声、控制有害气体和保障高温、高寒、高空作业安全等劳动保护措施。其雇佣人员在施工中受到伤害的，承包人应立即采取有效措施进行抢救和治疗。

（5）承包人应按有关法律规定和合同约定，为其雇佣人员办理保险。

（6）承包人应负责处理其雇佣人员因工伤亡事故的善后事宜。

（二）监理人对承包人人员的管理

1. 承包人人员的安排

承包人除了应按合同约定向施工场地派遣数量和能力均足够的人员外，承包人安排在施工场地的主要管理人员和技术骨干还应相对稳定，不应频繁调动，保证工程连续有效地进行，不能因人员调动而影响工程的进展。承包人更换主要管理人员和技术骨干时，应取得监理人的同意。

2. 承包人提交管理机构和人员情况报告

承包人应在接到开工通知后 28 天内，向监理人提交承包人在施工场地的管理机构以及人员安排的报告，其内容应包括管理机构的设置、各主要岗位的技术和管理人员名单及其资格，以及各工种技术工人的安排状况。其目的是为了检查承包人进点后的人员配备是否满足工程施工的需要，以便于监理人与承包人对口联系工作。另外，承包人应向监理人提交施工场地人员变动情况的报告，其目的是为了检查变动后的人员素质和数量是否满足工程的施工需要。

3. 承包人人员上岗资格的审查

特殊岗位的工作人员均应持有相应的（通过国家或有关部门统一考试或考核的）资格证明，承包人应在提交的工地的管理机构以及人员情况报告中，说明承包人人员持有上岗资格证明的情况。监理人有权随时检查承包人人员的工作能力和岗位资格证明。监理人认为有必要时，可进行现场考核。

4. 监理人有权要求撤换承包人的人员

承包人应对其项目经理和其他人员进行有效管理。监理人要求撤换不能胜任本职工作、行为不端或玩忽职守的承包人项目经理和其他人员的，承包人应予以撤换。但是，撤换承包人的人员不是发包人和监理人经常使用的手段，遇到这种情况时，监理人应慎重考虑，认真仔细分析那些人员所犯错误的性质和程度，尽可能先提出警告，不得已时才由总监理人正式向项目经理发出撤换人员的书面通知。其中，承包人的项目经理的撤换必须有发包人向承包人的法定代表人提出。

二、材料和工程设备的管理

材料指用于本合同工程的材料。工程设备是指构成或计划构成永久工程一部分的机电设备、金属结构设备、仪器装置及其他类似的设备和装置。对工程质量进行严格的控制，应从使用的材料质量控制开始。建设工程项目使用的材料和设备，可以由承包人负责采购和供应，也可以由发包人负责采购和供应全部和部分材料和设备。为完成合同内容各项工作所需的材料，原则上由承包人负责采购，以免一旦发生工程质量事故或施工进度延误时因材料供应问题分不清责任。

（一）承包人提供的材料和工程设备

（1）除合同约定由发包人提供的材料和工程设备外，承包人完成本合同工作所需的材料和工程设备。承包人应对其采购的材料和工程设备负责。

（2）承包人应按专用合同条款的约定，将各项材料和工程设备的供货人及品种、规格、数量和供货时间等报送监理人审批。承包人应向监理人提交其负责提供的材料和工程设备的质量证明文件，并满足合同约定的质量标准。

（3）对承包人提供的材料和工程设备，承包人应会同监理人进行检验和交货验收，查验材料合格证明和产品合格证书，并按合同约定和监理人指示，进行材料的抽样检验和工程设备的检验测试，检验和测试结果应提交监理人，所需费用由承包人承担。

（二）发包人提供的材料和工程设备

（1）发包人提供的材料和工程设备，应在专用合同条款中写明材料和工程设备的名称、规格、数量、价格、交货方式、交货地点和计划交货日期等。

（2）承包人应根据合同进度计划的安排，向监理人报送要求发包人交货的日期计划。发包人应按照监理人与合同双方当事人商定的交货日期，向承包人提交材料和工程设备。

（3）发包人应在材料和工程设备到货7天前通知承包人，承包人应会同监理人在约定的时间内，赴交货地点共同进行验收。发包人提供的材料和工程设备运至交货地点验收后，由承包人负责接收、卸货、运输和保管。

（4）发包人要求向承包人提前交货的，承包人不得拒绝，但发包人应承担承包人由此增加的费用。

（5）承包人要求更改交货日期或地点的，应事先报请监理人批准。由于承包人要求更改交货时间或地点所增加的费用和（或）工期延误由承包人承担。

（6）发包人提供的材料和工程设备的规格、数量或质量不符合合同要求，或由于发包人原因发生交货日期延误及交货地点变更等情况的，发包人应承担由此增加的费用和（或）工期延误，并向承包人支付合理利润。

（三）材料和工程设备专用于合同工程

运入施工场地的材料、工程设备，包括备品备件、安装专用工器具与随机资料，必须专用于合同工程，未经监理人同意，承包人不得运出施工场地或挪作他用。当然，承包人为了施工需要在工地内转移这些材料和工程设备，不在此列。

随同工程设备运入施工场地的备品备件、专用工器具与随机资料，应由承包人会同监理人按供货人的装箱单清点后共同封存，未经监理人同意不得启用。承包人因合同工作需要使用上述物品时，应向监理人提出申请。

（四）禁止使用不合格的材料和工程设备

（1）承包人提供或使用不合格材料和工程设备

监理人有权拒绝承包人提供的不合格材料或工程设备，并要求承包人立即进行更换。监理人应在更换后再次进行检查和检验，由此增加的费用和（或）工期延误由承包人承担。

监理人发现承包人使用了不合格的材料和工程设备，应即时发出指示要求承包人立即改正，并禁止在工程中继续使用不合格的材料和工程设备。

（2）发包人提供不合格材料和工程设备

发包人提供的材料或工程设备不符合合同要求的，承包人有权拒绝，并可要求发包人更换，由此增加的费用和（或）工期延误由发包人承担。

三、施工设备和临时设施的管理

施工设备是指为完成合同约定的各项工作所需的设备、器具和其他物品，不包括临时工程和材料。临时设施是指为完成合同约定的各项工作所服务的临时性生产和生活设施。对于施工设备和临时设备的管理，《水利水电工程标准文件》规定如下。

1. 承包人提供的施工设备和临时设施

（1）承包人应按合同进度计划的要求，及时配置施工设备和修建临时设施。进入施工场地的承包人设备需经监理人核查后才能投入使用。承包人更换合同约定的承包人设备的，应报监理人批准。

（2）除专用合同条款另有约定外，承包人应自行承担修建临时设施的费用，需要临时占地的，应由发包人办理申请手续并承担相应费用。

2. 发包人提供的施工设备和临时设施

发包人提供的施工设备或临时设施在专用合同条款中约定。

3. 要求承包人增加或更换施工设备

承包人使用的施工设备不能满足合同进度计划和（或）质量要求时，监理人有权要求承包人增加或更换施工设备，承包人应及时增加或更换，由此增加的费用和（或）工期延误由承包人承担。

4. 施工设备和临时设施专用于合同工程

（1）除合同另有约定外，运入施工场地的所有施工设备以及在施工场地建设的临时设施应专用于合同工程。未经监理人同意，不得将上述施工设备和临时设施中的任何部分运出施工场地或挪作他用。

（2）经监理人同意，承包人可根据合同进度计划撤走闲置的施工设备。

四、试验和检验管理

（一）材料、工程设备和工程的试验和检验

（1）承包人应按合同约定进行材料、工程设备和工程的试验和检验，并为监理人对上述材料、工程设备和工程的质量检查提供必要的试验资料和原始记录。按合同约定应由监理人与承包人共同进行试验和检验的，由承包人负责提供必要的试验资料和原始记录。承包人应按相关规定和标准对水泥、钢材等原材料与中间产品质量进行检验，并报监理人

复核。

（2）监理人未按合同约定派员参加试验和检验的，除监理人另有指示外，承包人可自行试验和检验，并应立即将试验和检验结果报送监理人，监理人应签字确认。监理人对承包人的试验和检验结果有疑问的，或为查清承包人试验和检验成果的可靠性要求承包人重新试验和检验的，可按合同约定由监理人与承包人共同进行。重新试验和检验的结果证明该项材料、工程设备或工程的质量不符合合同要求的，由此增加的费用和（或）工期延误由承包人承担；重新试验和检验结果证明该项材料、工程设备和工程符合合同要求，由发包人承担由此增加的费用和（或）工期延误，并支付承包人合理利润。

（3）除专用合同条款另有约定外，水工金属结构、启闭机机机电产品进场后，监理人组织发包人按合同进行交货检查和验收。安装前，承包人应检查产品是否有出厂合格证、设备安装说明书及有关技术文件，对在运输和存放过程中发生的变形、受潮、损坏等问题应作好记录，并进行妥善处理。

（4）对于专用合同合同条款约定的试块、试件及有关材料，监理人实行见证取样。见证取样资料由承包人制备，记录应真实齐全，监理人、承包人等参与见证取样人员均应在相关文件上签字。

（二）现场材料试验

现场材料实验是指为检验和抽验工程用的水泥、钢材、土料和石料以及混凝土材料的常规试验。

承包人根据合同约定或监理人指示进行的现场材料试验，应由承包人提供试验场所、试验人员、试验设备器材以及其他必要的试验条件。

监理人在必要时可以使用承包人的试验场所、试验设备器材以及其他试验条件，进行以工程质量检查为目的的复核性材料试验，承包人应予以协助。

（三）现场工艺试验

常规的现场工艺试验是指国家或行业的规程、规范中规定的常规工艺试验或为进行某项成熟的工艺所必须进行的试验，其费用通常可计入所属的工程项目内，不需要在合同的工程量清单中单独列项。

承包人应按合同约定或监理人指示进行现场工艺试验。对大型的现场工艺试验，监理人认为必要时，应由承包人根据监理人提出的工艺试验要求，编制工艺试验措施计划，报送监理人审批。

五、工程质量管理

（一）工程质量要求

工程质量验收按合同约定验收标准执行。

（1）因承包人原因造成工程质量达不到合同约定验收标准的，监理人有权要求承包人返工直至符合合同要求为止，由此造成的费用增加和（或）工期延误由承包人承担。

（2）因发包人原因造成工程质量达不到合同约定验收标准的，发包人应承担由于承包人返工造成的费用增加和（或）工期延误，并支付承包人合理利润。

（二）承包人的质量管理

承包人应在施工场地设置专门的质量检查机构，配备专职质量检查人员，建立完善的质量检查制度。承包人按技术标准和要求（和技术条款）约定的内容和期限，编制工程质量保证措施文件，包括质量检查机构的组织和岗位责任、质量检查人员的组成、质量检查程序和实施细则等，提交监理人审批。监理人应在技术标准和要求（和技术条款）约定的期限内批复承包人。

（三）承包人的质量检查

承包人应按合同约定对材料、工程设备以及工程的所有部位及其施工工艺进行全过程的质量检查和检验，并作详细记录，编制工程质量报表，报送监理人审查。

（四）监理人的质量检查

监理人有权对工程的所有部位及其施工工艺、材料和工程设备进行检查和检验。承包人应为监理人的检查和检验提供方便，包括监理人到施工场地，或制造、加工地点，或合同约定的其他地方进行察看和查阅施工原始记录。承包人还应按监理人指示，进行施工场地取样试验、工程复核测量和设备性能检测，提供试验样品、提交试验报告和测量成果以及监理人要求进行的其他工作。监理人的检查和检验，不免除承包人按合同约定应负的责任。

（五）清除不合格工程

1. 承包人原因造成不合格工程

承包人使用不合格材料、工程设备，或采用不适当的施工工艺，或施工不当，造成工程不合格的，监理人可以随时发出指示，要求承包人立即采取措施进行补救，直至达到合同要求的质量标准，由此增加的费用和（或）工期延误由承包人承担。

2. 发包人原因造成不合格工程

由于发包人提供的材料或工程设备不合格造成的工程不合格，需要承包人采取措施补救的，发包人应承担由此增加的费用和（或）工期延误，并支付承包人合理利润。

（六）质量评定

为了按照有关法规进行工程质量评定的需要，发包人应组织承包人进行工程项目划分，并确定单位工程、主要分部工程、重要隐蔽单元工程和关键部位单元工程。并且在工程实施中，单位工程、主要分部工程、重要隐蔽单元工程和关键部位单元工程的项目划分需要调整时，承包人应报发包人确认。

（1）承包人应在单元（工序）工程质量自评合格后，报监理人核定质量等级并签字认可。

（2）除专用合同条款另有约定外，承包人应在重要隐蔽单元工程和关键部位单元工程质量自评合格以及监理人抽检后，由监理人组织承包人等单位组成的联合小组，共同检查核定其质量等级并填写签证表。发包人按有关规定完成质量结论报工程质量监督机构核备手续。

（3）承包人应在分部工程质量自评合格后，报监理人复核核发包人认定。发包人负责按有关规定完成分部工程质量结论报报工程质量监督机构核备（核定）手续。

（4）承包人应在单位工程质量自评合格后，报监理人复核核发包人认定。发包人负责按有关规定完成单位工程质量结论报报工程质量监督机构核定手续。

除了专用合同条款另有约定外，工程质量等级分为合格核优良，应分别达到约定的标准。

（七）质量事故处理

发生质量事故时，承包人应及时向发包人核监理人报告。质量事故调查处理由发包人按相关规定履行手续，承包人应配合。承包人应对质量缺陷进行备案，发包人委托监理人对质量缺陷备案情况进行监督检查并履行相关手续。

除专用合同条款另有约定外，工程竣工验收时，发包人负责向竣工验收委员会汇报并提交历次质量缺陷处理的备案资料。

六、工程隐蔽部位覆盖前的检查

隐蔽工程和工程的隐蔽部位是指已完工的工作面经覆盖后将无法时候查看的任何工程部位和基础。这些将被覆盖的部位和基础在进行下一道工序前承包人影响进行自检，确认以符合合同要求后，再通知监理人进行检查。经监理人检查合格并签证后，才允许进行下一道工序。

（一）通知监理人检查

经承包人自检确认的工程隐蔽部位具备覆盖条件后，承包人应通知监理人在约定的期限内检查。承包人的通知应附有自检记录和必要的检查资料。监理人应按时到场检查。经监理人检查确认质量符合隐蔽要求，并在检查记录上签字后，承包人才能进行覆盖。监理人检查确认质量不合格的，承包人应在监理人指示的时间内修整返工后，由监理人重新检查。

（二）监理人未到场检查

对于监理人未按约定的时间进行检查的情况，《水利水电工程标准文件》规定："监理人未按约定的时间进行检查的，除监理人另有指示外，承包人可自行完成覆盖工作，并作相应记录报送监理人，监理人应签字确认。监理人事后对检查记录有疑问的，可按合同约定重新检查。"

但是，《合同法》第278条规定："隐蔽工程在隐蔽前，承包人应当通知发包人检查，发包人没有及时检查的，承包人可以顺延工程日期，并有权要求赔偿停工、窝工等损失。"这说明，在发包人没有到场检查的情况下，承包人不能自行完成覆盖工作。

所以，《水利水电工程标准文件》规定承包人可自行完成覆盖工作的前提"除监理人另有指示外"就显得非常重要，即监理人如果没有及时到场检查，应指示承包人等待检查。

（三）监理人重新检查

承包人按上述第（一）或第（二）项覆盖工程隐蔽部位后，监理人对质量有疑问的，可要求承包人对已覆盖的部位进行钻孔探测或揭开重新检验，承包人应遵照执行，并在检验后重新覆盖恢复原状。经检验证明工程质量符合合同要求的，由发包人承担由此增加的费用和（或）工期延误，并支付承包人合理利润；经检验证明工程质量不符合合同要求的，由此增加的费用和（或）工期延误由承包人承担。

（四）承包人私自覆盖

承包人未通知监理人到场检查，私自将工程隐蔽部位覆盖的，监理人有权指示承包人钻孔探测或揭开检查，由此增加的费用和（或）工期延误由承包人承担。

七、测量放线

（一）施工控制网

发包人应在专用合同条款约定的期限内，通过监理人向承包人提供测量基准点、基准线和水准点及其书面资料。除专用合同条款另有约定外，承包人应根据国家测绘基准、测绘系统和工程测量技术规范，按上述基准点（线）以及合同工程精度要求，测设施工控制网，并在专用合同条款约定的期限内，将施工控制网资料报送监理人审批。

承包人应负责管理施工控制网点。施工控制网点丢失或损坏的，承包人应及时修复。承包人应承担施工控制网点的管理与修复费用，并在工程竣工后将施工控制网点移交发包人。

（二）施工测量

承包人应负责施工过程中的全部施工测量放线工作，并配置合格的人员、仪器、设备和其他物品。

监理人可以指示承包人进行抽样复测，当复测中发现错误或出现超过合同约定的误差时，承包人应按监理人指示进行修正或补测，并承担相应的复测费用。

（三）基准资料错误的责任

发包人应对其提供的测量基准点、基准线和水准点及其书面资料的真实性、准确性和完整性负责。发包人提供上述基准资料错误导致承包人测量放线工作的返工或造成工程损失的，发包人应当承担由此增加的费用和（或）工期延误，并向承包人支付合理利润。承包人发现发包人提供的上述基准资料存在明显错误或疏忽的，应及时通知监理人。

（四）监理人使用施工控制网

监理人需要使用施工控制网的，承包人应提供必要的协助，发包人不再为此支付费用。

八、工程验收

（一）验收工作分类

本工程验收工作按主持单位分为法人验收和政府验收，法人验收和政府验收的类别在专用合同条款中约定。除专用合同条款另有约定外，法人验收由发包人主持。承包人应完成法人验收和政府验收的配合工作，所需费用应含在已标价工程量清单中。

1. 分部工程验收

分部工程具备验收条件时，承包人应向发包人提交验收申请报告，发包人应在收到验收申请报告之日起 10 个工作日内决定是否同意进行验收。除专用合同条款另有约定外，监理人主持分部工程验收，承包人应派符合条件的代表参加验收工作组。

分部工程验收通过后，发包人向承包人发送分部工程验收鉴定书，承包人应及时完成分部工程验收鉴定书中载明应有承包人处理的遗留问题。

2. 单位工程验收

合同工程具备验收条件时，承包人应向发包人提交验收申请报告，发包人应在收到验收申请报告之日起 10 个工作日内决定是否同意进行验收。发包人主持单位工程验收，承包人应派符合条件的代表参加验收工作组。

单位工程验收通过后，发包人向承包人发送单位工程验收鉴定书，承包人应及时完成单位工程验收鉴定书中载明应有承包人处理的遗留问题。

需提前投入使用的单位工程在专用合同条款中明确。

3. 合同工程完工验收

合同工程具备验收条件时，承包人应向发包人提交验收申请报告，发包人应在收到验收申请报告之日起 20 个工作日内决定是否同意进行验收。发包人主持合同工程完工验收，承包人应派代表参加验收工作组。

合同工程完工验收通过后，发包人应向承包人发送合同工程完工验收鉴定书，承包人应及时完成合同工程完工验收鉴定书中载明应有承包人处理的遗留问题。

4. 阶段验收

工程建设具备阶段验收条件时，发包人负责提出阶段验收申请报告。承包人应派代表参加阶段验收并作为被验收单位在验收鉴定书上签字。阶段验收的具体类别在专用合同条款中约定。承包人应及时完成阶段验收鉴定书载明应有承包人处理的遗留问题。

5. 专项验收

发包人负责提出专项验收申请报告。承包人应按专项验收的相关规定参加专项验收，专项验收的具体类别在专用合同条款中约定。承包人应及时完成专项验收成果性文件载明应有承包人处理的遗留问题。

6. 竣工验收

申请竣工验收前，发包人组织竣工验收自查，承包人应派代表参加。

竣工验收分为竣工技术预验收和竣工验收两个阶段。发包人应通知承包人派代表参加技术预验收和竣工验收。专用合同条款约定工程需要进行技术鉴定的，承包人应提交有关资料并完成配合工作；竣工验收需要进行质量检测的，所需费用由发包人承担，但因承包人原因造成的质量不合格的除外。

工程质量保修期满以及竣工验收遗留问题和尾工处理完成并通过验收后，发包人负责将处理情况和验收成果报送竣工验收主持单位，申请领取工程竣工证书，并发送承包人。

（二）施工期运行和试运行

施工期运行是指合同工厂尚未全部完工，其中某单位工厂或部分工程已完工，需要投入施工期运行的，经发包人按合同约定验收合同合格的，证明能确保安全后，才能在施工期投入运行。需要在施工期运行的单位工程或部分工程在专用合同条款中约定。在施工期运行中发现工程或工程设备损坏或存在缺陷的，由承包人按合同约定进行修复。

除专用合同条款另有约定外，承包人应按规定进行工程及工程设备试运行，负责提供试运行所需的人员、器材和必要的条件，并承担全部试运行费用。由于承包人原因导致试运行失败的，承包人应采取措施保证试运行合格，并承担相应费用。由于发包人的原因导致试运行失败的，承包人应当采取措施保证试运行合格，发包人应承担由此产生的费用，并支付发包人合理利润。

（三）竣工（完工）清场和施工队伍的撤离

工程项目竣工（完工）清场的工作范围和内容在技术标准和要求中约定。承包人未按监理人的要求回复临时占地，或者呈递清理未达到合同约定的，发包人有权委托其他人回复或清理，所发生的金额从拟支付给承包人的款项中扣除。

合同工程完工证书颁发后的 56 天内，除了经监理人同意需在缺陷责任期内继续工作和使用的人员、施工设备和临时工程外，其余人员、施工设备和临时工程均应撤离施工场地或拆除。除合同另有约定外，缺陷责任期满时，承包人的人员和施工设备应全部撤离施工场地。

九、缺陷责任与保修责任

（一）缺陷责任

1. 缺陷责任及其修复

承包人应在缺陷责任期内对已交付使用的工程承担缺陷责任。缺陷责任期，即工程质量保修期，是指履行合同约定的缺陷责任的期限，具体期限由专用合同条款约定，包括根据合同约定所作的延长。

缺陷责任期内，发包人对已接收使用的工程负责日常维护工作。发包人在使用过程中，发现已接收的工程存在新的缺陷或已修复的缺陷部位或部件又遭损坏的，承包人应负责修复，直至检验合格为止。监理人和承包人应共同查清缺陷和（或）损坏的原因。经查明属承包人原因造成的，应由承包人承担修复和查验的费用。经查验属发包人原因造成的，发包人应承担修复和查验的费用，并支付承包人合理利润。承包人不能在合理时间内修复缺陷的，发包人可自行修复或委托其他人修复，所需费用和利润的承担，按合同约定办理。

2. 缺陷责任期（工程质量保修期）的起算时间及延长

竣工日期即合同工程完工日期，是指合同约定工期届满时的日期。实际竣工日期以合同工程完工证书中写明的日期为准。

除专用合同条款另有约定外，缺陷责任期从工程通过合同工程完工验收后开始计算。在合同工程完工验收前，已经发包人提前验收的单位工程或部分工程，若未投入使用，其缺陷责任期也从工程通过合同工程完工验收后开始计算；若已投入使用，其缺陷责任期从通过单位工程或部分工程验收后开始计算。缺陷责任期的期限在专用合同条款中约定。

由于承包人原因造成某项缺陷或损坏使某项工程或工程设备不能按原定目标使用而需要再次检查、检验和修复的，发包人有权要求承包人相应延长缺陷责任期，但缺陷责任期最长不超过 2 年。

3. 进一步试验和试运行

任何一项缺陷或损坏修复后，经检查证明其影响了工程或工程设备的使用性能，承包人应重新进行合同约定的试验和试运行，试验和试运行的全部费用应由责任方承担。

4. 承包人的进入权

缺陷责任期内承包人为缺陷修复工作需要，有权进入工程现场，但应遵守发包人的保安和保密规定。

5. 缺陷责任期终止证书（工程质量保修责任终止证书）

合同工程完工验收或投入使用验收后，发包人与承包人应办理工程交接手续，承包人应向发包人递交工程质量保修书。

缺陷责任期满后后 30 个工作日内，发包人应向承包人颁发工程质量保修责任终止证书，并退还剩余的质量保证金，但保修范围内的质量缺陷未处理完成的应除外。

（二）保修责任

合同当事人根据有关法律规定，在专用合同条款中约定工程质量保修范围、期限和责任。保修期自实际竣工日期起计算。在全部工程竣工验收前，已经发包人提前验收的单位工程，其保修期的起算日期相应提前。

第二节 施工进度目标控制

施工进度的合理安排，对保证工程项目的工期、质量和成本有直接的影响，是全面实现工程预期目标的关键环节。科学而符合合同要求的施工进度，有利于控制工程成本和工程质量；仓促赶工或自流拖拉，往往伴随着工程成本的失控，即给承包人造成重大亏损，亦将影响工程质量。因此，承包人在中标以后，应在投标书施工进度计划的基础上，核实施工组织计划，编制详细的施工进度计划，使工程项目关键部位的施工进度，符合标书的要求。

按照国际工程招标承包程序，承包人在接到发包人的中标通知书以后，应向发包人和监理人报送详细的施工进度计划，取得监理人的审核同意，作为以后施工进度的依据。事实上，在投标书中已列出了承包人制定的施工进度计划，已成为投标文件的组成部分。这两个施工进度计划的区别在于：投标书中的进度计划已被发包人所接受，已成为发包人做出授标决定的根据之一；中标后又报送的进度计划，是为了进一步地核实施工进度，取得监理人的批准，作为施工过程中合同双方共同遵守的合同文件。从此以后，监理人应按这个进度计划及时地提供设计施工图纸，承包人应按它组织施工，以达到按合同规定日期完成工程建设的目的。假如监理人未按进度计划的要求及时提供图纸，影响了承包人的施工进度时，他应承担相应的工期及工程成本的损失责任。如果承包人耽误施工进度，他就应自费加速施工，以挽回延误了的工期，否则就应承担拖期损失赔偿费。

根据国际工程承包施工的实践经验，承包人如果在工期上造成延误，往往导致一系列的问题，如施工成本增加，质量难以保证，甚至引起合同争端，造成严重的后果。因此，从工程项目开工之始，合同双方都应充分重视施工进度问题，不断地解决影响施工进度的难题，为工程的按期建成打下坚实的基础。

为了实现工程预期的工期目标，科学而有效的控制工程施工进度是非常重要的。监理人应按合同规定和发包人的授权，做好进度控制工作。

一、监理人对施工进度的控制

（一）合同进度计划的审批

1. 合同进度计划

按期完工是承包人的主要义务，也是监理人进行监理的主要内容之一。施工承包合同签订后，承包人应按技术标准和要求约定的内容和期限以及监理人的指示，编制详细的施工总进度计划及其说明提交监理人审批。监理人应在技术标准和要求约定的期限内批复承包人，否则该进度计划视为已得到批准。经监理人批准的施工进度计划称合同进度计划，是控制合同工程进度的依据。承包人还应根据合同进度计划，编制更为详细的分阶段或单位工程或分部工程进度计划，报监理人审批。

2. 单位工程进度计划

监理人为了有利于对某项单位工程的进度监控，监理人可以指示承包人在批准的合同进度计划的基础上编制和提交单位工程进度计划，特别是在关键线路上的单位工程，通常均须向监理人报送进度计划。《水利水电工程标准文件》第 10.3 条规定："监理人认为有必要时，承包人应按监理人指示的内容和期限，并根据合同进度计划的进度控制要求，编制单位工程进度计划，提交监理人审批。"

3. 提交资金流估算表

承包人在向监理人提交施工总进度计划的同时，应按合同规定的格式（见下表），向监理人提交按月的资金流估算表。估算表应包括承包人计划可从发包人处得到的全部款额，以供发包人参考。此后，如监理人提出要求，承包人还应按监理人指定的时限内提交修订的资金流估算表。以供发包人筹措资金参考，有利于按计划向承包人付款。

资 金 流 估 算 表

年	月	工程预付款	完成工作量付款	质量保证金扣留	材料款扣除	预付款扣还	其他	应收款	累计应收款

4. 监理人对进度计划审核内容

监理人应严格、仔细地审核承包人提交的进度计划，审核的内容一般有下述几方面：

（1）进度安排是否满足合同规定的竣工日期；

（2）施工顺序的安排是否符合逻辑，是否符合施工程序的要求；

（3）每项工作的时间安排是否合理，与当地水文、气象等条件是否适合；

（4）每项工作历时安排是否恰当，是否过长或过短；

（5）承包人的人力、施工设备、材料等供应计划能否保证进度计划的实现；

（6）进度计划是否满足连续性与均衡性的要求；

（7）各承包人的进度计划之间是否协调；

（8）承包人进度计划与发包人工作计划是否协调；

（9）承包人进度计划与其他工作计划是否协调。

（二）修订进度计划

在履行合同过程中，不论何种原因造成工程的实际进度与合同进度计划不符时，承包人均应在 14 天内向监理人提交修订合同进度计划的申请报告，并附有关措施和相关资料，报监理人审批，监理人应在收到申请报告后的 14 天内批复；当监理人认为需要修订合同进度计划时，承包人应按监理人的指示，在 14 天内向监理人提交修订的合同进度计划，并附调整计划的相关资料，提交报监理人审批。监理人应在收到进度计划后的 14 天内批复。

不论何种原因造成施工进度计划延迟，承包人均应按监理人的指示，采取有效措施赶上进度。承包人应在向监理人提交修订合同进度计划的同时，编制一份赶工措施报告报送监理人审批。由于发包人原因造成施工进度延迟的，由发包人按合同约定承担延误责任；由于承包人原因造成施工进度延迟的，由承包人按合同约定承担延误责任。

二、工程开工和完工

（一）开工

1. 开工通知

开工通知是指监理人经发包人同意通知承包人开工的函件，开工通知中写明的开工日即为合同工程的开工日期。自开工日期至合同规定的完工日期，即承包人在投标函中承诺的完成合同工程所需的期限，包括依据合同所作的工期变化。《水利水电工程标准文件》第 11.1 条规定："监理人应在开工日期 7 天前向承包人发出开工通知。监理人在发出开工通知前应获得发包人同意。工期自监理人发出的开工通知中载明的开工日期起计算。承包人应在开工日期后尽快施工。"开工日期是承包人安排施工进度的重要依据，再者，由于水利水电工程施工受季节影响很大，推迟开工日期将增加承包人施工组织的难度和费用，不应轻易推迟已规定的开工日期。因此，监理人应在施工合同规定的期限内，向承包人发出开工通知。承包人应接到开工通知后及时调遣人员和调配施工设备、材料进入工地。并从开工通知中写明的开工日起按签署协议书时商定的进度计划进行施工准备。

承包人应按合同进度计划，向监理人提交工程开工报审表，经监理人审批后执行。开工报审表应详细说明按合同进度计划正常施工所需的施工道路、临时设施、材料设备、施工人员等施工组织措施的落实情况以及工程的进度安排。

2. 开工延误

发包人未能按合同约定向承包人提供开工的必要条件（如施工用地、部分施工准备工程和测量基准等），属于发包人的原因延误开工，承包人有权提出延长工期的要求。监理人应在收到承包人的书面要求后，应按合同约定与合同双方商定或确定由此增加的费用和延长的工期。

承包人在接到开工通知后 14 天内，不按进度进度计划要求及时进场组织施工，监理人可通知承包人在接到通知后 7 天内提交一份说明其进场延误的书面报告，报送监理人，书面报告应说明不能及时进场的原因和补救措施，由此增加的费用和工程延误责任由承包人承担。

（二）竣工（完工）

完工日期是指合同约定的工期届满时的日期，是发包人要求承包人实施工程的合同依据，发包人和承包人均不得随意更改，需要作出更改时应严格按合同规定办理。承包人应在合同约定的期限内完成合同工程。合同工程实际完工日期在合同工程完工证书中明确。

（三）工期提前

发包人要求承包人提前竣工，或承包人提出提前竣工的建议能够给发包人带来效益的，应由监理人与承包人共同协商采取加快工程进度的措施和修订合同进度计划。发包人应承担承包人由此增加的费用，并向承包人支付专用合同条款约定的相应奖金。

发包人要求提前完工的，双方协商一致后应签订提前完工协议，协议内容包括：

（1）提前的时间和修订后的进度计划。

（2）承包人的赶工措施。

（3）发包人为赶工提供的条件。

（4）赶工费用（包括利润和奖金）。

（四）承包人的工期延误

由于承包人原因，未能按合同进度计划完成工作，或监理人认为承包人施工进度不能满足合同工期要求的，承包人应采取措施加快进度，并承担加快进度所增加的费用。由于承包人原因造成工期延误，承包人应支付逾期竣工违约金。逾期竣工违约金的计算方法在专用合同条款中约定。承包人支付逾期竣工违约金，不免除承包人完成工程及修补缺陷的义务。

（五）发包人的工期延误

在履行合同过程中，由于发包人的下列原因造成工期延误的，承包人有权要求发包人延长工期和（或）增加费用，并支付合理利润。需要修订合同进度计划的，按照合同约定办理。

（1）增加合同工作内容。

（2）改变合同中任何一项工作的质量要求或其他特性。

（3）发包人迟延提供材料、工程设备或变更交货地点的。

（4）因发包人原因导致的暂停施工。

（5）提供图纸延误。

（6）未按合同约定及时支付预付款、进度款。

（7）发包人造成工期延误的其他原因。

（六）异常恶劣的气候条件

合同对于异常恶劣气候必须明确界定，以明确合同责任。合同工程界定异常恶劣气候条件的范围在专用合同条款中约定。

当工程所在地发生危机施工安全的异常恶劣气候时，发包人和承包人应按合同通用条款关于暂停施工的约定，及时采取暂停施工或部分停工措施。异常恶劣气候条件解除后，承包人应及时安排复工。异常恶劣气候条件造成的工期延误和工程损坏，应由发包人和承包人参照通用合同条件关于不可抗力的约定协商处理。

三、暂停施工管理

暂停施工时在工程施工过程中出现了危及工程安全或合同任一方违约使另一方受到严重损害的情况下，合同受损方采取的一项紧急措施，其目的是减少工程损失和保护受损方的利益。由于暂停施工队合同的正常履行带来不利的影响，合同双方当事人应尽量避免采取暂停施工的手段，而应通过协商，共同采取措施消除可能发生的暂停施工因素，促使工程顺利进行。

（一）引起暂停施工的原因

引起暂停施工的原因和合同责任，在《水利水电工程标准文件》中作出了明确规定。

1. 承包人暂停施工的责任

（1）承包人违约引起的暂停施工。

（2）由于承包人原因为工程合理施工和安全保障所必需的暂停施工。

（3）承包人擅自暂停施工。

（4）承包人其他原因引起的暂停施工。

（5）专用合同条款约定由承包人承担的其他暂停施工。

属于以上任何一种情况引起的或合同中另有约定的暂停施工，承包人不能提出增加费用和延长工期的要求。

2. 发包人暂停施工的责任

由于发包人原因引起的暂停施工造成工期延误的。承包人有权要求发包人延长工期和（或）增加费用，并支付合理利润。凡属于以下列任何一种情况引起的暂停施工，均为发包人责任：

（1）由于发包人违约引起的暂停施工。

（2）由于不可抗力的自然或社会因素引起的暂停施工。

（3）专用和条款中约定的其他由于发包人原因引起的暂停施工。

（二）监理人暂停施工指示

在工程施工过程中，出现上述任何一种情况，不管责任属于发包人还是承包人，只要监理人认为有必要，监理人均应及时发出暂停施工指示。若发生发包人所属责任的情况，而监理人未及时下达暂停施工指令，则承包人可请求监理人同意暂停施工，如监理人不及时答复，应视为承包人的请求已获得同意。《水利水电工程标准文件》第12.3款作出了此规定，即："1）监理人认为有必要时，可向承包人作出暂停施工的指示，承包人应按监理人指示暂停施工。不论由于何种原因引起的暂停施工，暂停施工期间承包人应负责妥善保护工程并提供安全保障；2）由于发包人的原因发生暂停施工的紧急情况，且监理人未及时下达暂停施工指示的，承包人可先暂停施工，并及时向监理人提出暂停施工的书面请求。监理人应在接到书面请求后的 24 小时内予以答复，逾期未答复的，视为同意承包人的暂停施工请求。"

（三）暂停施工后的复工

工程暂停施工后，发包人和承包人均有责任努力消除造成停工的因素，创造条件尽快复工，以减少工程损失和避免工期延误。

监理人下达暂停施工指示后，监理人应与发包人和承包人协商，采取有效措施积极消除暂停施工的影响。当工程具备复工条件时，监理人应立即向承包人发出复工通知。承包人收到复工通知后，应在监理人指定的期限内复工。承包人无故拖延和拒绝复工的，由此增加的费用和工期延误由承包人承担；因发包人原因无法按时复工的，承包人有权要求发包人延长工期和（或）增加费用，并支付合理利润。

（四）暂停施工持续 56 天以上

监理人发出暂停施工指示后 56 天内未向承包人发出复工通知，除了该项停工属于合同约定的承包人负责任的暂停施工的情况外，承包人可向监理人提交书面通知，要求监理人在收到书面通知后 28 天内准许已暂停施工的工程或其中一部分工程继续施工。如监理人逾期不予批准，则承包人可以通知监理人，将工程受影响的部分视为按合同约定变更中的可取消工作，取消该工程。如暂停施工影响到整个工程，可视为发包人违约，应按合同关于发包人违约的规定办理。

由于承包人责任引起的暂停施工，如承包人在收到监理人暂停施工指示后 56 天内不认真采取有效的复工措施，造成工期延误，可视为承包人违约，应按合同关于承包人违约的规定办理。

第三节　施工投资目标控制

施工阶段投资控制是监理人主要控制目标之一，其核心任务是做好计量和支付工作。计量是指监理人根据合同规定，对承包人已完成工程及进场材料等所进行的核查和测量，并对工程记录和图纸等作检查；支付是指发包人根据监理人签字认可的付款证书向承包人给付应支的款项。合同条款中有关计量与支付的条款是发包人赋予监理人的重要权力，也是发包人对承包人应交付质量合格工程的制约。

一、工程量清单

工程量清单是施工承包合同的重要组成部分。它将承包合同所规定的工程按部位、性质等进行分解，采用表格形式详细列出包括具体的施工项目（一般指分部、分项工程）及其计量单位、数量、单价、合价等项内容的一份清单，由发包人填写项目及数量栏，承包人填入单价和合价。工程量清单可用作投标报价和中标后计算工程价款的依据，因此填制此表的各方都应认真对待。发包人在编制招标文件时，应特别注意防止清单中各项内容出现重复或漏项，以免引起双重支付和索赔；承包人在编制投标文件时，对工程量清单中的每一项目的单价应加以仔细分析，确定一个既合理又具有竞争性的定价，以期达到中标并增加赢利的目的。

工程量清单中的单价，是进行工程计量支付的依据，它由投标单位经过对清单中所列项目的逐一分析，通过计算确定的。有的招标文件，还明确要求投标人提供全部或主要项目的单价分析表。

工程量清单中每一项的单价，一般应包括以下内容。

1. 直接工程费用

一般是指直接发生在工程现场的费用，包括直接费、施工增加费、其他直接费等，其中直接费主要包括：

（1）人工费：指直接从事施工的及附属性生产的工人的工资性费用。

（2）材料及永久设备费：材料费是指完成工程所消耗的材料、构件、零件、半成品以及类似脚手架等的费用摊销。上述材料等应符合技术规范和施工要求。永久设备费是指符合技术规范的设备的采购原价、装运费、保管费、安装调试费等。

（3）施工机械设备费：指用于施工的各类机械设备的折旧费、大修费、中小修理费、拆装费、保管费、动力燃料费以及操作人员的工资费用等。国内项目各种费用可按有关定额确定。

2. 间接费用

一般是指组织施工和管理工程所需的费用。如临时设施费用、保险费、管理人员工资性费用、上级管理费、施工机械迁移费以及各种税收等。一般国内工程采用直接费为基数的一定百分率计算，且有定额为依据；国外工程则需要根据充分的调研来加以确定。

3. 企业利润及风险

依据本企业的管理水平和投标时进行的风险分析，以直接费与间接费的总和为基数乘以适当的百分数确定。

4. 税金

根据税收政策确定的税率计算。

可以看出，此处工程量清单中的单价是产品单价，或称综合单价，而不是成本单价。

二、工程计量

水利水电工程施工承包合同大多采用单价合同，其支付款额的基本模式就是工程量乘以单价。每个项目的单价在工程量清单中已经确定，但工程数量的确定涉及计量单位（这已在工程量清单中作了规定）、计量原则、计量方法、计量的组织等问题。

（一）计量原则

由于发包人和承包人所签订施工合同《工程量清单》中开列的工程量是招标时的估算工程量，不是承包人为履行合同应当完成的和用于结算的实际工程量，也就是说，实际施工可能与其有差异，因此发包人支付工程款前应对承包人完成的实际工程量予以确认或核实，按照承包人实际完成的工程量进行支付。因此，结算的工程量应是承包人实际完成的并按本合同有关计量规定计量的工程量。

在确认承包人完成的工程量时，计量必须坚持以下原则：

（1）必须是合同中规定的项目即《工程量清单》中所开列的项目工程量。

（2）必须是已经通过检验，质量合格的项目的工程量。

（3）必须是按合同规定的计量原则和方法所确定的工程量。

（4）必须是经监理人批准变更项目的工程量。

支付工程量并不是工程量清单中所标明的工程量（称估计工程量）。估计工程量是招标时根据图纸估算的，它只是提供给投标人作标价所用，不能表示完成工程的实际的、确切的工程量。

支付工程量也不是承包人实际所完成的工程量（实际工程量）。一般情况下，这二者应该是相等的，即应按承包人实际完成的工程量予以支付。然而，在某些情况下，由于计量方法或承包人工作的失误，二者有可能不相等。例如隧洞开挖，由于承包人炮孔布置不当而过多地爆落了石方，相应地也增加了混凝土回填量，这种实际上完成的工程量是不应予以支付的，因为这是承包人工作不当造成的，理应由承包人承担。再例如碾压土坝，为了能压实到规定的密度，施工中必须在边坡线外加填部分土方，称为超填，以后再行削坡处理。如果合同规定土坝工程量按设计图纸计量，则这部分实际完成的工程量也不能计入支付工程量。然而，这种情况又是施工所必需的，如果由承包人来承担损失，显然也是不合理的。通常对该情况采用两种方法进行处理：一是在工程量清单中增加这部分合理超填，另立项目或在原工程量中加上一个百分比；二是将这部分工程量（指超填部分）费用分摊到可以计量的支付工程量的单价中去。国内项目采用定额计算单价，其单价中也包括超填部分费用，即按第二种方法进行处理。

（二）完成工程量的计量

工程计量一般由监理人负责，也可以由承包人在监理人的监督管理下进行，采用什么方式，应在合同中明确规定。

（1）承包人自己进行计量。承包人可以按合同规定的计量办法，按月对已完成的质量合格的工程进行准确计量，并在每月月末随同月付款申清单，按工程量清单的项目分项向监理人提交完成工程量月报表和有关计量资料。其计量周期可视具体工程和财务报表制度由监理人与承包人商定，一般可定在商约 26 日至本月 25 日，若工程项目较多，监理人与承包人协商后亦可先由承包人向监理人提交完成工程量月报表，经监理人核实同意后，返回承包人，在由承包人据此提交月付款申请单。

（2）监理人审核。监理人对承包人提交的工程量月报表审核，若监理人对承包人提交的工程量月报表有疑问时，监理人可以要求承包人派员与监理人共同复核，并可要求承包人在监理人员监督下进行抽样复测，此时，承包人应积极配合和指派代表协助监理人进行复核并按监理人的要求提供补充的计量资料。如果承包人未按监理人的要求派代表参加复核，则监理人复核修正的工程量应被视为该部分工程的准确工程量。监理人认为有必要时，还可要求与承包人联合进行测量计量，承包人应遵照执行。

（3）最终核实工程量。承包人完成了工程量清单中每个项目的全部工程量后，在确定该项目最后一次付款时，应由监理人要求承包人派员共同对每个项目的历次计量报表进行汇总和通过测量进行核实，并可要求承包人提供补充计量资料，以确定该项目最后一次进度付款的准确工程量，防止或避免工程量的重算或漏算。如果承包人未按监理人的要求派员参加，则监理人最终核实的工程量应被视为该项目完成的准确工程量。

计量的时间应视工程的复杂程度和进度而定。例如隐蔽工程，应在覆盖之前进行计量；所有合格工程，一般每月计量一次。

（三）计量方法、计量单位和计量周期

1. 计量方法

工程项目计量方法即工程量清单中的工程量计算规则，应按工程量清单中约定的方法计量。因此，实际计量方法必须与合同中所规定的计量方法相一致。

（1）现场测量。现场测量就是根据现场实际完成的工程情况，按规定的方法进行丈量、测算，最终确定支付工程量。

（2）按设计图纸测算。按设计图纸测算是指根据施工图对完成的工程进行计算，以确定支付的工程量。

（3）仪表测量。仪表测量是指通过使用仪表对所完成的工程进行计量。

（4）按单据计算。按单据计算是指根据工程实际发生的发票、收据等，对所完成工程进行的计算。

（5）按工程师批准计量。按监理人批准计量是指在工程实施中，监理人批准确认的工程量直接作为支付工程量，承包人据此进行支付申请工作。

2. 计量单位

计量单位均应采用国家法定的计量单位。

3. 计量周期

除专用合同条款另有约定外，单价子目已完成工程量按月计量，总价子目的计量周期按批准的支付分解报告确定。

（四）单价和总价项目的计量

1. 单价子目的计量

已标价工程量清单中的单价子目工程量为估算工程量。结算工程量是承包人实际完成的，并按合同约定的计量方法进行计量的工程量。

承包人对已完成的工程进行计量，向监理人提交进度付款申请单、已完成工程量报表和有关计量资料。监理人对承包人提交的工程量报表进行复核，以确定实际完成的工程量。对数量有异议的，可要求承包人按合同关于测量的约定进行共同复核和抽样复测。承包人应协助监理人进行复核并按监理人要求提供补充计量资料。承包人未按监理人要求参加复核，监理人复核或修正的工程量视为承包人实际完成的工程量。监理人认为有必要时，可通知承包人共同进行联合测量、计量，承包人应遵照执行。

承包人完成工程量清单中每个子目的工程量后，监理人应要求承包人派员共同对每个子目的历次计量报表进行汇总，以核实最终结算工程量。监理人可要求承包人提供补充计量资料，以确定最后一次进度付款的准确工程量。承包人未按监理人要求派员参加的，监理人最终核实的工程量视为承包人完成该子目的准确工程量。

监理人应在收到承包人提交的工程量报表后的 7 天内进行复核，监理人未在约定时间内复核的，承包人提交的工程量报表中的工程量视为承包人实际完成的工程量，据此计算工程价款。

2. 总价子目的计量

《水利水电工程标准文件》规定，总价子目的分解和计量按照下述约定进行：

（1）总价子目的计量和支付应以总价为基础，不因物价波动的因素而进行调整。承包人实际完成的工程量，是进行工程目标管理和控制进度支付的依据。

（2）承包人应按工程量清单的要求对总价子目进行分解，并在签订协议书后的 28 天内将各子目的总价支付分解表提交监理人审批。分解表应标明其所属子目和坝阶段需支付的金额。承包人应按批准的各总价子目支付周期，对已完成的总价子目进行计量，确定分项的应付金额，列入进度付款申请单中。

（3）监理人对承包人提交的上述资料进行复核，以确定分阶段实际完成的工程量和工程形象目标。对其有异议的，可要求承包人按合同关于测量的约定进行共同复核和抽样复测。

（4）除按照合同约定的变更外，总价子目的工程量是承包人用于结算的最终工程量。

三、工程款支付

工程款的支付，是发包人应当履行合同的主要义务，是承包人应当享有的合同主要权利，因此，工程款的支付对发包人和承包人来说，都是一件十分重要的事情，涉及双方的根本合法权益。由于一般的水利工程建设周期长、占用资金量大，一次性支付工程款是难以做到的。合同工程款的支付类型主要有预付款支付、工程进度款支付、完工结算和最终结清等四种。

（一）预付款支付

预付款用于承包人为合同工程施工购置材料、工程设备、施工设备、修建临时设施以及组织施工队伍进场等，依据《水利水电工程标准文件》分为工程预付款和工程材料预付款。工程预付款是发包人为了帮助承包人解决资金周转困难的一种无息贷款，主要供承包人为添置合同工程施工设备以及承包人需要预先垫支的部分费用。按合同规定，工程预付款需在以后的进度付款中扣还。材料预付款主要是为了解决承包人采购的用于合同工程的主要材料（如水泥、钢筋、钢板和其他钢材）的资金问题。

1. 工程预付款

（1）工程预付款的总金额。工程预付款的总金额在专用合同条款中约定，一般不低于合同价格的 10％，应根据工程规模、工期长短、工程类别、支付项目内容，由发包人通过编制合同资金流予以科学测定。具体额度应在合同专用条款中规定，应以专用条款的规定比例为准。工程预付款专用于本合同工程。

（2）工程预付款的支付和担保。工程预付款支付方式和付款时间在专用合同条款中约定，一般分两次支付给承包人，主要考虑承包人提交预付款保函的困难。一般情况下，要求承包人提交第一次工程预付款担保，第二次工程预付款不需要担保，而是用承包人进入工地的承包人的设备作为抵押，代替担保。

如在《水利水电工程标准文件》中规定：

承包人应在收到第一次工程预付款的同时向发包人提交预付款担保，担保金额应与第一次工程预付款金额相同，工程预付款担保在第一次工程预付款被发包人扣回前一直有效，但担保金额可根据预付款扣回的金额相应递减。第一次预付款金额在专用合同条款中约定，付款时间应在合同协议书签订后，由承包人向发包人提交了发包人认可的工程预付款担保，并经监理人出具付款证书报发包人批准后 14 天内予以支付。第二次预付款金额在专用合同条款中约定，付款时间需待承包人主要设备进入工地后，其估算价值已达到本次预付款金额时，由承包人提出书面申请，经监理人核实后出具付款证书报送发包人，发包人收到监理人出具的付款证书后的 14 天内支付给承包人。预付款担保通常采用银行保函的形式。

（3）工程预付款的扣回与还清。工程预付款在进度付款中扣回，扣回与还清办法在专用合同条款中约定。在颁发合同工程完工证书前，由于不可抗力或其他原因解除合同时，工程预付款尚未扣清的，尚未扣清的工程预付款余额应作为承包人的到期应付款。

工程预付款的扣回颁发一般是：在合同累计完成金额达到专用合同条款规定的数额（一般为 20%～30%）时开始扣款，直至合同累计完成金额达到专用合同条款规定的数额（一般 70%～90%）时全部扣清。在每次进度付款时，累计扣回的金额为

$$R = \frac{A}{(F_2 - F_1)S}(C - F_1 S)$$

式中　　R——每次进度付款中累计扣回的金额；

　　　　A——工程预付款总金额；

　　　　S——签约合同价，指签订合同时合同协议书中写明的，包括了暂列金额、暂估价的合同总金额；

　　　　C——合同累计完成金额；

　　　　F_1——按专用合同条款规定开始扣款时合同累计完成金额达到签约合同价的比例；

　　　　F_2——按专用合同条款规定全部扣清时合同累计完成金额达到签约合同价的比例。

上述合同累计完成金额均指价格调整前且未扣质量保证金的金额。

2. 工程材料预付款

（1）工程材料预付款的支付、担保。材料预付款支付应达到合同规定的条件，经监理人审核并签发付款证书后，由发包人予以支付。工程材料预付款的支付方式、支付时间、支付金额或比例以及承包人应提交的担保应在专用合同条款中约定。比如工程材料预付款金额可为经监理工师审核后的实际材料价的 90%，在月进度付款中支付。

（2）工程材料预付款的扣回与还清。工程材料预付款在进度付款中扣回，扣回与还清办法在专用合同条款中约定。比如：工程材料预付款从付款月后的 6 个月内在月进度付款中每月按该预付款金额的 1/6 平均扣还。在颁发合同工程完工证书前，由于不可抗力或其他原因解除合同时，工程材料预付款尚未扣清的，尚未扣清的工程材料预付款余额应作为承包人的到期应付款。

（二）工程进度付款

1. 付款周期

工程进度付款周期同计量周期。大中型水利水电工程的主体工程施工工期较长，为了使承包人能及时得到工程价款，解决其资金周转的困难，应阶段性支付工程款，一般均采用按月结算支付工程价款的办法，结算月进度付款对工程进度和质量进行定期检查和控制是监理工程实施的一项有效措施。月进度支付是指承包人根据一个月时间内实际完成的支付工程量与投标时的单价进行计算并提出支付申请，经监理人审核后签发月支付证书，最后由发包人向承包人进行支付。月进度款支付也可包括当月发生的工程变更、材料预付款、索赔等费用支付。

2. 进度付款申请单

承包人应在每个付款周期末，按监理人批准的格式和专用合同条款约定的份数，向监理人提交进度付款申请单，并附相应的支持性证明文件。除专用合同条款另有约定外，进度付款申请单应包括下列内容：

（1）截至本次付款周期末已实施工程的价款。

（2）根据合同关于变更的约定应增加和扣减的变更金额。

（3）根据合同关于索赔的约定应增加和扣减的索赔金额。

（4）根据合同关于预付款的约定应支付的预付款和扣减的返还预付款。

（5）根据合同关于质量保证金的约定应扣减的质量保证金。

（6）根据合同应增加和扣减的其他金额。

3. 进度付款证书和支付时间

（1）监理人在收到承包人进度付款申请单以及相应的支持性证明文件后的 14 天内完成核查，提出发包人到期应支付给承包人的金额以及相应的支持性材料，经发包人审查同意后，由监理人向承包人出具经发包人签认的进度付款证书。监理人有权扣发承包人未能按照合同要求履行任何工作或义务的相应金额。

（2）发包人应在监理人收到进度付款申请单后的 28 天内，将进度应付款支付给承包人。发包人不按期支付的，按专用合同条款的约定支付逾期付款违约金。

（3）监理人出具进度付款证书，不应视为监理人已同意、批准或接受了承包人完成的该部分工作。

（4）进度付款涉及政府投资资金的，按照国库集中支付等国家相关规定和专用合同条款的约定办理。

4. 工程进度付款的修正

在对以往历次已签发的进度付款证书进行汇总和复核中发现错、漏或重复的，监理人有权予以修正，承包人也有权提出修正申请。经双方复核同意的修正，应在本次进度付款中支付或扣除。

（三）完工结算（竣工结算）

完工结算是在发包人向承包人颁发了合同工程完工证书后进行的工程款支付。工程完工后应清理支付账目，包括已完工程尚未支付的价款、质量保证金的清退以及其他按合同需结算的账目。完工支付的一般程序为：

1. 完工付款申请单

承包人应在合同工程完工证书颁发后的 28 天内，按专用合同条款约定的份数向监理人提交完工付款申请单，并提供相关证明材料。完工付款申请单应包括下列内容：完工结算合同总价、发包人已支付承包人的工程价款、应扣留的质量保证金、应支付的完工付款金额。

监理人对完工付款申请单有异议的，有权要求承包人进行修正和提供补充资料。经监理人和承包人协商后，由承包人向监理人提交修正后的完工付款申请单。

2. 完工付款证书及支付时间

监理人在收到承包人提交的完工付款申请单后的 14 天内完成核查，提出发包人到期应支付给承包人的价款送发包人审核并抄送承包人。发包人应在收到后 14 天内审核完毕，由监理人向承包人出具经发包人签认的完工付款证书。监理人未在约定时间内核查，又未提出具体意见的，视为承包人提交的完工付款申请单已经监理人核查同意；发包人未在约定时间内审核又未提出具体意见的，监理人提出发包人到期应支付给承包人的价款视为已经发包人同意。

发包人应在监理人出具完工付款证书后的 14 天内，将应支付款支付给承包人。发包人不按期支付的，按合同约定将逾期付款违约金支付给承包人。承包人对发包人签认的完工付款证书有异议的，发包人可出具完工付款申请单中承包人已同意部分的临时付款证书。存在争议的部分，按合同关于争议的约定办理。

完工付款涉及政府投资资金的，按照国库集中支付等国家相关规定和专用合同条款的约定办理。

（四）最终结清

工程质量保修期期满，工程质量保修责任终止证书后，承包人就按合同已完成所有工作的价值及发包人尚应支付的款额，提出申请。经监理人审核同意，签发最终结清证书，由发包人向承包人支付。最终结清的一般程序是：

1. 最终结清申请单

工程质量保修责任期终止证书签发后，承包人可按监理人批准的格式提交最终结清申请单。提交最终结清单的份数在专用合同条款中约定。

发包人对最终结清申请单内容有异议的，有权要求承包人进行修正和提供补充资料，由承包人向监理人提交修正后的最终结清申请单。

2. 最终结清证书和支付时间

监理人在收到承包人提交的最终付款申请后应进行仔细核查，如对最终付款申请单中的某些内容有异议时，有权要求承包人进行修改和提供补充资料，直至监理人同意为止。

监理人收到承包人提交的最终结清申请单后的 14 天内，提出发包人应支付给承包人的价款送发包人审核并抄送承包人。发包人应在收到后 14 天内审核完毕，由监理人向承包人出具经发包人签认的最终结清证书。监理人未在约定时间内核查，又未提出具体意见的，视为承包人提交的最终结清申请已经监理人核查同意；发包人未在约定时间内审核又未提出具体意见的，监理人提出应支付给承包人的价款视为已经发包人同意。

发包人应在监理人出具最终结清证书后的 14 天内，将应支付款支付给承包人。发包人不按期支付的，按合同约定将逾期付款违约金支付给承包人。

承包人对发包人签认的最终结清证书有异议的，按合同关于争议解决的约定办理。

最终结清付款涉及政府投资资金的，按照国库集中支付等国家相关规定和专用合同条款的约定办理。

（五）竣工财务决算和竣工审计

发包人负责编制本工程项目竣工财务决算，承包人应按专用和条款的约定提供竣工财务决赛编制所需的相关材料。

发包人负责完成本工程竣工审计手续，承包人应完后出那个相关配合工作。

（六）质量保证金（保留金）支付

1. 质量保证金的扣留

监理人应从第一个工程进度付款周期开始，在发包人的进度付款中，按专用合同条款的约定（一般为 8％～10％）扣留质量保证金，直至扣留的质量保证金总额达到专用合同条款约定的金额或比例（质量保证金总额一般可为合同价格的 5％～10％）为止。质量保证金的计算额度不包括预付款的支付与扣回金额。

2. 质量保证金的支付

即在合同工程完工证书后 14 天内，发包人将质量保证金总额的一半支付给承包人。在本合同全部工程的缺陷责任期（工程质量保修期）满时，发包人将在 30 个工作日内会同承包人按照合同约定的内容核实承包人是否完成保修责任。如无异议，发包人应在核实后将剩余的质量保证金支付给承包人。

若缺陷责任期满时尚需承包人完成剩余工作，则监理人有权在付款证书中扣留与剩余工作所需金额相应的保留金余额。若在合同约定的缺陷责任期满时，承包人没有完成缺陷责任的，发包人有权扣留与未履行责任剩余工作所需金额相应的质量保证金余额，并有权根据合同约定要求延长缺陷责任期，直至完成剩余工作为止。

四、价格调整

《水利水电工程标准文件》规定的调价方法有三种：物价波动时的调价公式法和造价信息价格差额调价法以及法规变化时的调价方法。

（一）物价波动引起的价格调整

由于物价波动原因引起合同价格需要调整的，其价格调整方式在专用合同条款中约定，主要有两种方法。

1. 采用价格指数调整价格差额

因人工、材料和设备等价格波动影响合同价格时，根据投标函附录中的价格指数和权重表约定的数据，计算差额并调整合同价格的公式为

$$\Delta P = P_0 \left[A + \left(B_1 \frac{F_{t1}}{F_{01}} + B_2 \frac{F_{t2}}{F_{02}} + B_3 \frac{F_{t3}}{F_{03}} + \cdots + B_n \frac{F_{tn}}{F_{0n}} \right) - 1 \right]$$

式中 ΔP——需调整的价格差额；

       P_0——指合同关于进度付款、完工结算、最终结清约定的付款证书中承包人应得到的已完成工程量的金额。此项金额应不包括价格调整、不计质量保证金的扣留和支付、预付款的支付和扣回。依据合同约定进行的变更及其他金额已按现行价格计价的，也不计在内；

       A——定值权重（即不调部分的权重）；

B_1，B_2，B_3，…，B_n——各可调因子的变值权重（即可调部分的权重）为各可调因子在投标函投标总报价中所占的比例；

F_{t1}，F_{t2}，F_{t3}，…，F_{tn}——各可调因子的现行价格指数，指合同关于进度付款、完工结算、最终结清约定的付款证书相关周期最后一天的前 42 天的各可调因子的价格指数；

F_{01}，F_{02}，F_{03}，…，F_{0n}——各可调因子的基本价格指数，指基准日期的各可调因子的价格指数。

以上价格调整公式中的各可调因子、定值和变值权重，以及基本价格指数及其来源在投标函附录价格指数和权重表中约定。价格指数应首先采用有关部门提供的价格指数，缺乏上述价格指数时，可采用有关部门提供的价格代替。此处的有关部门主要指国家或省、自治区、直辖市的政府物价管理部门或统计部门。

应用此调价公式时应注意：

（1）在计算调整差额时得不到现行价格指数的，可暂用上一次价格指数计算，并在以后的付款中再按实际价格指数进行调整。

（2）按合同约定的变更导致原定合同中的权重不合理时，由监理人与承包人和发包人协商后进行调整。

（3）由于承包人原因未在约定的工期内竣工的，则对原约定竣工日期后继续施工的工程，在使用价格调整公式时，应采用原约定竣工日期与实际竣工日期的两个价格指数中较低的一个作为现行价格指数。

2. 采用造价信息调整价格差额

施工期内，因人工、材料、设备和机械台班价格波动影响合同价格时，人工、机械使用费按照国家或省（自治区、直辖市）建设行政管理部门、行业建设管理部门或其授权的工程造价管理机构发布的人工成本信息、机械台班单价或机械使用费系数进行调整；需要进行价格调整的材料，其单价和采购数应由监理人复核，监理人确认需调整的材料单价及数量，作为调整工程合同价格差额的依据。

工程造价信息的来源以及价格调整的项目和系数在专用合同条款中约定。

（二）法律变化引起的价格调整

基准日期是指投标截止时间前 28 天的日期。在基准日后，因法律变化导致承包人在合同履行中所需要的工程费用发生除合同约定的物价变动引起调整以外的增减时，监理人应根据法律、国家或省、自治区、直辖市有关部门的规定，按合同约定商定或确定需调整的合同价款。

五、解除合同后的结算

解除合同是指在履行合同过程中，由于一些特殊原因而使继续履行合同成为不合适或不可能，从而终止合同双方权利、义务关系。对施工承包合同，解除合同，情况如下：

（一）承包人违约引起合同解除的估价、付款和结清

当出现承包人私自将合同的全部或部分权利转让给其他人，或私自将合同的全部或部分义务转移给其他人；或未经监理人批准，私自将已按合同约定进入施工场地的施工设备、临时设施或材料撤离施工场地；或承包人违反合同约定使用了不合格材料或工程设备，工程质量达不到标准要求，又拒绝清除不合格工程；或承包人未能按合同进度计划及时完成合同约定的工作，已造成或预期造成工期延误；或承包人在缺陷责任期内，未能对工程接收证书所列的缺陷清单的内容或缺陷责任期内发生的缺陷进行修复，而又拒绝按监理人指示再进行修补；或承包人无法继续履行或明确表示不履行或实质上已停止履行合同等情况时，就构成了承包人违约，如果由于承包人违约致使合同解除，解除合同后的付款为。

1. 解除合同后的估价

因承包人违约解除合同后，监理人应尽快依据合同与发包人和承包人协商后确定并证明：

（1）解除合同时，承包人根据合同实际完成工作的价值，已经得到或应得到的金额。

（2）承包人已提供的材料、施工设备、工程设备和临时工程等的价值。

2. 解除合同后的付款

合同解除后，发包人应暂停对承包人的一切付款，查清各项付款和已扣款金额，包括承包人应支付的违约金。合同解除后，发包人应按合同关于索赔的约定向承包人索赔由于解除合同给发包人造成的损失。

合同双方确认上述往来款项后，出具最终结清付款证书，结清全部合同款项。发包人和承包人未能就解除合同后的结清达成一致而形成争议的，按合同关于争议解决的约定办理。

（二）发包人违约引起合同解除的付款

当出现发包人发包人未能按合同约定支付预付款或合同价款，或拖延、拒绝批准付款申请和支付凭证，导致付款延误的；或发包人原因造成停工的；或监理人无正当理由没有在约定期限内发出复工指示，导致承包人无法复工的；或发包人无法继续履行或明确表示不履行或实质上已停止履行合同的等合同规定的属于发包人违约的情形时，属于发包人违约，如果由于发包人违约致使合同解除，此时解除合同后的付款为：

因发包人违约解除合同时，发包人应在解除合同后 28 天内向承包人支付下列金额，承包人应在此期限内及时向发包人提交要求支付下列金额的有关资料和凭证：

（1）合同解除日以前所完成工作的价款。

（2）承包人为该工程施工订购并已付款的材料、工程设备和其他物品的金额。发包人付款后，该材料、工程设备和其他物品归发包人所有。

（3）承包人为完成工程所发生的，而发包人未支付的金额。

（4）承包人撤离施工场地以及遣散承包人人员的金额。

（5）由于解除合同应赔偿的承包人损失。

（6）按合同约定在合同解除日前应支付给承包人的其他金额。

发包人应按本项约定支付上述金额并退还质量保证金和履约担保，但有权要求承包人支付应偿还给发包人的各项金额，包括承包人偿还未扣完的全部预付款余额以及按合同规定应由发包人向承包人收回的其他金额。

思 考 题

5-1　监理人进行质量控制主要着重哪几个方面？

5-2　监理人在质量控制方面的职责和权力是什么？

5-3　监理人如何对隐蔽工程进行检查验收？

5-4　监理人审查承包人的进度计划原则是什么？

5-5　监理人下达停工指示和复工指示须满足什么条件？

5-6　监理人在什么情况下批准延长工期？

5-7　工程计量的原则是什么？

5-8　完工结算应当具备什么条件？

5-9　最终结清的程序是什么？

第六章 变更与索赔管理

第一节 变 更 管 理

一、变更的概念

变更是指对施工合同所作的修改、改变等。从理论上来说，变更就是施工合同状态的改变，施工合同状态包括合同内容、合同结构、合同表现形式等，合同状态的任何改变均是变更。从另一个方面来说，既然变更是对合同状态的改变，就说明变更不能超出合同范围。当然，对于具体的工程施工合同来说，为了便于约定合同双方的权利义务关系，便于处理合同状态的变化，对于变更的范围和内容一般均要作出具体的规定。水利水电土建工程受自然条件等外界的影响较大，工程情况比较复杂，且在招标阶段未完成施工图纸，因此在施工合同签订后的实施过程中不可避免地会发生变更。

二、变更的组织管理和变更权

变更涉及的工程参建方很多，但主要是发包认、监理人和承包人三方，或者说均通过该三方来处理，比如涉及设计单位的设计变更时，由发包人提出变更；涉及分包方的分包工程变更时，由承包人提出。但其中，监理人是变更管理的中枢和纽带，无论是何方要求的变更，所有的变更均需通过监理人发布变更指示来实施。

《水利水电工程标准文件》明确规定：在履行合同过程中，经发包人同意，监理人可按合同约定的变更程序向承包人作出变更指示，承包人应遵照执行。没有监理人的变更指示，承包人不得擅自变更。本规定包括以下几层含义：

(1) 所有的变更，包括发包人要求的变更，都必须通过监理人来实施。

(2) 监理人实施变更的手段是发布变更指示（可以是变更通知或变更令等）。

(3) 监理人发布变更指示前，应征得发包人同意。

(4) 监理人没有监理人的指示，承包人不得擅自变更。

(5) 监理人发布的合同范围内的变更，承包人必须实施。

其实，这些程序性的规定是基于一个基本的管理理念：既然工程现场的管理工作由监理人来承担，所有变更就必须通过监理人，因为所有的现场工作都是履行合同义务、行使合同权力的行为，如果监理人不知道指导工程实施的合同发生的改变，就无法合理有效地进行工程管理工作。

三、变更的范围和内容

在履行合同过程中,监理人可根据工程的需要并按发包人的授权指示承包人进行各种类型的变更。除合同条款另有约定外,在履行合同中发生以下情形之一,都属于变更:

(1) 取消合同中任何一项工作,但被取消的工作不能转由发包人或其他人实施。如果发包人要取消合同任何一项工作,应由监理人发布变更指示,按变更处理,但被取消的工作不能转由发包人实施,也不能由发包人雇佣其他承包人实施。此规定主要为了防止发包人在签订合同后擅自取消合同价格偏高的项目,转由发包人自己或其他承包人实施而使本合同承包人蒙受损失。

(2) 改变合同中任何一项工作的质量或其他特性。对于合同中任何一项工作的质量或其他特性,合同技术条款都有明确的规定,在施工合同实施中,如果根据工程的实际情况,需要改变其质量(比如提高质量标准)或其他特性,同样需监理人按变更处理。

(3) 改变合同工程的基线、标高、位置或尺寸。合同工程的基线、高程、位置以及尺寸等发生任何变化,均属于变更,应按变更处理。比如建筑物的施工图纸与招标图纸中的位置或尺寸不一致等。

(4) 改变合同中任何一项工作的施工时间或改变已批准的施工工艺或顺序。合同中任何一项工程都规定了其施工时间,包括开始时间和完成时间,而且施工总进度计划、施工组织设计、施工顺序和施工工艺已经监理人批准,要改变就应由监理人批准,按变更处理。

(5) 为完成工程需要追加的额外工作。额外工作是指合同中未包括而为了完成合同工程所需增加的新内容,如临时增加的防汛工程或施工场地内发生边坡塌滑时的治理工程等额外工作项目。这些额外的工作均应按变更项目处理。

(6) 增加或减少专用合同条款中约定的关键项目工程量超过其工程总量的一定数量百分比。在此所指的超过专用合同条款约定的工程总量的一定数量百分比可在 15%～25% 范围内,一般视具体工程酌定,其本意是为合同中任何关键项目的工程量增加或减少在约定的百分比以下时不属于变更项目,不作变更处理,超过约定的百分比时,一般应视为变更,应按变更处理。

需要说明的是,监理人发布的变更指令内容,必须是属于合同范围内的变更。即要求变更不能引起工程性质有很大的变动,否则应重新订立合同,因为若合同性质发生很大的变动而仍要求承包人继续施工是不恰当的,除非合同双方都同意将其作为原合同的变更。所以监理人无权发布不属于本合同范围内的工程变更指令,否则承包人可以拒绝。

四、变更的处理原则

在建设工程施工合同中,一般应规定变更处理的原则,由于工程变更有可能影响工期和合同价格,一旦发生此类情况,应遵循以下原则进行处理。

1. 变更需要延长工期

变更需要延长工期时,应按合同有关规定办理;若变更使合同工作量减少,监理人认为应予提前变更项目的工期时，由监理人和承包人协商确定。

2. 变更需要调整合同价格

当工程变更需要调整合同价格时，除了专用合同条款另有约定外，一般可按以下三种不同情况确定其单价或合价。承包人在投标时提供的投标辅助资料，如单价分析表、总价合同项目分解表等，经双方协商同意，可作为计算变更项目价格的重要参考资料。

①已标价工程量清单中有适用于变更工作的子项目的，采用该子项目的单价。

②已标价工程量清单中无适用于变更工作的子项目，但有类似子项目的，可在合理范围内参照类似子项目的单价，由监理人按合同约定商定或确定变更工作的单价。

③已标价工程量清单中无适用或类似子项目的单价，可按照成本加利润的原则，由监理人按合同约定商定或确定变更工作的单价。

关于合同约定的商定或确定的内容，见第四章第三节之"三、监理人的职责和权力"。

需要说明的是，在上述讨论的变更内容引起工程施工组织和进度计划发生实质性变动和影响其原定的价格时，才予调整该项目单价，否则不调整其单价。例如：若工程建筑物的局部尺寸稍有修改，虽将引起工程量的相应增减，但对施工组织设计和进度计划无实质性影响时，不需调整其单价。

五、变更的程序

1. 变更的提出

（1）发包人或监理人提出变更。其中：

①在合同履行过程中，可能发生上述属于变更的情形时，监理人可向承包人发出变更意向书。变更意向书应说明变更的具体内容和发包人对变更的时间要求，并附必要的图纸和相关资料。变更意向书应要求承包人提交包括拟实施变更工作的计划、措施和竣工时间等内容的实施方案。发包人同意承包人根据变更意向书要求提交的变更实施方案的，由监理人按合同约定发出变更指示。

②在合同履行过程中，发生合同约定的变更情形的，监理人应按照合同约定向承包人发出变更指示，并抄送发包人。

（2）承包人提出变更。承包人收到监理人按合同约定发出的图纸和文件，经检查认为其中存在合同约定的变更情形的，可向监理人提出书面变更建议。变更建议应阐明要求变更的依据，并附必要的图纸和说明。监理人收到承包人书面建议后，应与发包人共同研究，确认存在变更的，应在收到承包人书面建议后的 14 天内作出变更指示。经研究后不同意作为变更的，应由监理人书面答复承包人。

（3）若承包人收到监理人的变更意向书后认为难以实施此项变更，应立即通知监理人，说明原因并附详细依据。监理人与承包人和发包人协商后确定撤销、改变或不改变原变更意向书。

2. 变更估价

（1）除合同条款对期限另有约定外，承包人应在收到变更指示或变更意向书后的 14 天内，向监理人提交变更报价书，报价内容应根据合同约定的估价原则，详细开列变更工作的价格组成及其依据，并附必要的施工方法说明和有关图纸。

（2）变更工作影响工期的，承包人应提出调整工期的具体细节。监理人认为有必要时，可要求承包人提交要求提前或延长工期的施工进度计划及相应施工措施等详细资料。

3. 变更指示

变更指示只能由监理人发出，即不论是由何方提出的变更要求或建议，均需经监理人与有关方面协商，并得到发包人批准或授权后，再由监理人按合同规定及时向承包人发出变更指示。

变更指示应说明变更的目的、范围、变更内容以及变更的工程量及其进度和技术要求，并附有关图纸和文件。承包人收到变更指示后，应按变更指示进行变更工作。

另外需要说明的是，对于涉及工程结构、重要标准等的、影响较大的重大变更，有时需要发包人向上级主管部门报批。此时，发包人应在申报上级主管部门批准后再按照合同规定的程序办理。

4. 变更处理决定

除合同条款对期限另有约定外，监理人收到承包人变更报价书后的 14 天内，根据合同约定的估价原则，按照合同约定商定或确定变更价格。

监理人应在发包人授权范围内按合同规定处理变更事宜。对在发包人规定限额以下的变更，监理人可以独立作出变更决定，如果监理人作出的变更决定超出发包人授权的限额范围时，应报发包人批准或者得到发包人进一步授权。

一般变更处理程序为：监理人应在收到承包人变更报价书后，在合同规定的时限内对变更报价书进行审核，并作出变更处理决定，而后将变更处理决定通知承包人，抄送发包人。若发包人和承包人未能就监理人的决定取得一致意见，则监理人有权暂定他认为合适的价格和需要调整的工期，并将其暂定的变更处理意见通知承包人，抄送发包人，为了不影响工程进度，双方应暂按总监理工程师的确定执行，按照合同有关约定对总监理工程师的确定作出修改的，按修改后的结果执行。对已实施的变更，监理人可将其暂定的变更费用列入合同规定的月进度付款中予以支付。但发包人和承包人均有权在收到监理人变更决定后，对监理人的确定有异议的，构成争议，按照合同有关争议的约定处理。

六、变更程序异常的处理

1. 越权变更

虽然所有的变更均需通过监理人来实施，但我们必须有一个明确的概念，变更的权力是发包人通过合同赋予工程师的，所以监理人在实施变更时，必须了解自己的变更权限，没有特殊情况，不能越权变更。一般在发包人与监理人签订的监理合同中，会明确赋予监理人的变更权限。

但当监理人认为出现了危及生命、工程或毗邻财产等安全的紧急事件时，需要发布变更指示，但该变更项目又超出了发包人的授权范围，监理人为了工程安全、避免发包人更大损失等考虑，可以先向承包人发出变更指示，要求其立即进行变更工作，并在发出变更指示后，尽快将变更情况报告发包人。此后，监理人还应同时对承包人的变更估价进行充分评估，并在得到发包人的批准或扩大授权后再补发变更决定。

2. 临时书面或口头变更

监理人的变更指示一般均应以书面的变更通知或变更令的形式发布。但在有些情况下，监理人需要立即发布变更指示而现实条件不具备以正式书面形式发布时，可以临时书面或口头形式发布变更指示，承包人同样应遵照执行。但是，监理人应随后补发书面的变更指示，若监理人没有补发，承包人应在收到上述临时指示后24h内，向监理人发出书面确认函。监理人在收到书面确认函后24h内未予答复的，该书面确认函应被视为监理人的正式指示。

七、其他变更的处理

1. 变更影响本项目和其他项目的单价或合价的处理

按合同规定的变更范围进行任何一项变更可能引起合同工程或部分工程原定的施工组织和进度计划发生实质性变动，不仅会影响变更项目的单价或合价，而且可能影响其他有关项目的单价或合价时。例如：工程量清单中一般包括多个混凝土工程项目，而这些项目的混凝土常用一座或几座混凝土工厂统一供应，若一座混凝土工程项目的变更引起原定的混凝土工厂的变动，不仅会改变该项目单价中机械使用费，还可能影响其他由该工厂供应的所有混凝土工程项目的单价。若发生此类变更，发包人和承包人均有权要求调整变更项目和其他项目的单价或合价，监理人应在进行评估后与发包人和承包人协商确定其单价或合价。

2. 承包人原因引起的变更的处理

由承包人原因引起的变更，一般有以下几种情况：

(1) 承包人的合理化建议引起的变更。在履行合同过程中，承包人对发包人提供的图纸、技术要求以及其他方面提出的合理化建议，均应以书面形式提交监理人。合理化建议书的内容应包括建议工作的详细说明、进度计划和效益以及与其他工作的协调等，并附必要的设计文件。监理人应与发包人协商是否采纳建议。建议被采纳并构成变更的，应按合同约定向承包人发出变更指示。这种变更应由承包人向监理人提交一份变更申请报告，监理人批准后，才能变更，未经监理人批准，承包人不得擅自变更。

承包人提出的合理化建议降低了合同价格、缩短了工期或者提高了工程经济效益的，发包人可按国家有关规定在专用合同条款中约定给予奖励。

(2) 承包人受其自身施工设备和施工能力的限制，要求对于原设计进行变更或要求延长工期，这类变更纯属于承包人原因引起，即使得到监理人的批准，还应由承包人承担变更增加的费用和工期延误的责任。

(3) 由于承包人违约而必须作出的变更，不论是由承包人提出变更，还是由监理人指示变更，这类变更均应由承包人承担变更增加费用和工期延误的责任。

3. 计日工

计日工是指对零星工作采取的一种计价方式，按合同中的计日工子目及其单价计价付款。发包人认为有必要时，由监理人通知承包人以计日工方式实施变更的零星工作。其价款按列入已标价工程量清单中的计日工计价子目及其单价进行计算，由承包人汇总后，按合同关于进度付款的约定列入进度付款申请单，由监理人复核并经发包人同意后列入进度付款，直至该工作全部完工为止。

采用计日工计价的任何一项变更工作，应从暂列金额中支付，承包人应在该项变更的实施过程中，每天提交以下报表和有关凭证报送监理人审批：

①工作名称、工作内容和工作数量。

②投入该工作的所有人员姓名、工种、级别和耗用工时。

③投入该工作的材料数量和种类。

④投入该项目的施工设备型号、台数和耗用台时。

⑤监理人要求提交的其他资料和凭证。

4. 暂列金额

暂列金额是指已标价工程量清单中所列的暂列金额，用于在签订协议书时尚未确定或不可预见变更的施工及其所需材料、工程设备、服务等的金额，包括以计日工方式支付的金额。

暂列金额只能按照监理人的指示使用，并对合同价格进行相应调整。承包人仅有权得到由监理人决定列入暂列金额有关工作所需的费用和利润。监理人可以指示承包人进行上述暂列金额专项项目下的变更工作，承包人应按监理人的要求提供有关凭证，以供监理人审核后按计日工支付。

5. 暂估价

暂估价是指发包人在工程量清单中给定的用于支付必然发生但暂时不能确定价格的材料、设备以及专业工程的金额。《水利水电工程标准文件》规定：

（1）发包人在工程量清单中给定暂估价的材料、工程设备和专业工程属于依法必须招标的范围并达到规定的规模标准的，若承包人不具备承担暂估价项目的能力或具备承担暂估价项目的能力但明确不参与投标的，由发包人和承包人组织招标；若承包人具备承担暂估价项目的能力且明确参与投标的，由发包人组织招标。暂估价项目中标金额与工程量清单中所列金额差以及相应的税金等其他费用列入合同价格。必须招标的暂估价项目招标组织形式、发包人和监理人组织招标时双方的群里义务关系在专用合同条款中约定。

（2）发包人在工程量清单中给定暂估价的材料和工程设备不属于依法必须招标的范围或未达到规定的规模标准的，应由承包人按合同关于承包人提供的材料和工程设备的约定提供。经监理人确认的材料、工程设备的价格与工程量清单中所列的暂估价的金额差以及相应的税金等其他费用列入合同价格。

（3）发包人在工程量清单中给定暂估价的专业工程不属于依法必须招标的范围或未达到规定的规模标准的，由监理人按合同关于变更估价的约定进行估价，但专用合同条款另有约定的除外。经估价的专业工程与工程量清单中所列的暂估价的金额差以及相应的税金等其他费用列入合同价格。

八、监理人管理变更工作程序以及应注意的问题

1. 监理人管理变更工作程序

监理人进行变更的工作程序如图 6-1 所示。

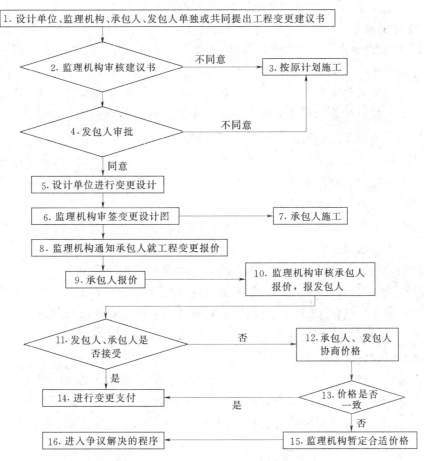

图 6-1　监理人变更监理工作程序图

2. 监理人管理变更时应注意的问题

（1）准确判断，尽可能快地作出变更决定。变更决策时间太长或变更程序太慢，会带来诸多问题。比如：如果由于变更太慢而致使工程返工，会造成极大的损失和浪费；如果由于变更太慢而让承包人停工等待，会造成索赔事件发生。所以，监理人应对变更情况作出准确的判断，并尽快作出决定。

（2）进行合同分析，确定变更责任。在变更前后，监理人都必须进行合同分析，详细研究合同有关该变更事项的规定，确定变更合同责任，有利于变更的处理。

3）督促承包人尽快全面落实变更。监理人应督促承包人尽快落实变更；一方面调整变更有关的合同文件；另一方面，研究由于变更引起的施工问题，并提出具体应对措施，有利于变更的顺利实施。

4）分析变更的影响，妥善处理变更涉及的费用和工期问题，尽量避免引起索赔或争议。

第二节 施 工 索 赔 管 理

一、施工索赔概述

(一) 索赔的概念

"索赔"一词已日渐深入到社会经济生活的各个领域,为人们所熟悉。同样,在履行建设工程合同过程中,也常常发生索赔的情况。施工索赔是指在工程的建筑、安装阶段,建设工程合同的一方当事人因对方不履行合同义务或应由对方承担的风险事件发生而遭受的损失,向对方提出的赔偿或者补偿的要求。在工程建设各个阶段,都有可能发生索赔,但在施工阶段发生较多。对施工合同的双方当事人来说,都有通过索赔来维护自己的合法利益的权利,依据双方约定的合同责任,构成正确履行合同义务的制约关系。在工程施工索赔实践中,习惯上一般把承包人向发包人提出的赔偿或补偿要求称为索赔,把发包人向承包人提出的赔偿或补偿要求称为反索赔。

索赔与合同的履行、变更或解除有着密切的联系。索赔的过程实际上就是运用合同法律知识维护自身合法权益的过程。在社会主义市场经济条件下,建设工程施工索赔已是十分常见的现象,但索赔涉及社会科学和自然科学诸多学科的专业知识,索赔的效果如何,很大程度上取决于当事人的素质和水平,加之我国建设市场的发育尚未健全,索赔与反索赔的意识不强、水平较低。因此,应当提高对索赔与反索赔的认识并加强对索赔理论、索赔技巧的研究,以提高生产经营管理水平和经济效益。

(二) 索赔的特征

(1) 主体双向特性:索赔是合同赋予当事人双方具有法律意义的权利主张,其主体是双向的。索赔的性质属于补偿行为,是合同一方的权利要求,不是惩罚,也不意味着赔偿一方一定有过错,索赔的损失结果和被索赔人的行为不一定存在法律上的因果关系。不仅承包人可以向发包人索赔,发包人也同样可以向承包人索赔。在建设工程合同履行的实践中,发包人向承包人索赔发生的频率相对较低,而且在索赔处理中,发包人始终处于主动有利的地位,对承包人的违约行为他可以直接从应付的工程款中扣抵、扣留保留金或通过履约保函向银行索赔来实现自己的索赔要求。因此在工程实践中大量发生的、处理比较困难的复杂的是承包人向发包人的索赔,也是监理人进行合同管理的重点内容之一。承包人的索赔范围非常广泛,一般只要非承包人自身责任造成的其工期延长或成本增加,都有可能向发包人提出索赔。有时发包人违反合同,如未及时交付施工图纸、提供施工场地、未按合同约定支付工程款等,承包人可向发包人提出索赔的要求;由于发包人的应承担的风险原因,如恶劣气候条件影响、国家法规修改等造成承包人损失或损害时,也会向发包人提出补偿要求。

(2) 合法特性:索赔必须以法律或合同为依据。不论承包人向发包人提出索赔,还是发包人向承包人提出索赔,要使索赔成立,必须要有法律依据或合同依据,没有法律依据或合同依据的索赔不能成立。

法律依据主要有：由全国人民代表大会及其常务委员会制定的法律；由国务院制定的行政法规；由国务院建设行政主管部门所制定的部门规章；由各省、自治区、直辖市的人民代表大会及其常务委员会以及拥有立法权的市的人民代表大会及其常务委员会所制定的地方性法规；以及合同适用的由各省、自治区、直辖市人民政府及拥有立法权的市的人民政府制定的地方性行政规章以及各级建设行政主管部门根据法律、行政法规或者地方性法规、地方性行政规章所制定的规范性文件。合同文件的依据主要有：合同协议书；合同条款（包括通用合同条款、专用合同条款）；双方签订的补充协议、会议纪要以及往来的函件；中标通知书、招标文件和投标文件；图纸和工程量清单；技术标准和要求、说明等。

（3）客观特性：索赔必须建立在损害后果已客观存在的基础上，不论是经济损失或权利损害，受损害方才能向对方索赔。经济损失是因对方因素造成合同外额外支出，如人工费、材料费、机械费、管理费等额外开支；权利损害是指虽然没有经济上的损失，但造成乙方权利上的损害，如由于恶劣气候条件对工程进度的不利影响，承包人有权要求工期延长等。因此发生了实际的经济损失或权利损害，应是一方提出索赔的一个基本前提条件。有时上述两者同时存在，如发包人未及时交付合格的施工场地，既造成承包人的经济损失，又侵犯了承包人的工期权利，因此，承包人既要求经济赔偿又要求工期延长；有时两者则可单独存在，如恶劣气候条件影响、不可抗力等，承包人根据合同规定只能要求延长工期，不应要求经济补偿。

（4）合理特性：索赔应符合索赔事件发生的实际情况，无论是索赔工期或是索赔费用，要求索赔计算应合理，即符合合同规定的计算方法和计算基础，符合一般的工程惯例，索赔事件的影响和索赔值之间有直接的因果关系，合乎逻辑。

（5）形式特性：索赔应采用书面形式，包括索赔意向通知书、索赔通知书、索赔处理意见等，均应采用书面形式。索赔的内容和要求应该明确而又肯定。

（6）目的特性：索赔的结果一般是索赔方获得补偿。索赔要求通常有两个：工期即合同工期的延长，承包合同规定有工程完工时间，如果拖期由于承包人原因造成，则他要面临合同处罚，通过工期索赔，承包人可以免去其在这个范围内的处罚，并降低了未来的工期拖延风险；费用补偿，即通过要求费用补偿来弥补自己遭受的损失。

（三）施工索赔分类

1. 按索赔的合同依据分类

（1）合同规定的索赔。合同规定的索赔，也称合同明示的索赔，是指承包人所提出的索赔要求，在该建设工程施工合同文件中有文字依据，承包人可以据此提出索赔要求，并取得经济补偿或工期补偿。这些在合同文件中有文字规定的合同条款，在合同解释上称为明示条款或明文条款。例如《水利水电工程标准文件》第11.3条规定：在履行合同过程中，由于发包人出现增加合同工作内容、改变合同中任何一项工作的质量要求或其他特性、发包人迟延提供材料、工程设备或变更交货地点、因发包人原因导致的暂停施工、提供图纸延误、未按合同约定及时支付预付款、进度款等原因造成工期延误的，承包人有权要求发包人延长工期和（或）增加费用，并支付合理利润。在本合同履行过程中出现此种情况，承包人就可以依据本明文条款的规定，向发包人提出索赔工期的要求和经济补偿的要求。凡是建设工程施工合同中有明文条款的，这种索赔都属于合同规定的索赔。

（2）非合同规定的索赔。非合同规定的索赔，也称默示的索赔或超越合同规定的索赔，是指承包人的索赔要求，虽然在建设工程施工合同条件中没有专门的文字叙述，但可以根据该合同条件的某些条款的含义，推论出承包人有索赔权。这种索赔要求，同样有法律效力，有权得到相应的经济补偿。这种由经济补偿含义的合同条款，在合同管理工作中被称为"默示条款"或"隐含条款"。隐含条款是一个广义的合同概念，它包括合同明文条款中没有写入，但符合合同双方签订合同时的愿望和当时的环境条件的一切条款。这些默示条款，或者从明文条款所述的愿望中引伸出来，或者从合同双方在法律上的合同关系中引伸出来，经合同双方协商一致，或被法律法规所指明，都成为合同文件的有效条款，要求合同双方遵照执行。

（3）道义索赔。承包人由于履行合同发生某项困难而承受了额外的费用损失，向发包人提出索赔要求，虽然在合同中找不到此项索赔的规定，但发包人按照合同公平原则和诚实信用原则同意给予承包人适当的经济补偿，这种索赔称为"道义索赔"。

2. **按索赔的目的分类**

（1）工期索赔。工期索赔就是承包人向发包人要求延长施工的时间，使原定的完工日期顺延一段合理的时间。也可以说，由于非承包人责任的原因而导致施工进度延误，要求批准顺延合同工期的索赔。工期索赔形式上是对权利的要求，以避免在原定合同完工日不能完工时，被发包人追究拖期违约责任。一旦获得批准合同工期顺延后，承包人不仅免除了承担拖期违约赔偿费的风险，而且可能提前工期得到奖励。

例如《水利水电工程标准文件》第11.4条规定："由于出现合同条款（一般在专用合同条款中）规定的异常恶劣气候的条件导致工期延误的，承包人有权要求发包人延长工期。"承包人可依据本条款的规定向发包人提出工期索赔的要求。

（2）经济索赔。经济索赔也称费用索赔，经济索赔就是承包人向发包人要求补偿不应该由承包人自己承担的经济损失或额外开支，也就是取得合理的经济补偿。承包人取得经济补偿的前提是：在实际施工过程中所发生的施工费用超过了投标报价书中该项工作所预算的费用；而这项费用超支的责任不在承包人，也不属于承包人的风险范围。施工费用超支的原因，一是施工受到了干扰，导致工作效率降低；二是发包人指令工程变更或额外工程，导致工程成本增加。由于这两种情况所增加的新增费用或额外费用，承包人有权向发包人要求给予经济补偿，以挽回不应由承包人承担的经济损失。

3. **按发生索赔的原因分类**

由于发生索赔的原因很多，这种分类法提出了名目繁多的索赔，可能多达几十种。但这种分类法有它的优点，即明确地指出每一项索赔的原因，使发包人和监理人易于审核分析。根据国际工程施工索赔实践，按发生原因的索赔通常有：工期延误索赔；加速施工索赔；增加或减少工程量索赔；地质条件变化索赔；工程变更索赔；暂停施工索赔；施工图纸拖交索赔；迟延支付工程款索赔；物价波动上涨索赔；不可预见和意外风险索赔；法规变化索赔；发包人违约索赔；合同文件缺陷索赔等等。

4. 其他分类

除了上述三种分类方法以外，还有其他一些分类方法，比如：按索赔的处理方式分类包括单项索赔、综合索赔；按索赔当事人之间的关系分类包括承包人和发包人之间的索赔、承包人和分包人之间的索赔、承包人和供货人之间的索赔；按合同的主从关系分类包括施工承包主合同索赔、施工合同涉及的从属合同（如分包合同、供应合同、劳务合同等）索赔；按索赔事件使合同所处状态分类包括正常施工索赔、停工索赔、解除合同索赔等。这些分类方法在此就不详细介绍了。

二、索赔的原因

水利水电工程大多数都是规模大、工期长、结构复杂，在施工过程中，由于受到水文气象、地质条件的变化影响，以及规划设计变更和人为干扰，在工程项目的建设工期、工程造价、工程质量等方面都存在着变化的诸多因素。因此，超出工程施工合同条件的事项可能很多，这必然为工程的施工承包人提供了诸多的索赔机会。

工程施工中常见的索赔，索赔的原因大致可以从以下几个方面进行分析。

1. 合同文件引起的索赔

（1）合同文件的组成问题引起索赔。组成合同的文件有很多，这些文件的形成从时间上看，有早有晚，有些合同文件是由发包人在招标前拟定的，有些合同文件是在投标后通过讨论修改拟定的，还有些合同文件是在实施过程中通过合同变更形成的，在这些文件中有可能会出现内容上的不一致，当合同内容发生矛盾时，就容易引起双方争执并导致索赔。

（2）合同缺陷引起的索赔。合同缺陷是指合同文件的规定不严谨，甚至前后有矛盾、遗漏或错误。它不仅包括合同条款中的缺陷，也包括技术规范和图纸中的缺陷。常发现的情况包括：

1）合同条款规定用语不够准确，难以分清双方的责任和义务。

2）合同条款有漏洞，对实际发生的情况没有相关的约定。

3）合同条款之间存在矛盾，在不同的条款中，对同一问题的规定不一致。

4）双方在签订合同前缺乏沟通，造成对某些条款的理解不一致。

监理人有权对这些情况作出解释，但如果承包人执行监理人的解释后引起成本增加或工期延误，则承包人有权提出相应的索赔。

2. 不利物质条件原因引起的索赔

专用合同条款另有约定外，不利物质条件除是指承包人在施工中遭遇不可预见的外界障碍或自然条件造成施工受阻，包括地下和水文条件等。在水利水电土建工程施工中，施工现场条件的变化对工期和造价的影响很大。由于不利的自然条件及外界障碍，经常导致设计变更、工期延长和工程大幅度增加。水利水电工程对基础地质条件的要求很高，而这些土壤地质条件，如地下水、地质断层、溶洞、地下文物遗址等，根据发包人在招标文件中提供的资料，以及承包人在投标前的现场踏勘，都不可能准确地发现，即使是有经验的承包人也无法事前预料。

承包人遇到不利物质条件时，应采取适应不利物质条件的合理措施继续施工，并及时通知监理人。承包人有权根据合同关于索赔的约定，要求延长工期及增加费用。当然，监理人收到此类要求后，应在分析上述外界障碍或自然条件是否不可预见以及不可预见程度的基础上，按照通用合同条款关于变更的约定办理。应当及时发出指示，指示构成变更的，按变更的约定办理。

3. 发包人违约引起的索赔

建设工程施工合同中的发包人违约，一般是指发包人未按合同规定向承包人提供必要的施工条件；未按合同规定的时限向承包人支付工程款；未按规定的时间提供施工图纸等，对于发包人的原因而引起的施工费用增加或工期延长，承包人均有权向发包人提出索赔。

（1）未及时提供施工条件。发包人应按合同规定的承包人用地范围和期限，办清施工用地范围内的征地和移民，按时向承包人提供施工条件。发包人未能按合同规定的内容和时间提供施工用地、测量基准和应由发包人负责的部分准备工程等承包人施工所需的条件，就会导致承包人提出误工的经济索赔和工期索赔。

（2）未按时支付工程款。合同中均有支付工程款的时间限制，例如《水利水电工程标准文件》第17.3.3款规定："监理人在收到承包人进度付款申请单以及相应的支持性证明文件后的14天内完成核查，提出发包人到期应支付给承包人的金额以及相应的支持性材料，经发包人审查同意后，由监理人向承包人出具经发包人签认的进度付款证书。监理人有权扣发承包人未能按照合同要求履行任何工作或义务的相应金额。发包人应在监理人收到进度付款申请单后的28天内，将进度应付款支付给承包人。发包人不按期支付的，按专用合同条款的约定支付逾期付款违约金。"如果发包人未能按合同规定的时间支付各项预付款或合同价款，或拖延、拒绝批准付款申请和支付凭证，导致付款延误，承包人可按合同规定向发包人索付利息。发包人严重拖欠工程款而使得承包人资金周转困难时，承包人除向发包人提出索赔要求外，还有权暂停施工，在延期付款超过合同约定时间后，承包人有权向发包人提出解除合同要求。

（3）发包人未及时提供施工图纸。发包人应按合同规定期限提供应由发包人负责的施工图纸，发包人未能按合同规定的期限向承包人提供应由发包人负责的施工图纸，承包人依据合同规定有权向发包人提出由此而造成的费用补偿和工期延长。

（4）发包人提前占有部分永久工程。工程实践中，往往会出现发包人从经济效益方面考虑使部分单项工程提前投入使用，或从其他方面考虑提前占有部分工程。如果合同未规定可提前占用部分工程，则提前使用永久工程的单项工程或部分工程所造成的后果，责任应由发包人承担；另一方面，提前占有工程影响了承包人的后续工程施工，影响了承包人的施工组织计划，增加了施工困难，则承包人有权提出索赔。

（5）发包人要求加速施工。一项工程遇到不属于承包人责任的各种情况，或发包人改变了部分工程的施工内容而必须延长工期。但是发包人又坚持要按原工期完工，这就迫使承包人赶工，并投入更多的机械、人力来完成工程，从而导致成本增加。承包人可以要求赔偿赶工措施费用。

（6）发包人提供的原始资料和数据有差错。

（7）发包人拖延履行合同规定的其他义务。发包人没有按时履行合同中规定的其他义务而引起工期延长或费用增加，承包人有权提出索赔。主要包括两种情况：

1）由于发包人本身的原因造成的拖延，比如内部管理不善、人员工作失误造成的拖延履行合同规定的其他义务。

2）由于自己应向承包人承担责任的第三方原因造成发包人拖延履行合同规定的其他义务，比如：当合同规定某些材料由发包人提供，由于材料供应商或运输方的原因造成发包人没有按时提供材料给承包人。

4. 监理人的原因引起的索赔

（1）监理人拖延审批图纸。在工程实施过程中，承包人严格按照监理人审核的图纸进行施工。如果监理人未按合同规定的期限及时向承包人提供施工图纸，或者拖延审批承包人负责设计的施工图纸，因而使施工进度受到影响，承包人有权向发包人提出工期索赔和费用索赔。

（2）监理人现场协调不力。组织协调是监理人的一项重要职责。水利水电工程往往有多个承包人同时在现场施工。各承包人之间没有合同关系，他们各自与发包人签订施工合同，因此监理人有责任协调好各承包人之间的工作关系，以免造成施工作业的相互干扰。如果由于监理人现场协调不力而引起承包人施工作业之间的干扰，承包人不能按期完成其相应的工作而遭受损失，承包人就有权提出索赔。在其他方面，如场地使用、现场交通等，各承包人之间都有可能发生相互间的干扰问题。

（3）监理人指示的重新检验和额外检验。监理人为了对工程的施工质量进行严格控制，除了要进行合同中规定的检查检验外，还有权要求重新检验和额外检验，例如《水利水电工程标准文件》第 14.1 条规定：承包人应按合同约定进行材料、工程设备和工程的试验和检验，并为监理人对上述材料、工程设备和工程的质量检查提供必要的试验资料和原始记录。按合同约定应由监理人与承包人共同进行试验和检验的，由承包人负责提供必要的试验资料和原始记录。监理人对承包人的试验和检验结果有疑问的，或为查清承包人试验和检验成果的可靠性要求承包人重新试验和检验的，可按合同约定由监理人与承包人共同进行。重新试验和检验的结果证明该项材料、工程设备或工程的质量不符合合同要求的，由此增加的费用和（或）工期延误由承包人承担；重新试验和检验结果证明该项材料、工程设备和工程符合合同要求，由发包人承担由此增加的费用和（或）工期延误，并支付承包人合理利润。

（4）工程质量要求过高。建设工程施工合同中的技术条款对工程质量，包括材料质量、设备性能和工艺要求等，均作了明确规定。但在施工过程中，监理人有时可能不认可某种材料，而迫使承包人使用比合同文件规定的标准更高的材料，或者提出更高的工艺要求，则承包人可就此要求对其损失进行补偿或重新核定单价。

（5）监理人的不合理干预。虽然合同中规定监理人有权对整个工程的所有部位一切工艺、方法、材料和设备进行检查和检验，但是，只要承包人严格按合同规定的进度和质量要求的施工顺序和方法进行施工。监理人就不能对承包人的施工顺序及施工方法进行不合理的干预，更不能任意下达指令要承包人执行。如果监理人进行不合理的干预，则承包人可以就这种干预所引起的费用增加和工期延长提出索赔。

（6）监理人指示的暂停施工。在建设工程合同实施过程中，监理人有权根据合同的规定，下达暂停施工的指示。如果这种暂停施工的指示并非因承包人的责任或原因所引起的，则承包人有权要求工期赔偿，同时可以就其停工损失获得合理的额外费用补偿。

（7）提供的测量基准有差错。由监理人提供的测量基准有差错，而引起的承包人的损失或费用增加，承包人可要求索赔。如果数据无误，而是承包人在解释和运用上所引起的损失，则应由承包人自己承担责任。

（8）变更指令引起的索赔。监理人在处理变更时，就变更所引起工期和费用的变化，由于发包人和承包人不能协商达成一致意见，由监理人作出自己认为合理的决定。当承包人不同意监理人的决定时，可以提出索赔。

（9）监理人工作拖延。合同规定应有监理人限时完成的工作，监理人没有按时完成而对承包人造成了工期延长或费用增加，承包人提出的索赔，比如：拖延隐蔽工程验收、拖延批复材料检验等。

5. 价格调整引起的索赔

对于有调价条款的合同，在人工、材料、设备价格发生上涨时，发包人应对承包人所受到的损失给予补偿。它的计算不仅涉及价格变动的依据，还存在着对不同时期已购买材料的数量和涨价后所购材料数量的核算，以及未及早订购材料的责任等问题的处理。

6. 法规变化引起的索赔

国家的法律、行政法规或国务院有关部门的规章和工程所在地的省、自治区、直辖市的地方法规和规章发生变更，导致承包人在实施合同期间所需要的工程费用发生合同规定以外的增加时，承包人有权提出索赔，监理人应与发包人进行协商后，对所增加费用予以补偿。

三、索赔程序和期限

（一）承包人提出索赔的程序

根据《水利水电工程标准文件》的规定，承包人认为有权得到追加付款和（或）延长工期的，应按以下程序向发包人提出索赔：

（1）提交索赔意向通知书。《水利水电工程标准文件》第 23.1 条第（1）目规定："承包人应在知道或应当知道索赔事件发生后 28 天内，向监理人递交索赔意向通知书，并说明发生索赔事件的事由。承包人未在前述 28 天内发出索赔意向通知书的，丧失要求追加付款和（或）延长工期的权利。"索赔事件发生后，承包人应在索赔事件发生后的 28 天内向工程师提交索赔意向通知书，声明将对此事件提出索赔，一般要求承包人应在索赔意向通知书中简单写明索赔依据的合同条款、索赔事件发生时间和地点、提出索赔意向。该意向书是承包人就具体的索赔事件向监理人和发包人表示的索赔愿望和要求。如果超过这个期限，监理人和发包人有权拒绝承包人的索赔要求。索赔事件发生后，承包人有义务作好现场施工的同期记录，监理人有权随时检查和调阅，以判断索赔事件造成的实际损害。

（2）提交索赔通知书。《水利水电工程标准文件》第23.1条第（2）目规定："承包人应在发出索赔意向通知书后28天内，向监理人正式递交索赔通知书。索赔通知书应详细说明索赔理由以及要求追加的付款金额和（或）延长的工期，并附必要的记录和证明材料。"索赔意向通知书提交后的28天内，或监理人可能同意的其他合理时间，承包人应提交正式的索赔通知书。索赔通知书的内容应包括：索赔事件的综合说明，索赔的依据，索赔要求补偿的款项和工期延长天数的详细计算，对其权益影响的证据资料，包括施工日志、会议记录、来往函件、工程照片、气候记录等有关资料。对于索赔通知书，一般应文字简洁、事件真实、依据充分、责任明确、条例清楚、逻辑性强、计算准确、证据确凿充分。

（3）提交中期索赔通知书。《水利水电工程标准文件》第23.1条第（3）目规定："索赔事件具有连续影响的，承包人应按合理时间间隔继续递交延续索赔通知，说明连续影响的实际情况和记录，列出累计的追加付款金额和（或）工期延长天数。"如果索赔事件继续发展或继续产生影响，监理人要求的合理时间间隔一般为28天。

（4）提交最终索赔通知书。《水利水电工程标准文件》第23.1条第（3）目规定："在索赔事件影响结束后的28天内，承包人应向监理人递交最终索赔通知书，说明最终要求索赔的追加付款金额和延长的工期，并附必要的记录和证明材料。"

（二）承包人索赔的期限要求

（1）提出索赔意向通知书的期限。《水利水电工程标准文件》第23.1条第（1）目规定："承包人应在知道或应当知道索赔事件发生后28天内，向监理人递交索赔意向通知书，并说明发生索赔事件的事由。承包人未在前述28天内发出索赔意向通知书的，丧失要求追加付款和（或）延长工期的权利。"承包人发出索赔意向通知书，可以在监理人指示的其他合理时间内再报送正式索赔通知书，也就是说，监理人在索赔事件发生后有权不马上处理该项索赔。但承包人的索赔意向通知书必须在索赔事件发生后的28天内提出，包括因对变更估价双方不能取得一致的意见，而先按监理人单方面决定的单价或价格执行时，承包人提出的索赔权利的意向书。

（2）提出索赔的期限。《水利水电工程标准文件》第23.3条规定了承包人提出索赔的期限，即：

1）承包人按合同约定接受了完工付款证书后，应被认为已无权再提出在合同工程完工证书颁发前所发生的任何索赔。

2）承包人按合同约定提交的最终结清申请单中，只限于提出工程完工证书颁发后发生的索赔。提出索赔的期限自接受最终结清证书时终止。

（三）监理人处理索赔的程序

监理人处理索赔的工作程序一般如图6-2所示。每个步骤的具体内容在下一部分详述。

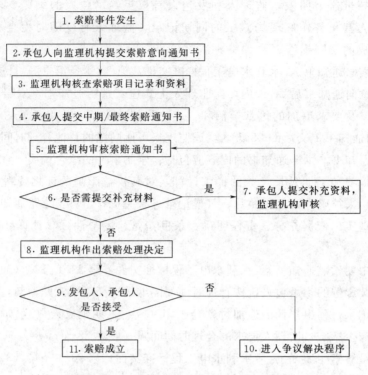

图 6-2 监理人索赔处理监理工作程序图

四、监理人对索赔的处理

《水利水电工程标准文件》第 23.2 条规定了承包人索赔的处理程序："（1）监理人收到承包人提交的索赔通知书后，应及时审查索赔通知书的内容、查验承包人的记录和证明材料，必要时监理人可要求承包人提交全部原始记录副本。（2）监理人应按合同约定商定或确定追加的付款和（或）延长的工期，并在收到上述索赔通知书或有关索赔的进一步证明材料后的 42 天内，将索赔处理结果答复承包人。（3）承包人接受索赔处理结果的，发包人应在作出索赔处理结果答复后 28 天内完成赔付。承包人不接受索赔处理结果的，按合同争议的约定办理。"监理人一般按以下程序处理索赔：

（一）监理人审核承包人的索赔申请

监理人收到承包人提交的索赔意向通知书后，应及时核查承包人的当时记录，并可指示承包人提供进一步的支持文件和继续作好延续记录以备核查，监理人还可要求承包人提交全部记录的副本，并可就记录提出不同意见，若监理人认为需要增加记录项目时，可要求承包人增加。同时监理人应建立自己的索赔档案，密切关注索赔事件的影响，并记录有关事项，以做为将来分析处理索赔、核对索赔通知书证据的依据。

监理人在收到承包人提交的索赔通知书和最终索赔通知书后，认真研究承包人报送的索赔资料。首先在不确定责任归属的情况下，客观分析事件发生的原因，参照合同的有关条款，研究承包人的索赔证据，并检查他的同期记录；其次通过对索赔事件的分析，监理人再依据合同条款划清责任界限，必要时还可以要求承包人进一步提供补充资料。尤其是对承包人与发包人或监理人都负有一定责任的事件影响，更应划出各方应该承担合同责任的比例。最后再审查承包人提出的索赔补偿要求，拟定自己计算的合理赔偿。

监理人应在收到承包人提交的索赔通知书和有关资料后，应按合同规定的期限（42天），或在监理人建议并经承包人认可的期限内，作出回应，表示批准或不批准并附上具体意见，也可要求承包人补充进一步的证据资料。

（二）监理人判定索赔成立的原则

监理人判定承包人索赔成立的条件为：

（1）依据充分：即造成费用增加或工期延误的原因，按合同约定确实不属于承包人应承担的责任，包括行为责任或风险责任。

（2）证据充分：承包人能够提交充足的证据资料以说明或证明索赔事件发生当时详细的实际情况。

（3）有损失事实：与施工合同相对照，索赔事件本身确实造成了承包人施工成本的额外支出或工期延误。

（4）满足程序要求：承包人按合同规定的程序和期限提交了索赔意向通知书和索赔通知书。

以上四个条件没有先后主次之分，应当同时具备。只有监理人认定索赔事件成立后，才能进一步处理应给予承包人的补偿额。

（三）监理人对索赔通知书进行实质性审查

（1）事态调查。通过对合同实施的跟踪、分析了解事件经过、前因后果，掌握事件详细情况。主要是针对索赔通知书中对索赔事件发生过程的说明进行追溯或重现，掌握索赔事件发生过程和重要细节。

（2）损害事件原因分析。也可以称为逻辑性分析，即因果关系，分析索赔事件是由何种原因引起，索赔事件和索赔要求之间是否存在必然的逻辑关系。在实际工作中，单一原因造成的损害一般比较容易分析，但有时损害后果是由多方面造成的，此时，就应把所有的原因都列出来，进行责任分解，划分责任范围。

（3）分析索赔理由。主要依据合同文件判明索赔事件是否属于未履行合同规定义务或为正确履行合同义务导致，是否在合同规定的赔偿范围之内。只有符合合同规定的索赔要求才有合法性，才能成立。例如，某合同规定，在工程总价5%范围内的工程变更属于承担人的风险。则发包人指令增加工程量在这个范围内，承包人不能提出索赔。

进行索赔理由分析时，必须注意两个问题：一是索赔依据必须充分，即索赔的提出必须有合同基础或相关的法规基础；二是论证必须充分，即根据合同或法律依据对索赔事件进行充分的论述，以证明事件发生的合理性、必然性等。通过该分析，就可以确定该索赔是否能够成立。

（4）实际损失分析。即索赔事件的影响，主要表现为工期的延长和费用的增加。如果索赔事件不造成损失，则无索赔而言。损失调查的重点是分析，对比实际和计划的施工进度，工程成本和费用方面的资料，在此基础核算索赔值。在此过程中，应注意两点：一是计算的基础数据应合理，即计算的基础数据是实际发生的，或是合同中的，或是概预算定额中；二是计算方法应合理，符合实际，即使相同的基础数据，不同的计算方法，计算结果也不同。所以应对计算技术方法进行分析比较。

（5）证据资料分析。主要分析证据资料的有效性、合理性、正确性，这也是索赔要求有效的前提条件。如果在索赔通知书中提不出证明其索赔理由、索赔事件的影响、索赔值的计算等方面的充足的详细资料，索赔要求是不能成立的，或是不能完全成立的。如果工程师认为承包人提出的证据不能足以说明其要求的合理性，可以要求承包人进一步提交索赔的证据资料。

（四）确定合理的补偿额

（1）监理人与承包人协商补偿。监理人核查后初步确定应予以补偿的额度往往与承包人的索赔通知书中要求的额度不一致，甚至差额较大。主要原因大多为对承担事件损害责任的界限划分不一致，索赔证据不充分，索赔计算的依据和方法分歧较大等，因此双方应就索赔的处理进行协商。

对于持续影响的时间超过 28 天以上的工期延误事件，当工期索赔条件成立时，对承包人每隔 28 天报送的阶段索赔临时报告审查后，每次均应作出批准临时延长工期的决定，并于事件影响结束后 28 天内承包人提出最终的索赔通知书后，批准延长工期总天数。应当注意的是，最终批准的总顺延天数，不应少于以前各阶段已同意顺延天数之和。规定承包人在事件影响期间必须每隔 28 天提出一次阶段索赔通知书，可以使工程师能及时根据同期记录批准该阶段应于顺延工期的天数，避免事件影响时间太长而不能准确确定索赔值。

（2）监理人索赔处理决定。在经过认真分析研究，与承包人、发包人广泛讨论后，监理人应该向发包人和承包人提出自己的"索赔处理决定"。监理人收到承包人送交的索赔通知书和有关资料后，于合同规定的期限内给予答复或要求承包人进一步补充索赔理由和证据。

通常，监理人处理决定不是终局性的，对发包人和承包人都不具有强制性的约束力。承包人或发包人对监理人的处理决定不满意，可以按合同中的争议条款提交约定的仲裁机构或诉讼。一般在发包人和承包人应在收到监理人的索赔处理决定后，将其是否同意索赔处理决定的意见通知监理人，若双方均无异议，则监理人应在收到通知后，将确定的索赔金额列入支付证书中，或批复工期延长。若双方中任何一方不接受监理人的决定，可按合同规定提请仲裁或诉讼。

（五）发包人审查索赔处理

发包人首先根据事件发生的原因、责任范围、合同条款审核承包人的索赔通知书和监理人的处理报告，在依据工程建设的目的、投资控制、竣工投产日期要求以及针对承包人在施工中的缺陷或违反合同等有关情况，决定是否同意监理人的处理意见。例如，承包人某项索赔理由成立，监理人根据相应条款规定，即同意给予承包人一定的经济补偿，也批准顺延相应的工期。但发包人权衡了施工的实际情况和外部条件后，可能不同意顺延工期，而同意给承包人增加费用补偿，要求他采取赶工措施，按期或提前完工。这样的决定只有发包人才有权作出。

索赔通知书经发包人同意后，监理人即可签发有关证书。

（六）承包人是否接受最终索赔处理

承包人接受最终的索赔处理确定，索赔事件的处理即告结束。如果承包人不同意，就会导致合同争议。通过协商双方达成互谅互让的解决方案，是处理争议的最理想方式。如达不成协议，承包人有权提交仲裁或诉讼解决。

五、发包人的索赔

当由于承包人的原因而使发包人遭受损失时，发包人可向承包人提出索赔。《水利水电工程标准文件》第23.4条规定："1）发生索赔事件后，监理人应及时书面通知承包人，详细说明发包人有权得到的索赔金额和（或）延长缺陷责任期的细节和依据。发包人提出索赔的期限和要求与承包人索赔期限的约定相同，延长缺陷责任期的通知应在缺陷责任期届满前发出；2）监理人按合同约定商定或确定发包人从承包人处得到赔付的金额和（或）缺陷责任期的延长期。承包人应付给发包人的金额可从拟支付给承包人的合同价款中扣除，或由承包人以其他方式支付给发包人。"

工程实践中，发包人的索赔一般包括以下几方面内容。

（一）工程进度方面

（1）承包人原因拖延了工程完工日期，承包人可索赔误期损失赔偿费。误期损失赔偿费的数额通常是按合同约定的每误期一天应赔偿的金额进行计算；合同同时也约定误期损失赔偿费数额的上限，一般不超过合同价的10%。

（2）工程拖期或承包人赶工，可索赔由此而增加的监理人的服务费用。

（二）工程质量方面

（1）承包人不按监理人指令拆除不合格工程，更换不合格的材料和设备，在保修期内修补工程缺陷时，发包人可另请公司完成此类工作，并向承包人提出完成此类工作的费用索赔。

（2）承包人的材料或设备不合格而要求重新检验的费用。

（3）工程不合格被拒绝接受，承包人修复后的重新检验费用。

（三）其他方面

（1）承包人未按合同要求办理保险，发包人去办理而支付的保险费。

承包人未按合同要求及时办理保险，由此造成对发包人的损害。

（2）承包人运送施工设备或材料时，未按合同要求采取合理措施，破坏了沿途公路或桥梁等，由此造成的损失。

（3）承包人违背合同约定，无故不向指定分包商支付，发包人可直接向指定分包人支付并向承包人索赔。

（4）承包人签订分包合同时，未按合同要求写入保护发包人权益的条款，造成发包人受到损害。

（5）工程需要紧急抢救，而承包人无能力或不愿立即进行时，发包人可请另外人员去进行此项工作并可向承包人索赔所支出的费用。

发包人索赔一般都无须经过繁琐的索赔程序，其所受损失可从需支付给承包人的价款中扣除，或从履约保函中兑取。虽然发包人索赔比承包人更容易，但并不意味着发包人可以任意扣款。根据不同的索赔内容将扣款分成需通知承包人和不需通知承包人直接扣款两种情况。当索赔金额或计算方法合同已约定的，如误期损害赔偿费等，可直接扣款；索赔金额需监理人核定的，则应由监理人通知承包人再扣款。

六、关于不可抗力的合同处理

（一）不可抗力的确认

不可抗力是指承包人和发包人在订立合同时不可预见，在工程施工过程中不可避免发生并不能克服的自然灾害和社会性突发事件，如地震、海啸、水灾、飓风等自然方面的不可抗力和瘟疫、骚乱、暴动、战争等社会方面的不可抗力和专用合同条款约定的其他情形。

不可抗力发生后，发包人和承包人应及时认真统计所造成的损失，收集不可抗力造成损失的证据。合同双方对是否属于不可抗力或其损失的意见不一致的，由监理人按合同预定商定或确定。发生争议时，按合同关于争议解决的约定办理。

（二）不可抗力的通知

（1）合同一方当事人遇到不可抗力事件，使其履行合同义务受到阻碍时，应立即通知合同另一方当事人和监理人，书面说明不可抗力和受阻碍的详细情况，并提供必要的证明。

（2）如不可抗力持续发生，合同一方当事人应及时向合同另一方当事人和监理人提交中间报告，说明不可抗力和履行合同受阻的情况，并于不可抗力事件结束后 28 天内提交最终报告及有关资料。

（三）不可抗力后果及其处理

（1）不可抗力造成损害的责任。除合同条款另有约定外，不可抗力导致的人员伤亡、财产损失、费用增加和（或）工期延误等后果，由合同双方按以下原则承担：

①永久工程，包括已运至施工场地的材料和工程设备的损害，以及因工程损害造成的第三者人员伤亡和财产损失由发包人承担。

②承包人设备的损坏由承包人承担。

③发包人和承包人各自承担其人员伤亡和其他财产损失及其相关费用。

④承包人的停工损失由承包人承担，但停工期间应监理人要求照管工程和清理、修复工程的金额由发包人承担。

⑤不能按期竣工的，应合理延长工期，承包人不需支付逾期竣工违约金。发包人要求赶工的，承包人应采取赶工措施，赶工费用由发包人承担。

（2）延迟履行期间发生的不可抗力。合同一方当事人延迟履行，在延迟履行期间发生不可抗力的，不免除其责任。

（3）避免和减少不可抗力损失。不可抗力发生后，发包人和承包人均应采取措施尽量避免和减少损失的扩大，任何一方没有采取有效措施导致损失扩大的，应对扩大的损失承担责任。

（4）因不可抗力解除合同。合同一方当事人因不可抗力不能履行合同的，应当及时通知对方解除合同。合同解除后，承包人应按照合同约定撤离施工场地。已经订货的材料、设备由订货方负责退货或解除订货合同，不能退还的货款和因退货、解除订货合同发生的费用，由发包人承担，因未及时退货造成的损失由责任方承担。合同解除后的付款，参照合同约定，由监理人按合同约定进行商定或确定。

第三节 监理人的索赔管理

一、监理人索赔管理的基本原则

索赔管理是监理人进行建设工程合同管理的主要任务之一，处理索赔事件、作出相应的决定，是监理人的一项重要职责。它不仅直接关系到每个索赔事件是否能得到公正合理的解决，也涉及整个工程项目能否顺利完成，乃至监理人本身在建筑市场上的信誉问题。所以监理人必须认真对待索赔，做好处理工作。在处理索赔问题时，一般应遵循以下原则。

1. 预防为主的原则

任何索赔事件的出现，都会造成工程拖期或成本加大，增加履行合同的困难，对于发包人和承包商双方来说都是不利的。因此，监理人应努力从预防索赔发生着手，洞察工程实施中可能导致索赔的起因，防止或减少索赔事件的出现。

（1）加强预见性，防患于未然。在招投标时，一些不可预见的不利的外界障碍或条件，随着施工进展，不断显露，从而获得了新的信息，有可能转化为可预见的。监理人应随时掌握情况，及时分析，在问题出现之前采取措施予以克服与防范。在施工合同的形成的实施过程中，监理人为发包人承担了大量具体的技术、组织和管理工作。如果在这些工作中出现疏漏，对承包人施工造成干扰，则产生索赔。承包人的合同管理人员常常在寻找着这些疏漏，寻找索赔机会。所以监理人在工作中应能预测到自己行为的后果，堵塞漏洞。起草文件、下达指令、作出决定、答复申请时都应注意到完备性和严密性；颁发图纸、发出指示和批复方案时都应考虑其正确性和周密性。

（2）协助、督促发包人正确履行合同义务。协助发包人编制好合同文件，避免因合同条款存在的缺陷而导致索赔；协助发包人做好及时提供现场和通道以及图纸的准备工作，防止由此而延误工期；及时向发包人通报工程进度与费用计划，督促发包人组织资金到位，不拖欠付款等。通过有效的合同管理减少索赔事件发生。监理人应以积极的态度和主动的精神管理好工程，为发包人提供良好的监理服务。在施工过程中，监理人作为双方的纽带，应做好协调工作，为双方建立一个良好的合作气氛。通常合同实施越顺利，双方合作做得越好，索赔事件越少，越易于解决。

（3）积极提高自身素质，做好工作，防止失误。搞好进度控制，特别是关键线路上关键工作的控制，以避免延误进度后又要求加速施工所引起的索赔。做好质量检验工作，特别是隐蔽工程的关键部位的检查，力求减少合同外的检验工作而引起的索赔等。监理人发布指令应谨慎从事，指令的要求要明确，避免因指令差错而引发的索赔。监理人应对合同实施进行有效的控制，这是监理人的主要工作。通过对合同的监督和跟踪，不仅可以及早发现干扰事件，也可以及早采取措施降低干扰事件的影响，减少双方损失，还可以及早了解情况，为合理地解决索赔提供条件。

2. 公正合理的原则

监理人作为施工合同的管理核心，必须公平地行事。以没有偏见的方式解释和履行合同，独立地作出判断，行使自己的权力。由于施工合同双方的利益和立场存在不一致，常常会出现矛盾，甚至冲突，这时监理人起着缓冲、协调作用。监理人处理索赔事件时，应恪守职业道德，以事实为依据，以合同为准绳，作出公正的决定。合理的索赔应予以批准；不合理的索赔应予以驳回。绝不能偏袒徇私，更不得贪赃枉法。监理人处理索赔应注意以下几方面：

(1) 从工程整体效益、工程总目标的角度出发作出判断或采取行动。使合同风险分配，干扰事件责任分担，索赔的处理和解决不损害工程整体效益和不违背工程总目标。在这个基本点上，合同双方当事人常常是一致的，例如使工程顺利进行，尽早使工程竣工，投入生产，保证工程质量，按合同施工等。

(2) 严格按合同约定处理索赔。合同是施工过程中的最高行为准则。作为监理人更应该严格按合同办事，准确理解合同的含义、正确执行合同。在索赔的解决和处理过程中应贯彻合同精神。

(3) 以事实为依据，坚持事实求是的精神。按照合同的实际实施过程、干扰事件的实情、承包人的实际损失和所提供的证据作出判断。

因此，监理人公正合理解决发包人和承包人之间的索赔纠纷，不仅符合监理人的工作目标，使承包人按合同得到支付，而且符合工程总目标。索赔的合理解决，是指承包人得到按合同规定的合理补偿，而又不使发包人投资失控，合同双方都心悦诚服，对解决结果满意，继续保持友好的合作关系。

3. 协商的原则

监理人在处理索赔时，应认真研究索赔通知书，及时与发包人和承包人沟通，充分听取发包人和承包人的意见，保证经常性的联系，主动与双方协商，力求取得一致同意的结果。这样做不仅能圆满处理好索赔事件，也有利于顺利履行和完成合同。当然，在协商不成的情况下，监理人有权作出决定。监理人在作出决定，特别是作出调整价格、决定工期和费用补偿决定前，应充分与合同双方当事人协商，最好达成一致，取得共识。这是避免索赔争议的最有效的办法。监理人应充分认识到，如果监理人的协商不成功使索赔争议升级，对合同双方都是损失，将会严重影响合同的履行及工程项目的整体效益。在工程中，监理人切不可凭借他的地位和权力武断行事，滥用权力，特别对承包人不能随便以合同处罚相威胁或盛气凌人。

4. 授权的原则

监理人处理索赔事件，必须在合同规定、发包人授权的权限之内，当索赔金额或延长工期时间超出授权范围时，则监理人应向发包人报告，在取得新的授权后才能作出决定。

5. 及时处理的原则

在工程施工中，监理人应在合同规定时间或合理的时间内，及时地行使权利，作出决定，下达通知、指令、认可等。完成每件索赔处理工作，并将决定及时通知承包人或发包人。按索赔通知单写明的索赔金额应纳入当月或下月的进度款中，经审核后予以支付。避免索赔问题累积成堆，日后更难解决。这有如下重要作用：

（1）可以减少承包人的索赔几率。因为如果工程师不能迅速及时地行事，防止干扰事件影响的扩大，造成更大范围的影响和损失。

（2）在收到承包人的索赔意向通知后应迅速作出反应，认真研究、密切注意索赔事件的发展。一方面可以及时采取措施降低损失；另一方面可以掌握索赔事件发生和发展的过程，掌握第一手资料，为分析、评价承包人的索赔作准备。所以监理人也应鼓励并要求承包人及时向他通报情况，并及时提出索赔要求。

（3）监理人不及时地解决索赔问题，必然会加深双方当事人的不理解、不一致和矛盾。如果不能及时解决索赔问题，会导致承包人资金周转困难，积极性受到影响，施工进度慢，对监理人和发包人缺乏信任感；而发包人会抱怨承包人拖延工期，不积极履约。

（4）不及时行事会造成索赔解决困难，单个索赔集中起来，索赔额积累起来，不仅给分析、评价带来困难，而且会带来新的问题，使问题和处理过程复杂化。

二、监理人对索赔的影响

在发包人与承包人之间的索赔事件的处理和解决过程中，监理人是个核心。在整个合同形成和实施过程中，监理人对索赔有以下三方面影响。

1. 监理人受发包人委托进行工程项目管理

如果监理人在工作过程中出现问题、失误或行使施工合同规定的权力造成承包人的损失，发包人必须承担合同规定的相应赔偿责任。承包人索赔有相当一部分原因是由监理人引起的。

2. 监理人有处理索赔问题的权力

（1）在承包人提出索赔意向通知以后，监理人有权检查承包人的现场同期记录。

（2）对承包人的索赔通知书进行审查分析，反驳承包人索赔要求中不合理的部分。指示承包人进一步解释，或进一步补充资料，提出审查意见。

（3）在监理人与承包人共同协商确定给承包人的工期和费用的补偿量达不成一致时，监理人有权单方面作出处理决定。

（4）对合理的索赔要求，监理人有权将它纳入工程进付款中，签发付款证书，发包人应在合同规定的期限内支付。

3. 在争议的仲裁和诉讼过程中作为见证人

如果合同一方或双方对监理人的处理不满意，都可以按合同规定提交仲裁，也可以按法律程序提出诉讼。在仲裁和诉讼过程中，监理人作为工程全过程的参与者和管理者，可以作为见证人提供证据。

在一个工程中，发生索赔的频率、索赔要求和索赔的解决结果等，与监理人的工作能力、经验、工作的完备性、作出决定的公平合理性等有直接的关系。所以在工程项目施工过程中，监理人也必须有"风险意识"，必须重视索赔问题。

三、索赔处理的工作

当发生索赔问题时，监理人应抓紧评审承包人的索赔通知书，提出解决的建议，邀请发包人和承包人协商，力争达成协议，迅速地解决索赔争端。为此，监理人应做好以下工作：

1. 详细审阅索赔通知书

对有疑问的地方或论证不足之处，要求承包人补报证据资料。为了详细了解索赔事件的真相和严重程度，监理人应亲临现场，进行检查和调查研究。

2. 审查索赔证据

监理人对索赔通知书审查时，首先判断承包人的索赔要求是否有理、有据。所谓有理，是指索赔要求与合同条款或有关法则是否一致，受到的损失应属于非承包人责任原因所造成。所谓有据，是指提供的证据证明索赔要求成立。承包人可以提供的证据包括下列证明材料：

（1）合同文件中的条款约定。

（2）经监理人认可的施工进度计划。

（3）合同履行过程中的来往函件。

（4）施工现场记录。

（5）施工会议记录。

（6）工程照片。

（7）监理人发布的各方面指令。

（8）中期支付工程进度款的凭证。

（9）检查和实验记录。

（10）汇率变化表。

（11）各类财务凭证。

（12）其他有关资料。

四、测算索赔要求的合理程度

对承包人的索赔要求，无论是工期延长的天数，或是经济补偿的款额，都应该由监理人自己独立地测算一次，以确定合理的数量。这种测算工作就是对索赔事件进行全面的详细分析，即根据承包人提出的索赔通知书，对照监理人的现场观察，对干扰事件的实际影响进行测算，以确定在干扰情况下可能引起的工期拖延天数，或导致工程成本附加开支的款额。

索赔分析包含着大量的工作，主要是进行以下三方面的分析。

1. 合同文件分析

监理人在接到承包人的索赔通知书文件以后，并在必要时要求承包人对短缺的资料进行补充后，即开始合同文件分析工作。合同文件分析的目的，是根据已发生的索赔事件，对照工程项目的合同文件中的有关条款进行严格的分析，以确定索赔事件的起因、是否可以避免、是否采取了减轻损失的措施及其合同责任等。澄清这四个问题非常重要，它是进行工期索赔和经济索赔的基础。查明引起索赔的起因，往往涉及合同责任的问题。例如，由于发生工人罢工而引起工期延误10天，如果这次罢工是社会性的，是发包人和承包人都无能为力的，则应给予承包人工期延长；如果这次罢工是由于承包人处理本身劳工问题不当而引起，则属于承包人的责任，他不应得到任何工期延长。查明索赔事件是否可以避免，以及承包人在索赔事件发生时是否采取了减轻损失的措施，也都是涉及责任的问题。因为按照国际惯例，索赔事件发生时承包人应采取一切能够减轻损失的措施，而不能坐视事态发展而不顾，只待事后索赔。例如，在发生特大洪水、施工现场被淹之际，承包人应竭力抢救人员、设备和物资，力争减轻洪水造成的损失。这样，他才有了索赔的基础；如果他当时没有采取减轻损失的措施，或未竭力抢救，这将意味着他可能失去取得全部或部分损失补偿的机会。由此可见，根据索赔事件的具体情况对照合同文件进行严格分析，其最终目的是确定合同责任，这是索赔是否成立的基础。

2. 施工进度影响分析

施工进度影响分析的目的，是研究确定应给承包人延长工期的天数。确定工期延长天数，不是把受事件影响的作业的延误天数，简单地叠加起来。而应考虑作业的延误是否影响总工期，即作业是否处于关键线路上，它的延误是否导致整个工程完工日期的延误。通常采用计算机进行网络分析以求得合理的工期延长天数。

具体工作时，审核顺序为：①审批计划进度网络；②详细核实实际的施工进度；③查明受到索赔事件影响的作业个数以及作业延误的天数；④将实际施工进度及作业影响情况输入计划进度网络；⑤确定索赔事件对施工进度及完工日期的影响；⑥确定应给承包人延长工期的天数。

在审核中应注意以下几点：

（1）划清施工进度拖延的责任。因承包人的原因造成施工进度滞后，属于不可原谅的延期；只有承包人不应承担任何责任的延误，才是可原谅的延期。有时工期延期的原因中可能包含有双方责任，此时监理人应进行详细分析，分清责任比例，只有可原谅的延期部分才能批准顺延合同工期。可原谅延期，又可细分为可原谅并给予补偿费用的延期和可原谅但不给予补偿费用的延期；后者是指非承包人责任的影响并未导致施工成本的额外支出，大多数发包人应承担风险责任事件的影响，如异常恶的气候条件造成的停工等。

（2）被延误的工作应是处于施工进度计划关键线路上的施工内容。只有位于关键线路上工作内容的滞后，才会影响到竣工日期。但有时也应注意，既要看被延误的工作是否在批准进度计划的关键路线上，又要详细分析这一延误对后续工作的可能影响。因为若对非关键路线工作的影响时间较长，超过了该工作可用与自由支配的时间，也会导致进度计划中非关键路线转化为关键路线，其滞后将导致总工期的拖延。此时，应充分考虑该工作的自由时间，给予相应的工期顺延，并要求承包人修改施工进度计划。

(3) 无权要求承包人缩短合同工期。监理人有审核、批准承包人顺延工期的权利，但他不可以扣减合同工期。也就是说，监理人有权指示承包人删减掉某些合同内规定的工作内容，但不能要求他相应缩短合同工期。如果要求提前完工的话，这项工作属于合同的变更。

3. 工程成本影响分析

工程成本影响分析的目的，是确定由于索赔事件引起的工程成本增加款额，也就是应支付给承包人的索赔款额。确定索赔款额的基本方法就是求索赔事件影响后承包人支出的实际成本与原计划成本之差值。监理人在分析时应注意：①受事件直接影响或间接影响而使承包人用于工程的实际支出均应计入；②索赔款额只计成本，而不计利润；③由于事件影响而使承包人失去按合同规定可获得利润应计入；④成本计算时应注意是实际支出，如机械的窝工，不应按台班费计，如是承包人自有的机械，按折旧费算，如是租用的机械则按租赁费算；⑤对同一支出项目，要避免出现重复计算，如保险费，延期管理费等。

(1) 审查费用索赔要求。费用索赔的原因，可能是与工期索赔相同的内容，即属于可原谅并应予以费用补偿的索赔，也可能是与工期索赔无关的理由。监理人在审核索赔的过程中，除了划清合同责任以外，还应注意索赔计算的取费合理性和计算的正确性。

承包人可索赔的费用一般可以包括：人工费；设备费；材料费；保函手续费；贷款利息；保险费；利润；管理费等。

(2) 审核索赔取费的合理性，主要因为费用索赔涉及的款项较多，内容复杂，承包人都是从维护自身的利益的角度解释合同条款，进而申请索赔费用金额。监理人应公平地审核索赔申请，挑出不合理的取费项目或费率。

(3) 审核索赔计算的正确性，主要审核承包人所采用的费率是否合理、适度。因为工程量表中的单价是综合单价，不仅含有直接费，还包括间接费、风险费、辅助施工机械费、管理费和利润等项目的摊销。在索赔计算中不应有重复取费。停工损失中，不应以计日工费计算，不应计算现职人员在此期间的奖金、福利等报酬，通常采用人工单价乘以折算系数计算。停驶的机械费补偿，应按机械折旧费或租赁费计算，不应包括运转操作费用。正确区分停工损失与因监理人临时改变工作内容或作业方法的功效降低损失的区别。凡可改做其他工作的，不应按停工损失计算，但可以适当补偿降效损失。

五、监理人对索赔的反驳

首先要说明的是，这里所讲的反驳索赔仅仅指的是反驳承包人不合理索赔或者索赔中的不合理部分，而绝对不是把承包人当作对立面，偏袒发包人，设法不给或尽量少给承包人补偿。反驳索赔的措施是指监理人针对一些可能发生索赔的领域，为了今后有充分证据反驳承包人的不合理要求而采取的监督管理措施。反驳索赔措施实际上是指包括在监理人的日常监理工作中的。能否有力地反驳索赔，是衡量监理人工作成效大小的重要尺度。

对承包人的施工活动进行日常现场检查是监理人开展监理工作的基础。检查人员应具有一定的实践经验、认真的工作态度和良好的合作精神。人员素质的高低很大程度上将决定监理人监理工作的成效。检查人员应该善于发现问题，随时独立保持有关情况记录，绝对不能简单照抄承包人的记录。必要时应对某些施工情况摄取工程照片；每天下班前还必须把一天的施工情况和自己的观察结果扼要地写成"工程监理日志"，其中特别要指出承包人在哪些方面没有达到合同或计划要求。这些日志应该逐级加以汇总分析，最后由监理人或其他授权代表把承包人施工中存在的问题连同处理建议书面通知承包人。为今后反驳索赔提供依据。

合同中通常都会规定承包人应该在多长时间内或什么时间以前向监理人提交什么资料供监理人批准、同意或参考。监理人事先可编制一份"承包人应提交的资料清单"，内容包括资料名称、合同依据、时间要求、格式要求及监理人处理时间要求等，以便随时核对。如果到时承包人没有提交或者提交资料的格式不符合要求，则应该及时记录在案，并通知承包人。承包人的这种问题，可能是今后用来说明某项索赔或索赔中的某部分应由承包人自己负责的重要依据。

监理人要了解承包人施工材料和设备到货情况，包括材料质量、数量和存储方式以及设备种类、型号和数量。如果承包人的到货情况不符合合同要求或双方同意的计划要求，监理人应该及时记录在案，并通知发包人。这些也可能是今后反驳索赔的重要依据。

与承包人一样，对监理人来说，做好资料档案管理工作也非常重要。如果自己的资料档案不全，索赔处理终究会处于被动，只能是人云亦云。即便是明知某些要求不合理，也无法予以反驳。监理人必须保存好与工程有关的全部文件资料，特别是应该有自己独立采集的工程监理资料。

监理人通常可以对承包人的索赔提出质疑的情况有：

（1）索赔事情不属于发包人或监理人的责任，而是与承包人有关的其他第三方的责任。

（2）发包人和承包人共同负有责任、承包人必须划分和证明双方责任大小。

（3）事实依据不足。

（4）合同依据不足。

（5）承包人未遵守意向通知要求。

（6）承包人以前已经放弃（明示或暗示）了索赔要求。

（7）承包人没有采取适当措施避免或减少损失。

（8）承包人必须提供进一步的证据。

（9）损失计算夸大等。

六、监理人对索赔的预防和减少

索赔虽然不可能完全避免，但通过努力可以减少发生。

（一）加强索赔原因的预测和分析

监理人应该是有经验的工程管理者，所以监理人应加强索赔原因的预测和分析，并采取相应的措施，预防或减少索赔的发生。这主要包括两个方面：

在承包合同形成过程中，一方面监理人应协助发包人签订一个完善的合同，包括恰当划分标段、起草完善的招标文件、详细分析投标文件、进行详细的合同谈判、选择合适的合同类型、完善合同条款等，尽量将由于合同缺陷、合同规定不明确等导致索赔的原因消灭在初始阶段，比如通过增加附加条款对合同某些条款进行补充，做好分标以减少承包人之间的相互干扰等；另一方面协助业主选择好承包人，因为承包人的诚实性、信誉、工程经验、履约能力等都会影响索赔的数量。信誉不好、履约能力不强、工程经验不足等都会导致索赔事件数量的增多。

在合同执行过程中，一方面监理人应及时提醒并督促发包人履行自己的合同义务，避免给承包人提供索赔的机会，比如督促发包人加强征地、拆迁管理，尽快协调处理测量基准问题等；另一方面监理在起草文件、发布指令、答复请示时，也应注意工作的正确性、完备性和严密性，避免造成索赔机会。

（二）正确理解合同规定

合同是规定当事人双方权利义务的文件。正确理解合同规定，是双方协调一致地合理、完全履行合同的前提条件。施工合同通常比较复杂，因而"理解合同规定"就有一定的困难。双方站在各自立场上对合同规定的理解往往不可能完全一致，总会或多或少地存在某些分歧。这种分歧经常是产生索赔的重要原因之一。所以发包人、监理人和承包人都应该认真研究合同文件，以便尽可能在诚信的基础上正确、一致地理解合同的规定，减少索赔的发生。

（三）加强合同管理工作，减少造成索赔的干扰事件的发生

监理人应对合同实施进行有力的控制，通过合同监督和跟踪，可以及早发现可能造成索赔的事件，及时处理，避免索赔的发生。比如，加强设计审查的力度，及时发现设计的不足或错误，避免因设计变更而造成索赔；加强质量管理，强化质量跟踪，避免或减少由于抽样检查或工程复查引起的索赔等。

（四）做好日常监理工作，随时与承包人保持协调

做好日常监理工作是减少索赔的重要手段。监理人应善于预见、发现和解决问题，能够在某些问题对工程产生额外成本或其他不良影响以前，就把它们纠正过来，就可以避免发生与此有关的索赔，对此现场检查监理工作的第一个环节。对工程质量、完工工作量等，监理人应该尽可能在日常工作中与承包人随时保持协调，每天或每周对当天或当周的情况进行会签、取得一致意见，而不要等到需要付款时再一次处理。这样就比较容易取得一致意见，可以避免不必要的分歧。做好了协调工作，就可以建立良好的合作氛围，合同实施顺利，相应的索赔事件就减少，即使发生，也容易协调解决。

（五）尽量为承包人提供力所能及的帮助

承包人在施工过程中肯定会遇到各种各样的困难。虽然从合同上讲，监理人没有义务向其提供帮助，但从共同努力建设好工程这一点来讲，还是应该尽可能地提供帮助。这

样，不仅可以免遭或少遭损失，从而避免或减少索赔。而且承包人对某些似是而非、模棱两可的索赔机会，还可能基于友好考虑而主动放弃。

（六）建立和维护监理人处理合同事务的威信

一方面监理人应不断提高自己的业务素质，提高监理工作水平，如尽量减少错误指示，提高决策的正确性等；另一方面，监理人自身必须有公正的立场、良好的合作精神和处理问题的能力，这是建立和维护其权威的基础；发包人应该积极支持监理人独立、公平地处理合同事务，不予无理干涉；承包人应该充分尊重监理人，主动接受监理人的协调和监督，与监理人保持良好的关系。如果承包人认为监理人明显偏袒发包人或处理问题能力较差甚至是非不分，他就会更多地提出索赔，而不管是否有足够的依据，以求"以量取胜"或"蒙混过关"。如果监理人处理合同事务立场公正，有丰富的经验知识、较高的威信，就会促使承包人在提出索赔前认真做好准备工作，只提出那些有充分依据的索赔，"以质取胜"，从而减少提出索赔的数量。发包人、监理人和承包人应该从一开始就努力建立和维持相互关系的良性循环，这时合同顺利实施是非常重要的。

思　考　题

6-1　如何理解施工索赔的概念？

6-2　施工索赔有哪些分类？

6-3　索赔程序有哪些步骤？

6-4　监理人处理索赔应遵循哪些原则？

6-5　监理人审查索赔应注意哪些问题？

6-6　监理人如何预防和减少索赔？

第七章 工程担保与工程保险

第一节 工 程 担 保

一、担保的概念

合同的担保，是指合同当事人一方，为了保障债权的实现，经双方协商一致或依法律规定而采取的一种保证措施。因此，担保是合同当事人双方事先就权利人享有的权利和义务人承担的义务做出具有法律约束力的保证措施。在担保关系中，被担保合同通常是主合同，担保合同是从合同。担保也可以采用在被担保合同上单独列出担保条件的方式形成。合同中的担保条款同样有法律约束力。担保条款必须由合同当事人双方协商一致自愿订立。如果由第三方承担保证，必须由第三方，即保证人亲自订立。

担保的发生以所担保的合同存在为前提，担保不能孤立地存在，如果合同被确认无效，担保也随之无效。

二、担保的设定

担保依法律规定或者当事人约定而设定。当事人约定设定担保，应当满足下列条件：

（1）担保人具有担保资格。担保人应当具有相应的民事权利能力和民事行为能力。担保人可以是自然人或法人，法律对自然人与法人担任担保人的资格要求是不同的。

（2）意思表示真实。意思表示真实是任何民事行为合法有效的必要条件之一，担保也不例外。意思表示必须真实，是指担保人所进行的担保行为必须与内心意愿相一致。如果意思表示是在外界的压力下作出的，担保行为无效。

（3）担保内容不违反法律和不损害社会公共利益。民事法律行为受法律保护的根本原因，就在于其内容的合法性。担保行为具有法律约束力并产生预期的法律后果的首要条件就是内容必须合法，也不损害社会公共利益。

（4）设定担保的形式必须合法。担保是要式法律行为，设定担保必须符合法律规定的形式，否则仍然无法产生当事人期望的法律后果。订立担保合同必须采用书面形式，口头形式的担保合同无效。

三、担保的形式

根据 1995 年 10 月 1 日起施行的《中华人民共和国担保法》（以下简称《担保法》）的规定，合同担保的形式主要有保证、抵押、质押、留置和定金。

（一）保证

保证是指保证人和债权人约定，当债务人不履行债务时，保证人按照约定履行债务或者承担责任的行为。

保证方式有两种：一般保证和连带责任保证。一般保证是指当事人在保证合同中约定，债务人不能履行债务时，由保证人承担保证责任的保证方式。连带责任担保是指当事人在保证合同中约定由保证人与债务人对债务承担连带清偿责任的一种担保方式。连带责任保证的债务人在主合同规定的债务履行期届满没有履行债务的，债权人可以要求债务人履行债务，也可以要求保证人在其保证范围内承担保证责任。

保证的主要法律特征是：

（1）保证人是主合同当事人以外的第三人，他是以自己的名义担保合同的履行，而不是被保证人的代理人，在被保证人不履行债务时，承担代履行或连带承担赔偿损失的责任。

（2）保证是从合同，以主合同存在为前提，因此，主合同无效，则保证无效。

（3）保证人的承担责任范围，应以主合同中被保证人所承担的义务为限，具体范围依保证人同被保证合同另一当事人约定。法律有规定的除外。

（4）保证人代被保证人履行合同后，即相应取得权利人的地位，有权向主合同的被保证人请求补偿。

保证人应当具有相应的财产能力，即当被保证人不履行合同时，保证人能够代替被保证人履行合同或承担不履行合同的赔偿责任。具有代为清偿能力的法人、其他组织或者公民，可以作为保证人。在实践中，个体工商户、农村承包经营户也可充当标的金额不大的合同的保证人，其资格条件取决于具有相应的经济实力。以下组织不能作为保证人：

（1）国家机关不得为保证人，但经国务院批准为使用外国政府或者国际经济组织贷款进行转贷的除外。

（2）学校、幼儿园、医院等以公益为目的的事业单位、社会团体不得为保证人。

（3）企业法人的分支机构、职能部门不得为保证人。企业法人的分支机构有法人书面授权的，可以在授权范围内提供保证。

同一债务有两个以上保证人的，保证人应当按照保证合同约定的保证份额，承担保证责任。没有约定保证份额的，保证人承担连带责任，债权人可以要求任何一个保证人承担全部保证责任，保证人都负有担保全部债权实现的义务。已经承担保证责任的保证人，有权向债务人追偿，或者要求承担连带责任的其他保证人清偿其应当承担的份额。

保证合同应当包括以下内容：

（1）被保证的主债权种类、数额。

（2）债务人履行债务的期限。

（3）保证的方式。

（4）保证担保的范围。

（5）保证的期间。

（6）双方认为需要约定的其他事项。

（二）抵押

抵押是合同当事人用自己一定的财产来向对方保证自己履行合同义务的担保形式。提供抵押财产的一方是抵押人，抵押不转移抵押物的占有。接受抵押财产的一方是抵押权人。抵押人不履行合同时，抵押权人有权依法以该财产折价或者拍卖、变卖该财产的价款优先得到清偿，抵押权人的优先清偿权可以对抗任何其他权利人和抵押人本人。当抵押权人变卖财产所得价款清偿尚有多余时，应将余额返还抵押人。如果所得价款不足以清偿债务时，抵押权人仍有权向抵押人请求补足清偿不足的债务。

1. 可抵押的财产

（1）抵押人所有的房屋和其他地上定着物。

（2）抵押人所有的机器、交通运输工具和其他财产。

（3）抵押人依法有权处分的国有的土地使用权、房屋和其他地上定着物。

（4）抵押人依法有权处分的国有的机器、交通运输工具和其他财产。

（5）抵押人依法承包并经发包人同意抵押的荒山、荒沟、荒丘、荒滩等荒地的土地使用权。

（6）依法可以抵押的其他财产。抵押人可以将上述所列财产一并抵押。

2. 不可抵押的财产

（1）土地所有权。

（2）耕地、宅基地、自留地、自留山等集体所有的土地使用权。

（3）学校、幼儿园、医院等以公益为目的的事业单位、社会团体的教育设施、医疗卫生设施和其他社会公益设施。

（4）所有权、使用权不明或者有争议的财产。

（5）依法被查封、扣押、监管的财产。

（6）依法不得抵押的其他财产。

3. 抵押合同

抵押人和抵押权人应当以书面形式订立抵押合同。抵押合同应当包括以下内容：

（1）被担保的主债权种类、数额。

（2）债务人履行债务的期限。

（3）抵押物的名称、数量、质量、状况、所在地、所有权权属或者使用权权属。

（4）抵押担保的范围。

（5）当事人认为需要约定的其他事项。

订立抵押合同时，抵押权人和抵押人在合同中不得约定在债务履行期届满抵押权人未受清偿时，抵押物的所有权转移为债权人所有。

4. 抵押的效力

抵押担保的范围包括主债权及利息、违约金、损害赔偿金和实现抵押权的费用。抵押合同另有约定的，按照约定。

债务履行期届满，债务人不履行债务致使抵押物被人民法院依法扣押的，自扣押之日起抵押权人有权收取由抵押物分离的天然孳息以及抵押人就抵押物可以收取的法定孳息。

抵押权人未将扣押抵押物的事实通知应当清偿法定孳息的义务人的，抵押权的效力不及于该孳息。孳息应当先充抵收取孳息的费用。

抵押人将已出租的财产抵押的，应当书面告知承租人，原租赁合同继续有效。

抵押期间，抵押人转让已办理登记的抵押物的，应当通知抵押权人并告知受让人转让物已经抵押的情况；抵押人未通知抵押权人或者未告知受让人的，转让行为无效。转让抵押物的价款明显低于其价值的，抵押权人可以要求抵押人提供相应的担保；抵押人不提供的，不得转让抵押物。抵押人转让抵押物所得的价款，应当向抵押权人提前清偿所担保的债权或者向与抵押权人约定的第三人提存。超过债权数额的部分，归抵押人所有，不足部分由债务人清偿。

抵押权不得与债权分离而单独转让或者作为其他债权的担保。

抵押人的行为足以使抵押物价值减少的，抵押权人有权要求抵押人停止其行为。抵押物价值减少时，抵押权人有权要求抵押人恢复抵押物的价值，或者提供与减少的价值相当的担保。抵押人对抵押物价值减少无过错的，抵押权人只能在抵押人因损害而得到的赔偿范围内要求提供担保。抵押物价值未减少的部分，仍作为债权的担保。

抵押权与其担保的债权同时存在，债权消灭的，抵押权也消灭。

5. 抵押权的实现

债务履行期届满抵押权人未受清偿的，可以与抵押人协议以抵押物折价或者以拍卖、变卖该抵押物所得的价款受偿；协议不成的，抵押权人可以向人民法院提起诉讼。抵押物折价或者拍卖、变卖后，其价款超过债权数额的部分归抵押人所有，不足部分由债务人清偿。

同一财产向两个以上债权人抵押的，拍卖、变卖抵押物所得的价款按照以下规定清偿：

（1）抵押合同以登记生效的，按照抵押物登记的先后顺序清偿；顺序相同的，按照债权比例清偿。

（2）抵押合同自签订之日起生效的，该抵押物未登记的，按照合同生效时间的先后顺序清偿，顺序相同的，按照债权比例清偿。抵押物已登记的先于未登记的受偿。

以自己不享有所有权或者经营管理权的财产作抵押物的，应当认定抵押无效。合同符合法定条件，仅仅是抵押无效的，不影响合同的效力，以法律限制流通的财产作为抵押物的，在清偿债务时，应当由有关部门收购，抵押权人可以从价款中优先受偿。

以法律规定应办理抵押物登记的财产进行抵押的，应到法律规定的抵押物登记、主管部门进行抵押物登记。

（三）质押

质押分为动产质押和权利质押两种。

1. 动产质押

动产质押是指债务人或者第三人将其动产移交债权人占有，将该动产作为债权的担保。债务人不履行债务时，债权人有权依照《担保法》规定以该动产折价或者以拍卖、变卖该动产的价款优先受偿。债务人或者第三人为出质人，债权人为质权人，移交的动产为质物。

出质人和质权人应当以书面形式订立质押合同。质押合同自质物移交于质权人占有时生效。质押合同应当包括以下内容：

(1) 被担保的主债权种类、数额。

(2) 债务人履行债务的期限。

(3) 质物的名称、数量、质量、状况。

(4) 质押担保的范围。

(5) 质物移交的时间。

(6) 当事人认为需要约定的其他事项。

2. 权利质押

权利质押是指债务人或者第三人将其下述权力移交债权人，作为债权的担保。下列权力可以质押：

(1) 汇票、支票、本票、债券、存款单、仓单、提单。

(2) 依法可以转让的股份、股票。

(3) 依法可以转让的商标专用权，专利权、著作权中的财产权。

(4) 依法可以质押的其他权利。

债务人不履行债务时，债权人有权依法或依权利质押合同规定以行使质押权利获得的价款或货物清偿债权

(四) 留置

留置是指债权人按照保管合同、运输合同、加工承揽合同以及法律规定可以留置的其他合同的约定占有债务人的动产。债务人不按照合同约定的期限履行债务时，债权人有权依法留置该财产。以该财产报价或者以拍卖、变卖该财产的价款优先受偿。

享有留置权的当事人称为留置权人，对方称为被留置人。留置权人在行使留置权时，必须符合法律规定，不得滥用，主要是：

(1) 留置的财物必须是被留置人为履行本合同需要而将该财物交给留置权人的。

(2) 留置权人应提前一段时间通知被留置人，称为"催告期"，期满后，对方仍不履行合同，即可行使留置权。

(3) 留置财物的价值不能超过应赔偿的价值，如留置财物不可分时，则不受此限制。同时，行使留置权的一方必须根据留置货物的特性予以妥善保管，如果出现损失或灭失，应承担赔偿责任。

留置不同于抵押或质押。留置是当事人不具有自觉自愿性质的被强迫的行为，而抵押或质押行为是抵押人自觉自愿的行为。

留置权人负有妥善保管留置物的义务。因保管不善致使留置物灭失或者毁损的，留置权人应当承担民事责任。债权人与债务人应当在合同中约定，债权人留置财产后，债务人应当在不少于两个月的期限内履行债务。债权人与债务人在合同中未约定的，债权人留置债务人财产后，应当确定两个月以上的期限，通知债务人在该期限内履行债务。债务人逾期仍不履行的，债权人可以与债务人协议以留置物折价，也可以依法拍卖、变卖留置物。留置物折价或者拍卖、变卖后，其价款超过债权数额的部分归债务人所有，不足部分由债务人清偿。

留置权因下列原因消灭：

（1）债权消灭的。

（2）债务人另行提供担保并被债权人接受的。

（五）定金

定金是合同当事人一方为了证明合同的成立和保证合同的执行，向对方预先付给的一定数额的货币。

当事人可以约定一方向对方给付定金作为债权的担保。债务人履行债务后，定金应当抵作价款或者收回。给付定金的一方不履行约定的债务的，无权要求返还定金；收受定金的一方不履行约定的债务的，应当双倍返还定金。

定金的作用有三个：

（1）证明作用。给付和接受定金，可视为该合同成立的依据。

（2）资助作用。由于定金是在合同签订后未履行前先行给付的，因此接受定金的一方就可以及时将这笔款用于生产经营，从而有利于合同的履行。

（3）保证作用。定金具有督促双方当事人履行合同的作用。如给付定金的一方不履行合同时，就丧失了该定金；接受定金一方不履行合同时，应向对方双倍返还定金。正是定金的这种惩罚性加强了合同的约束力，因而能促进合同的全面履行。

定金应当以书面形式约定。当事人在定金合同中应当约定交付定金的期限。定金合同从实际交付定金之日起生效。定金的数额由当事人约定，但不得超过主合同标的额的 20%。

四、建设工程合同常用的担保方式

在建设工程的管理过程中，保证是最常用的一种担保方式。保证这种担保方式必须由第三人作为保证人，由于对保证人的信誉要求比较高，建设工程中的保证人往往是银行，也可以是具有担保资质能力、信誉较高的其他担保人，这种保证应当是书面形式的。在建设工程中，习惯把银行出具的保证称为保函，而把其他保证人出具的书面保证称为保证书。

建设工程施工合同中，常见的担保有以下几种。

（一）施工投标保证

建设工程施工投标担保应当在投标前提供，投标人在递交投标文件的同时，应按投标人须知规定的金额、担保形式和投标保证金格式递交投标保证金，并作为其投标文件的组成部分。联合体投标的，其投标保证金由牵头人递交。

担保方式可以是由投标人提供一定数额的保证金；也可以提供第三人的信用担保，一般由银行向招标人出具投标保函。当采用银行保函时，其格式应符合招标文件中规定的格式要求。投标担保是保证投标人在担保有效期内不撤销其投标文件。投标担保的保证金额随工程规模大小而异，一般由发包人在招标文件中确定。《水利工程建设项目招标投标管理规定》（水利部令第 14 号）第 25 条规定：招标文件中应当明确投标保证金金额，一般可按以下标准控制：

（1）合同估算价 10000 万元人民币以上，投标保证金金额不超过合同估算价的 5‰；

（2）合同估算价 3000 万～10000 万元人民币之间，投标保证金金额不超过合同估算价的 6‰；

（3）合同估算价 3000 万元人民币以下，投标保证金金额不超过合同估算价的 7‰，但最低不得少于 1 万元人民币。

投标担保的有效期应略长于投标文件有效期，以保证有足够时间为中标人提交履约担保和签署合同所用。出现特殊情况需要延长投标有效期的，招标人以书面形式通知所有投标人延长投标有效期。投标人同意延长的，应相应延长其投标保证金的有效期，但不得要求或被允许修改或撤销其投标文件；投标人拒绝延长的，其投标失效，但投标人有权收回其投标保证金。

任何投标书如果不附有符合招标文件要求的投标担保，则此投标书将被视为不符合要求而被拒绝。

依据法律的规定，在下列情况下发包人有权没收投标人的投标担保：

（1）投标人在规定的投标有效期内撤销或修改其投标文件。

（2）中标人在收到中标通知书后，无正当理由拒签合同协议书或未按招标文件规定提交履约担保。

在决标后，发包人应在规定的时间，一般是招标人与中标人签订合同后 5 个工作日内，向未中标的投标人和中标人退还投标保证金。

（二）施工合同的履约担保

施工合同的履约担保是为了保证施工合同的顺利履行而要求承包人提供的担保。《招标投标法》第 46 条规定："招标人和中标人应当自中标通知书发出之日起 30 日内，按照招标文件和中标人的投标文件订立书面合同。"招标文件要求中标人提交履约保证金的，中标人应当提交。承包人应当按照合同规定，正确全面地履行合同。如果承包人违约，未能履行合同规定的义务，导致发包人受到损失，发包人有权根据履约担保索取赔偿。

履约担保的形式一般有两种：一种是银行或其他金融机构出具的履约保函，另一种是企业出具履约担保书。《水利水电工程标准文件》规定：在签订合同前，中标人应按投标人须知前附表规定的金额、担保形式和招标文件第四章"合同条款及格式"规定的履约担保格式向招标人提交履约担保。联合体中标的，其履约担保由牵头人递交，并应符合投标人须知前附表规定的金额、担保形式和招标文件第四章"合同条款及格式"规定的履约担保格式要求。中标人不能按招标文件要求提交履约担保的，视为放弃中标，其投标保证金不予退还，给招标人造成的损失超过投标保证金数额的，中标人还应当对超过部分予以赔偿。履约保函用于承包人违约使发包人蒙受损失时由保证人向发包人支付赔偿金，其担保范围（担保金额）一般可取合同价格的 5%～10%。履约担保书与履约保函不同，发包人只能要求保证人代替承包人履行合同，但当保证人无法代替承包人履行合同时，也可以由保证人支付由于承包人违约使发包人蒙受损失金额，履约担保书的担保金额一般可取合同价格的 30% 左右。

履约担保的有效期，《水利水电工程标准文件》规定：承包人应保证其履约担保在发包人颁发合同工程完工证书前一直有效。发包人应在合同工程完工证书颁发后 28 天内把履约担保退还给承包人。这就是说，履约担保的有效期，是应自按招标文件要求提交之日开始起至工程完工为止。在发包人颁发合同工程完工证书给承包人后的 28 天内，发包人应将履约保函退还给承包人。

在建设工程施工招标文件中，通常都附有履约保函和履约担保书两种格式。采用何种格式由承包人选择，但在签订合同协议书前应将履约担保证件提交发包人。

（三）施工合同预付款担保

在签订工程承包合同后，为了帮助承包人调度人员以及购置所承包工程施工需要的设备、材料等，帮助承包人解决资金周转的困难，以便承包人尽快开展工程施工，因此，发包人一般向承包人支付预付款。

《水利水电工程标准文件》规定，预付款用于承包人为合同工程施工购置材料、工程设备、施工设备、修建临时设施以及组织施工队伍进场等，分为工程预付款和工程材料预付款。预付款必须专用于合同工程。预付款的额度和预付办法在专用合同条款中约定。

工程预付款一般分两次支付给承包人，主要考虑承包人提交预付款保函的困难。一般情况下，要求承包人提交第一次工程预付款担保，第二次工程预付款不需要担保，而是用承包人进入工地的承包人的设备作为抵押，代替担保。如在《水利水电工程标准文件》中规定，承包人应在收到第一次工程预付款的同时向发包人提交预付款担保，担保金额应与第一次工程预付款金额相同，工程预付款担保在第一次工程预付款被发包人扣回前一直有效，但担保金额可根据预付款扣回的金额相应递减。第二次预付款需待承包人主要设备进入工地后，其估算价值已达到本次预付款金额时，由承包人提出书面申请，经监理人核实后出具付款证书报送发包人，发包人收到监理人出具的付款证书后的 14 天内支付给承包人。预付款担保通常采用银行保函的形式。

材料预付款一般满足合同规定的条件，才予以支付，一般也在专用合同条款中约定额度、支付办法、是否需要承包人提交担保以及额度。

按合同规定，预付款在进度付款中扣回，扣回办法在专用合同条款中约定。预付款担保用于保证承包人应按合同规定偿还发包人已支付的全部预付款。如发包人不能从应支付给承包人的工程款中扣还全部预付款，则可以根据预付款担保索取未能扣还的部分预付款。在颁发合同工程完工证书前，由于不可抗力或其他原因解除合同时，预付款尚未扣清的，尚未扣清的预付款余额应作为承包人的到期应付款。

当发包人扣还全部预付款后，应将预付款担保退还给承包人。

（四）保修责任担保

保修责任担保是保证承包人按合同规定在保修责任期中完成对工程缺陷的修复而提供的担保。如承包人未能或无力修复应由其负责的工程缺陷，则发包人另行雇用其他人修复，并根据保修责任担保索取为修复缺陷所支付的费用。保修责任担保一般采用质量保证金方式，质量保证金（或称保留金）是指按合同约定用于保证在缺陷责任期内履行缺陷修复义务的金额，即从承包人完成并应支付给承包人的款额中扣留一定数量（一般每次扣应支付工程款的 8%～10%，累计不超过合同价的 5%）。在《水利水电工程标准文件》中规定，监理人应从第一个工程进度付款周期开始，在发包人的进度付款中，按专用合同条款的约定扣留质量保证金，直至扣留的质量保证金总额达到专用合同条款约定的金额或比例为止。质量保证金的计算额度不包括预付款的支付与扣回金额。

保修责任担保的有效期与保修责任期相同。保修责任期满由发包人或授权监理人颁发了保修责任终止证书后，发包人应将保修责任担保退还承包人。因此，在《水利水电工程标准文件》中明确了退还保留金具体时间：即在合同工程完工证书后 14 天内，发包人将质量保证金总额的一半支付给承包人。在本合同全部工程的缺陷责任期（工程质量保修期）满时，发包人将在 30 个工作日内会同承包人按照合同约定的内容核实承包人是否完成保修责任。如无异议，发包人应在核实后将剩余的质量保证金支付给承包人。若保修期满时尚需承包人完成剩余工作，则监理人有权在付款证书中扣留与剩余工作所需金额相应的保留金余额。若在合同约定的缺陷责任期满时，承包人没有完成缺陷责任的，发包人有权扣留与未履行责任剩余工作所需金额相应的质量保证金余额，并有权根据合同约定要求延长缺陷责任期，直至完成剩余工作为止。

另外，还需要说明的两点：

（1）在工程实践中，也有其他一些担保，比如有些地方政府要求承包人提交的农民工工资支付担保等。

（2）目前我国的建设工程担保主要是承包人向发包人提交的担保，是单向的。而在许多国家，工程担保是双向的，在承包人向发包人提交担保的同时，发包人也应向承包人提交担保，比如工程款支付担保等。

第二节　风险与保险

一、风险的概念

在建设工程实施过程中，由于自然、社会条件复杂多变，影响因素众多，特别是水利水电工程施工期较长，受水文、地质等自然条件影响大，因此，建设工程合同当事人双方将面临很多在招标投标时难以预料、预见或不可能完全确定的损害因素，这些损害可能是人为造成的，也可能是自然和社会因素引起的，人为的因素可能属于发包人的责任，也可能属于承包人的责任，这种不确定性就是风险。

二、风险的种类

风险范围很广，从不同的角度可作不同的分类。

1. 从风险的严峻程度分类

从风险的严峻程度，分为非常风险与一般风险。非常风险是指由于出现不可抗拒的社会因素或自然因素而带来的风险，如战争、暴动或超标准洪水、飓风等。这类风险的特点是带来的损失巨大，而且人们一般很难预测与合理地防范。在施工承包合同中，这种风险通常由发包人承担。一般风险是指非常风险以外的风险，这类风险只要认真对待，做好风险管理工作，一般讲是可以避免、转移或减少损失的。

2. 从风险原因的性质分类

从风险原因的性质，可分为政治风险、经济风险、技术风险、商务风险和对方的资质与信誉风险。

（1）政治风险，是指工程所在地的政治背景与变化可能带来的风险。这个问题对于承包人承包国际工程尤为突出，因为发包人所在国的一些政治变动，如战争和内乱、没收外资、拒付债务、政局变化等，都可能给承包人带来不可弥补的损失。

（2）经济风险，是指一些国家或社会经济因素的变化而带来的风险，如通货膨胀引起材料价和工资的大幅度上涨，外汇比率变化带来的损失，国家或地区有关政策法规如税收、保险等的变化，而引起的额外费用等。

（3）技术风险，指一些技术条件的不确定性可能带来的风险，如恶劣的气候条件，勘测资料未能全面正确反映或解释失误的地质情况，采用新技术，设计文件，技术规范的失误等。

（4）商务风险，指合同条款中有关经济方面的条款及规定可能带来的风险，如支付、工程变更、索赔、风险分配、担保、违约责任、费用和法规变化、货币及汇率等方面的条款。这类风险包含条款中写明分配的、由于条款有缺陷而引起的、或者撰写方有意设置的，如所谓"开脱责任"条款等。

（5）对方的资质和信誉风险，指合同一方的业务能力、管理能力、财务能力等有缺陷或者不圆满履行合同而给另一方带来的风险。在施工承包合同中，发包人和承包人不仅要相互考虑到对方，同时也必须考虑到监理人在这方面的情况。

（6）其他风险，如工程所在地公众的习俗和对工程的态度，当地运输和生活供应条件等，都可能带来一定的风险。

三、风险的分配

风险分配就是在合同条款中写明，风险由合同当事人哪一方来承担，承担哪些责任，这是合同条款的核心问题之一。风险分配合理，有助于调动合同当事人的积极性，认真做好风险防范和管理工作，有利于降低成本，节约投资，对合同当事人双方都有利。

在建设工程合同中，双方当事人应当各自承担自己责任范围内的风险。对于双方均无法控制的自然和社会因素引起的风险则应由发包人承担较为合理，因为承包人很难将这些风险估计到合同价格中，若由承包人承担这些风险，则势必增加其投标报价，当风险不发生时，反而增加工程造价，风险估计不足时，则又会造成承包人亏损，而招致工程不能顺利进行。因此，谁能更有效地防止和控制某种风险，或者是减少该风险引起的损失，则应由谁承担该风险，这就是风险管理理论风险分配的原则。根据这一原则，在建设工程施工合同中，应将工程风险的责任做出合理的分配。

（一）发包人的风险

工程（包括材料和工程设备）发生以下各种风险造成的损失和损坏，均应由发包人承担风险责任。

（1）发包人负责的工程设计不当造成的损失和损坏。

（2）由于发包人责任造成工程设备的损失和损坏。

（3）发包人和承包人均不能预见、不能避免并不能克服的自然灾害造成的损失和损坏，但承包人迟延履行合同后发生的除外。

（4）战争、动乱等社会因素造成的损失和损坏，但承包人迟延履行合同后发生的除外。

（5）其他由于发包人原因造成的损失和损坏。

从以上可以看出，发包人承担的风险有两种，一种是由于发包人的工作失误带来的风险，（1）、（2）、（5）所列的内容均是由发包人原因造成的，这类风险理应由发包人承担风险责任；另一种是由于合同双方均不能预见、不能避免并不能克服的自然和社会因素带来的风险，即（3）、（4）项所指的风险，亦应由发包人承担起风险责任较为合理。

（二）承包人的风险

工程（包括材料和工程设备）发生以下各种风险造成的损失和损坏，均应由承包人承担风险责任：

（1）由于承包人对工程（包括材料和工程设备）照管不周造成的损失和损坏。

（2）由于承包人的施工组织措施失误造成的损失和损坏。

（3）其他由于承包人原因造成的损失和损坏。

由于承包人原因造成工程（包括材料和工程设备）损失和损坏，还可能有其所属人员违反操作规程、其采购的原材料缺陷等引起的事故，均应由承包人承担风险责任。

四、建设工程保险

（一）保险的概念

1. 保险的概念

保险是指投保人根据保险合同约定，向保险人支付保险费，保险人对于合同约定的可能发生的事故引起所造成的财产损失承担赔偿保险金责任，或者当被保险人死亡、伤残、疾病或者达到合同约定的年龄、期限时承担给付保险金责任的商业保险行为。保险是一种受法律保护的制度。

2. 保险合同的概念

保险合同是指投保人与保险人依法约定保险权利义务的协议。投保人是指与保险人订立保险合同，并按照保险合同负有支付保险费义务的当事人。保险人是指与投保人订立保险合同，并承担赔偿或者给付保险金责任的保险公司。

保险合同分为财产保险合同和人身保险合同。

财产保险合同是以财产及其有关利益为标的的保险合同。在财产保险合同中，依据《中华人民共和国保险法》的规定，保险合同的转让应当通知保险人，经保险人同意继续承保后，依法转让合同。在合同的有效期内，保险标的危险程度增加的，被保险人按照保险合同约定应当及时通知保险人，保险人有权要求增加保险费或者变更保险合同。在《水利水电土建工程施工合同条件》中规定的"承包人应以承包人和发包人的共同名义向发包人同意的保险公司投保工程险（包括材料和工程设备）"以及"承包人应以承包人的名义投保施工设备险"即为财产保险合同。

人身保险合同是以人的寿命和身体为保险标的的保险合同。投保人应向保险人如实申报被保险人的年龄、身体状况。投保人于合同成立后，可以向保险人一次支付全部保险费，也可以按照保险合同的约定分期支付保险费。人身保险的受益人由被保险人或者投保人指定。保险人对人身保险的保险费，不得用诉讼方式要求投保人支付。建设工程合同中规定的"在合同实施期间，承包人应为其雇用的人员投保人身意外伤害险"即为人身保险合同。

（二）建设工程保险种类

建设工程保险是指发包人或承包人向保险公司缴纳一定的保险费，由保险公司建立保险基金，一旦发生意外事故造成财产损失或人身伤亡，即由保险公司用保险基金予以补偿的一种制度。它实质上是一种风险转移，即发包人和承包人通过投保，将原应承担的风险责任转移给保险公司承担。发包人和承包人参加工程保险，只需付出少量的保险费，可换得遭受大量损失时得到补偿的保障，从而增强抵御风险的能力。所以工程承包业务中，通常都包含有工程保险，大多数标准合同条款，还规定了必须投保的险种。

我国的工程保险起步较晚，在以往的水利水电工程施工合同中，对保险未作规定或只作一些原则性的规定，近年来随着我国保险事业的迅速发展，建设工程保险机制亦逐步完善，由于水利水电工程施工期长以及受自然条件的影响较大，为了能保证工程的顺利进行，一般均要求投保工程险。《水利水电工程标准文件》规定的保险有以下五类。

1. 工程保险

除专用合同条款另有约定外，承包人应以发包人和承包人的共同名义向双方同意的保险人投保建筑工程一切险、安装工程一切险。其具体的投保内容、保险金额、保险费率、保险期限等有关内容在专用合同条款中约定。

2. 人员工伤事故的保险

（1）承包人员工伤事故的保险。承包人应依照有关法律规定参加工伤保险，为其履行合同所雇佣的全部人员，缴纳工伤保险费，并要求其分包人也进行此项保险。

（2）发包人员工伤事故的保险。发包人应依照有关法律规定参加工伤保险，为其现场机构雇佣的全部人员，缴纳工伤保险费，并要求其监理人也进行此项保险。

3. 人身意外伤害险

（1）发包人应在整个施工期间为其现场机构雇用的全部人员，投保人身意外伤害险，缴纳保险费，并要求其监理人也进行此项保险。

（2）承包人应在整个施工期间为其现场机构雇用的全部人员，投保人身意外伤害险，缴纳保险费，并要求其分包人也进行此项保险。

4. 第三者责任险

（1）第三者责任系指在保险期内，对因工程意外事故造成的、依法应由被保险人负责的工地上及毗邻地区的第三者人身伤亡、疾病或财产损失（本工程除外），以及被保险人因此而支付的诉讼费用和事先经保险人书面同意支付的其他费用等赔偿责任。

（2）在缺陷责任期终止证书颁发前，承包人应以承包人和发包人的共同名义，投保第20.4.1项约定的第三者责任险，其保险费率、保险金额等有关内容在专用合同条款中约定。

5. 其他保险

除专用合同条款另有约定外，承包人应为其施工设备、进场的材料和工程设备等办理保险。

（三）对各项保险的一般要求

1. 保险凭证

承包人应在专用合同条款约定的期限内向发包人提交各项保险生效的证据和保险单副本，保险单必须与专用合同条款约定的条件保持一致。

2. 保险合同条款的变动

承包人需要变动保险合同条款时，应事先征得发包人同意，并通知监理人。保险人作出变动的，承包人应在收到保险人通知后立即通知发包人和监理人。

3. 持续保险

承包人应与保险人保持联系，使保险人能够随时了解工程实施中的变动，并确保按保险合同条款要求持续保险。

4. 保险金不足的补偿

保险金不足以补偿损失的，应由承包人和发包人各自负责补偿的范围和金额在专用合同条款中约定。

5. 未按约定投保的补救

（1）由于负有投保义务的一方当事人未按合同约定办理保险，或未能使保险持续有效的，另一方当事人可代为办理，所需费用由对方当事人承担。

（2）由于负有投保义务的一方当事人未按合同约定办理某项保险，导致受益人未能得到保险人的赔偿，原应从该项保险得到的保险金应由负有投保义务的一方当事人支付。

6. 报告义务

当保险事故发生时，投保人应按照保险单规定的条件和期限及时向保险人报告。

（四）风险责任的转移

工程通过合同工程完工验收并移交给发包人后，原由承包人应承担的风险责任，以及保险的责任、权利和义务同时转移给发包人，但承包人在缺陷责任期（工程质量保修期）前造成损失和损坏情形除外。

思 考 题

7-1　担保的概念是什么？

7-2　当事人约定设定担保，应当满足哪些条件？

7-3　担保的方式有几种？

7-4　工程的主要风险有几种？

7-5　工程的风险一般应如何分配？

7-6　施工合同一般要求承包人办理几种保险？

第八章　施工合同争议的解决

合同争议也称合同纠纷，是指合同当事人之间基于合同而产生的权利、义务的分歧。合同在履行过程中由于种种原因（包括对合同条款理解、合同文件本身的文字、合同当事人对履行合同的预期后果等），使合同当事人之间对享有权利和承担义务而产生分歧，是不可能完全避免的，重要的是合同出现争议后，当事人应积极寻求解决办法，及时解决合同纠纷，尽量减少损失。

建设工程合同纠纷是指该合同的当事人对合同履行的情况所产生的争议。关于争议的解决，《水利水电工程标准文件》第 24.1 条规定："发包人和承包人在履行合同中发生争议的，可以友好协商解决或者提请争议评审组评审。合同当事人友好协商解决不成、不愿提请争议评审或者不接受争议评审组意见的，可在专用合同条款中约定下列一种方式解决：①向约定的仲裁委员会申请仲裁；②向有管辖权的人民法院提起诉讼。"

解决建设工程合同纠纷的方式有四种，即和解、调解、仲裁或诉讼。当合同当事人之间有争议时，当事人可以通过和解或者调解解决合同争议。当事人不愿和解、调解或者和解、调解不成的，可以根据仲裁协议向仲裁机构申请仲裁。涉外合同的当事人可以根据仲裁协议向中国仲裁机构或者其他仲裁机构申请仲裁。当事人没有订立仲裁协议或者仲裁协议无效的，可以向人民法院起诉。当事人应当履行发生法律效力的判决、仲裁裁决、调解书；拒不履行的，对方可以请求人民法院执行。

其实，解决合同争议或合同纠纷的最好的方式就是友好解决，《水利水电工程标准文件》第 24.1 条规定："在提请争议评审、仲裁或者诉讼前，以及在争议评审、仲裁或诉讼过程中，发包人和承包人均可共同努力友好协商解决争议"

第一节　和　解　与　调　解

一、合同争议和解解决

所谓和解，是指合同的当事人在履行合同的过程中，对所产生的合同纠纷，由当事人双方在平等、自愿的基础上，根据法律和事实，友好磋商，分清责任，互相谅解，在彼此都认为可以接受的基础上达成和解协议，从而解决合同争议的一种方法。

这种方式的特点是简便易行，有利于双方的团结和合作，能够及时解决争议对所达成的协议，也便于执行。其缺点是，双方就解决纠纷所达成的协议不具有强制执行的效力，当事人较易反悔。

友好协商在一般情况下，反映了双方的共同心愿。这样做节省时间，节省费用，气氛友好，有利于双方今后继续发展友好合作关系。在协商时，应坚持维护国家利益、集体利益和当事人合法权益的原则和符合国家法律、法规要求的原则。当事人对合同条款的理解有争议的，应当按照合同所使用的词句、合同的有关条款、合同的目的、交易习惯以及诚实信用原则，确定该条款的真实意思。

合同文本采用两种以上文字订立并约定具有同等效力的，对各文本使用的词句推定具有相同含义。各文本使用的词句不一致的，应当根据合同的目的予以解释。

二、合同争议调解解决

合同纠纷的调解，是指当事人双方在第三者即调解人的主持下，在查明事实、分清是非、明确责任的基础上，对纠纷双方进行斡旋、劝说，促使他们相互谅解，进行协商，以自愿达成协议，消除纷争的活动。它有三个特征：一是有第三方（国家机关、社会组织、个人等）主持协商，与无人从中主持、完全是当事人双方自行协商的和解不同；二是第三方即调解人只是斡旋、劝说，而不作裁决，与仲裁不同；三是纠纷当事人共同以国家法律、法规为依据，自愿达成协议，消除纷争，不是行使仲裁、司法权力进行强制解决。

实践证明，用调解方式解决纠纷，程序简便，当事人易于接受，解决纠纷迅速及时，不至于久拖不决，从而避免经济损失的扩大。也有利于消除当事人双方之间的隔阂和对立，调整和改善当事人之间的关系，促进了解，加强协作。还由于调解协议是在分清是非、明确责任、当事人双方共同提高认识的基础上自愿达成的，所以可以使纠纷得到比较彻底的解决，协议的内容也比较容易全面履行。

合同纠纷的调解，可以分为社会调解、行政调解、仲裁调解和司法调解。这里调解主要是社会调解、行政调解。

（1）社会调解。社会调解是指根据当事人的请求，由社会组织或个人主持进行的调解。

（2）行政调解。行政调解是指根据一方或双方当事人申请，当事人双方在其上级机关或业务主管部门主持下，通过说服教育、相互协商、自愿达成协议，从而解决合同纠纷的一种方式。

仲裁调解与司法调解详见本章的仲裁与诉讼部分。

无论采用何种调解方法，都应遵守自愿和合法两项原则。

自愿原则具体包括两个方面的内容：一是纠纷的调解必须出于当事人双方自愿。合同纠纷发生后能否进行调解，完全取决于当事人双方的意愿。如果纠纷当事人双方或一方根本不愿用调解方式解决纠纷，就不能进行调解；二是调解协议的达成也必须出于当事人双方的自愿。达成协议，平息纠纷，是进行调解的目的。因此，调解人在调解过程中要竭尽全力，促使当事人双方互谅互让，达成协议。其中包括对当事人双方进行说服教育，耐心疏导，晓之以理、动之以情，还包括向当事人双方提出建议方案等等。但是，进行这些工作不能带有强制性。调解人既不能代替当事人达成协议，也不能把自己的意志强加于人。纠纷当事人不论是对协议的全部内容有意见，还是对协议部分内容有意见而相持不下的协议均不能成立。

合法原则是合同纠纷调解活动的主要原则。国家现行的法律、法规是调解纠纷的唯一依据，当事人双方达成的协议的内容，不得同法律和法规相违背。

调解成功，制作调解书。由双方当事人和参加调解的人员签字盖章。重要纠纷的调解书，要加盖参加调解单位的公章。调解书具有法律效力。但是，社会调解和行政调解达成的调解协议或制作的调解书没有强制执行的法律效力，如果当事人一方或双方反悔，不能申请法院予以强制执行，而只能再通过其他方式解决纠纷；仲裁调解达成的调解协议和制作的调解书，一经作出便立即产生法律效力，一方当事人不履行，对方即可申请人民法院强制执行。法院调解所达成的协议和制作的调解书，也具有与仲裁调解书相同的法律效力，但是其性质是一种司法文书。

三、争议评审

为了更好地解决合同纠纷，建设工程施工合同的双方当事人可以共同协商成立争议评审组，当发包人和承包人或其中任一方对监理人作出的决定持有异议，又未能在监理人的协调下取得一致意见而形成争议，任一方均可以书面形式提请争议评审组解决。在争议尚未按合同规定获得解决之前，承包人仍应继续按监理人的指示认真施工。

一般情况下，发包人和承包人应在签订协议书后的 28 天内，按合同规定共同协商成立争议评审组，并由双方与争议评审组签订协议。争议评审组由 3（或 5）名有合同管理和工程实践经验的专家组成，专家的聘请方法可由发包人和承包人共同协商确定，亦可请政府主管部门推荐或通过行业合同争议评审机构聘请，并经双方认同。争议评审组成员应与合同双方均无利害关系。争议评审组的各项费用由发包人和承包人平均分担。

关于合同争议评审，《水利水电工程标准文件》第 24.1 条规定：

（1）采用争议评审的，发包人和承包人应在开工日后的 28 天内或在争议发生后，协商成立争议评审组。争议评审组由有合同管理和工程实践经验的专家组成。

（2）合同双方的争议，应首先由申请人向争议评审组提交一份详细的评审申请报告，并附必要的文件、图纸和证明材料，申请人还应将上述报告的副本同时提交给被申请人和监理人。

（3）被申请人在收到申请人评审申请报告副本后的 28 天内，向争议评审组提交一份答辩报告，并附证明材料。被申请人应将答辩报告的副本同时提交给申请人和监理人。

（4）除专用合同条款另有约定外，争议评审组在收到合同双方报告后的 14 天内，邀请双方代表和有关人员举行调查会，向双方调查争议细节；必要时争议评审组可要求双方进一步提供补充材料。

（5）除专用合同条款另有约定外，在调查会结束后的 14 天内，争议评审组应在不受任何干扰的情况下进行独立、公正的评审，作出书面评审意见，并说明理由。在争议评审期间，争议双方暂按总监理工程师的确定执行。

（6）发包人和承包人接受评审意见的，由监理人根据评审意见拟定执行协议，经争议双方签字后作为合同的补充文件，并遵照执行。

（7）发包人或承包人不接受评审意见，并要求提交仲裁或提起诉讼的，应在收到评审意见后的 14 天内将仲裁或起诉意向书面通知另一方，并抄送监理人，但在仲裁或诉讼结束前应暂按总监理工程师的确定执行。

如果通过和解、调节和争议评审仍不能解决合同争议，《水利水电工程标准文件》第 24.4 条规定：若合同双方商定直接向仲裁机构申请仲裁，应签订仲裁协议并约定仲裁结构；若合同双方未能达成仲裁协议，任何一方均有权向人民法院提起诉讼。下面讨论仲裁和诉讼。

第二节　仲裁解决合同争议

一、仲裁概述

仲裁是指当事人在争议发生前或争议发生后达成仲裁协议，自愿将争议交给仲裁机构作出裁决，双方有义务执行的一种解决争议的方法。

《中华人民共和国仲裁法》（以下简称《仲裁法》）于 1994 年 8 月 31 日通过并于 1995 年 9 月 1 日起施行。

我国《仲裁法》的立法宗旨是：保证公正、及时地仲裁经济纠纷，保护当事人的合法权益，保障社会主义市场经济健康发展。

根据《仲裁法》的规定，我国《仲裁法》适用范围是"平等主体的公民、法人和其他组织之间发生的合同纠纷和其他财产权益纠纷"，但婚姻、收养、监护、扶养、继承纠纷和依法应当由行政机关处理的行政争议不能仲裁；劳动争议和农业集体经济组织内部的农业承包合同纠纷的仲裁，另行规定。这就是说我国仲裁法适用范围是经济仲裁。在我国境内履行的建设工程承包合同，双方当事人申请仲裁的，适用《仲裁法》的规定。

仲裁机关不是行政机关，也不是司法机关。因而仲裁机关所作出的仲裁裁决，不是行政调解协议，也不是法院作出的判决或裁定。但仲裁机关系依法成立的专门机构，其仲裁裁决依法具有强制执行的效力，一方当事人不履行的，另一方当事人可以依照民事诉讼法的有关规定向人民法院申请强制执行。

仲裁机关在我国称为仲裁委员会，仲裁委员会一般在省会城市设立，也可以根据需要在其他地区设立，但不按行政区域层层设立。根据民事诉讼法的规定，提起诉讼应当符合级别管辖和地域管辖的法律规定，但仲裁不实行级别管辖和地域管辖。由哪一个仲裁委员会对其纠纷进行审理和裁决，由当事人协议选定。

仲裁还有另一个显著的特点，即仲裁实行一裁终局制。仲裁委员会作出裁决后，当事人就同一纠纷再申请仲裁或向人民法院提起诉讼的，仲裁委员会或人民法院依法不予受理。

二、仲裁的原则

根据我国《仲裁法》的规定，仲裁的原则有：

1．协议仲裁原则

《仲裁法》第 4 条规定："当事人采用仲裁方式解决纠纷，应当双方自愿，达成仲裁协议。没有仲裁协议，一方申请仲裁的，仲裁委员会不予受理。"

2．或裁或审原则

《仲裁法》第 5 条规定："当事人达成仲裁协议，一方向人民法院起诉的，人民法院不予受理，但仲裁协议无效的除外"。

3．协议管辖原则

《仲裁法》第 6 条规定："仲裁委员会应当由当事人协议选定。仲裁不实行级别管辖和地域管辖"。

4．独立仲裁原则

《仲裁法》第 8 条规定："仲裁依法独立进行，不受行政机关、社会团体和个人的干涉。"

5．公正、及时原则

《仲裁法》第 7 条规定："仲裁应当根据事实，符合法律规定，公平合理地解决纠纷。"在仲裁法第一条就提出要"公正、及时地仲裁经济纠纷。"

6．不公开原则

《仲裁法》第 40 条规定："仲裁不公开进行。"这是因为仲裁多涉及商业信誉，当事人往往不愿公开进行。

7．一裁终局原则

《仲裁法》第 9 条规定："仲裁实行一裁终局的制度。裁决作出后，当事人就同一纠纷再申请仲裁或者向人民法院起诉的，仲裁委员会或者人民法院不予受理。"

8．法院监督原则

我国《仲裁法》规定，人民法院既对仲裁裁决予以执行，又对仲裁进行必要的监督。法院监督表现在对不合法的仲裁裁决撤销或强制当事人执行合法的仲裁裁决。

三、仲裁条件

依《仲裁法》第 21 条规定，合同发生纠纷时，当事人向仲裁机构申请仲裁，必须具备下述条件。

（一）有仲裁协议

有仲裁协议包括在合同中订立有出现合同纠纷由仲裁解决的条款或者在出现合同纠纷后，双方达成书面仲裁协议。

仲裁协议是指当事人根据仲裁法的规定，为解决双方的纠纷而达成的提请仲裁委员会进行裁决的协议。仲裁协议是仲裁委员会受理当事人的仲裁申请的必要条件，没有仲裁协议的，仲裁委员会不能受理仲裁申请。当事人订立仲裁协议，可以在合同中订立仲裁条款，也可以以其书面方式在纠纷发生前或者纠纷发生后达成请求仲裁的协议。仲裁协议无须统一格式，但必须包含如下内容，即有请求仲裁的意思表示，有商定的仲裁事项，并且有选定的仲裁委员会。

仲裁协议独立存在，合同的变更、解除、终止或者无效，不影响仲裁协议的效力。但有下列情形之一的，仲裁协议无效：

（1）仲裁协议对仲裁事项或者仲裁委员会没有约定或者约定不明确且经当事人补充商议而又未达成补充协议的。

（2）约定的仲裁事项超出法律规定的仲裁范围的。

（3）无民事行为能力人或者限制民事行为能力人订立的仲裁协议。

（4）一方采取胁迫手段，迫使对方订立仲裁协议的。

实践中，对于仲裁协议的效力，往往也存在争议。当事人对仲裁协议的效力有异议的，可以请求仲裁委员会或者人民法院作出裁定。一方请求仲裁委员会作出裁定，另一方请求人民法院作出裁定的，由人民法院裁定。但是，对仲裁协议效力的异议，应当在仲裁庭首次开庭前提出。

至于应当向何地仲裁委员会或何地法院提出异议，《仲裁法》没有明确，但从该法第58条的精神来看，当事人对仲裁协议的效力有异议，应当向该仲裁协议所选定的仲裁委员会提出，或者向该仲裁协议所选定的仲裁委员会所在地的中级人民法院提出。

仲裁协议是指当事人把合同纠纷提交仲裁解决的书面形式意思表示。包括共同商定仲裁机构及仲裁地点。当事人申请仲裁，应向仲裁委员会递交仲裁协议。

（二）有具体的仲裁请求和事实、理由

当事人申请仲裁，应向仲裁委员会递交仲裁申请书及副本。仲裁申请书应当载明下列事项：

（1）当事人的姓名、性别、年龄职业、工作单位和住所、法人或者其他组织的名称、住所和法定代表人或者主要负责人的姓名、职务。

（2）仲裁请求和所根据的事实、理由。

（3）证据和证据来源、证人姓名和住所。

（三）仲裁事项属于仲裁委员会的受理范围

仲裁委员会对超出其受理范围的事项不予受理。

合同仲裁是合同当事人双方自愿选择的一种解决合同纠纷的方法。合同纠纷是否通过仲裁解决，完全根据当事人双方的意愿决定。合同中没有仲裁解决合同纠纷的条款，事后又没有达成仲裁协议的，仲裁机构不予受理。

四、仲裁机构

仲裁机构是在省、自治区和直辖市人民政府所在地的市以及根据需要在其他设区的市成立的仲裁委员会。

仲裁委员会由上述市的人民政府组织有关部门和商会统一组建。仲裁委员会独立于行政机关，与行政机关没有隶属关系，各仲裁委员会之间也没有隶属关系。

五、仲裁程序

（一）仲裁的申请和受理

当事人申请仲裁，应当向仲裁委员会递交仲裁协议、仲裁申请书及副本。

仲裁委员会收到仲裁申请之日起 5 天内，认为符合受理条件的，应当受理，并通知当事人；认为不符合受理条件的，应当书面通告当事人不予受理，并说明理由。

仲裁委员会受理仲裁申请后，应当在仲裁规则规定的期限内将仲裁规则和仲裁员名册送达申请人，并将仲裁申请书副本和仲裁规则、仲裁员名册送达被申请人。

被申请人收到仲裁申请书副本后，应当在仲裁规则规定的期限内向仲裁委员会提交答辩书。仲裁委员会收到答辩书后，应当在仲裁规则规定的期限内将答辩书副本送达申请人。

一方当事人因另一方当事人的行为或者其他原因，可能使裁决不能执行或者难以执行的，可以申请财产保全。

（二）仲裁庭的组成

合同纠纷由仲裁庭进行仲裁，仲裁庭可以由三名仲裁员或者一名仲裁员组成。当事人约定由三名仲裁员组成仲裁庭的，应当由各自选定或者各自委托仲裁委员会主任指定一名仲裁员，第三名仲裁员由当事人共同选定或者共同委托仲裁委员会主任指定，第三名仲裁员是首席仲裁员。当事人约定由一名仲裁员成立仲裁庭的，仲裁员的选定与上述首席仲裁员的选定方法相同。

（三）开庭和裁决

仲裁应当开庭进行。当事人协议不开庭的，仲裁庭要以根据仲裁申请书、答辩书以及其他材料作出裁决。

仲裁不公开进行。当事人协议公开的，可以公开进行，但涉及国家秘密的除外。

仲裁委员会应当在仲裁规则规定的期限内将开庭日期通知双方当事人。当事人有正当理由的，可以在仲裁规则规定的期限内请求延期开庭。是否延期，由仲裁庭决定。

申请人经书面通知，无正当理由不到庭或者未经仲裁庭许可中途退庭的，可以视为撤回仲裁申请。被申请人经书面通知，无正当理由不到庭或者未经仲裁庭许可中途退庭的，可以缺席裁决。

当事人申请仲裁后，可以自行和解。达成和解协议的，可以请求仲裁庭根据和解协议作出裁决书，也可以撤回仲裁申请。

当事人达成和解协议，撤回仲裁申请后反悔的，可以根据仲裁协议申请仲裁。

仲裁庭在作出裁决前，可以先行调解。当事人自愿调解的，仲裁庭应当调解。调解不成的，应当及时作出裁决。调解达成协议的，仲裁庭应当制作调解书或者根据协议的结果制作裁决书。调解书与裁决书具有同等法律效力。

调解书经双方当事人签收后，即发生法律效力。在调解书签收前当事人反悔的，仲裁庭应当及时作出裁决。

六、申请撤销裁决

当事人提出证据证明裁决有下列情形之一的，可以向仲裁委员会所在地的中级人民法院申请撤销裁决：

（1）没有仲裁协议的。

（2）裁决的事项不属于仲裁协议的范围或者仲裁委员会无权仲裁的。

（3）仲裁庭的组成或者仲裁的程序违反法定程序的。

（4）裁决所根据的证据是伪造的。

（5）对方当事人隐瞒了足以影响公正裁决的证据的。

（6）仲裁员在仲裁该案时有索贿受贿，徇私舞弊，枉法裁决行为的。

人民法院经组成合议庭审查核实裁决有前款规定情形之一的，应当裁定撤销。

人民法院认定该裁决违背公共利益的，应当裁定撤销。

当事人申请撤销裁决的，应当自收到裁决书之日起 6 个月内提出。

七、执行

当事人应当履行裁决。一方当事人不履行的，另一方当事人可以依照民事诉讼法的有关规定向人民法院申请执行。受申请的人民法院应当执行。

一方当事人申请执行裁决，另一方当事人申请撤销裁决的，人民法院应当裁定中止执行。人民法院裁定撤销裁决的，应当裁定终结执行。撤销裁决的申请被裁定驳回的，人民法院应当裁定恢复执行。

第三节 诉 讼 解 决

一、诉讼的概念和特点

诉讼是指当事人对双方之间发生的争议未通过自行协商、调解或仲裁的途径解决，而交由法院作出判决。诉讼所遵循的是司法程序，较之与仲裁有很大的不同。诉讼有如下特点：

（1）人民法院受理案件，任何一方当事人都有权起诉，而无须征得对方当事人同意。

（2）向人民法院提起诉讼，应当遵循地域管辖、级别管辖和专属管辖的原则。

（3）当事人在不违反级别管辖和专属管辖原则的前提下，可以选择管辖法院。当事人协议选择由法院管辖的，仲裁机构不予受理。

（4）人民法院审理案件，实行两审终审制度。当事人对人民法院作出的一审判决、裁定不服的，有权上诉。对生效判决、裁定不服的，尚可向人民法院申请再审。

我国民事诉讼法规定的民事诉讼的基本原则和制度是：

（1）国家司法主权原则。凡是在中华人民共和国领域内进行民事诉讼，不论诉讼当事人是否具有中国国籍，也不论诉讼标的是否在中国境内，都必须接受我国司法管辖，适用我国民事诉讼法。

（2）独立审判原则。人民法院在审理民事案件、经济纠纷案件、技术纠纷案件中独立审判，不受行政机关、社会团体和个人的干涉。

（3）以事实为根据，以法律为准绳的原则。

（4）当事人有平等的诉讼权利的原则。一切公民，不分民族、种族、性别、职业、出身、宗教信仰、教育程度、财产状况、居住年限，在适用法律上一律平等。

（5）自愿、合法和及时调解的原则。人民法院十分注重调解工作，任何强迫、违反和久调不决的行为都是和调解原则相违背的。

（6）依法实行合议、回避、公开审判和两审终审制度。合议制度是指案件审判的组织形式是由三个以上审判人员组成的合议庭，依法对案件进行审判。简单的经济纠纷案件，可由一名审判人员独任审判。回避制度是指与案件当事人有利害关系的审判人员、书记员等，不得参加该案的审判活动。公开审判是指人民法院审理案件应当公开进行，但涉及国家秘密、个人隐私或法律另有规定的除外。两审终审制是指一个案件经过两级人民法院审理，即宣告终结的制度。

（7）使用本民族语言、文字进行民事诉讼的原则。

（8）当事人有权进行辩论原则。在审判长主持下，当事人有权就实质性内容和程序问题进行辩论。辩论贯穿于审判的全过程。辩论可以以口头进行，也可以书面形式进行，可以由当事人进行，也可以请代理人进行。

（9）当事人有权在法律规定范围内，处分自己的民事权利和诉讼权利的原则。如果这种处分损害了国家和社会公共利益将是不允许的，国家将进行干预。

（10）人民检察院有权对人民法院的民事审判活动实行法律监督原则。

二、管辖

人民法院受理民事案件，遵循级别管辖、地域管辖和专属管辖的原则。简言之，级别管辖是人民法院对受理第一审民事案件的分工，即基层人民法院、中级人民法院、高级人民法院和最高人民法院，分别受理自己管辖范围内的第一审民事案件；地域管辖是按行政区域划分的人民法院对第一审案件审判管辖的权限和分工；专属管辖是指根据诉讼标的或案件的其他特殊性质，由法律规定的特定的人民法院管辖。

建设工程合同的履行对象是建设工程，合同的履行地为建设工程项目所在地。因此，因建设工程合同所产生的纠纷，应由建设工程项目所在地有管辖权的人民法院管辖为宜。但如果合同没有实际履行，当事人双方住所地又都不在合同约定的履行地的，应由被告住所地人民法院管辖。

三、审判程序

（一）第一审普通程序

当事人就建设工程合同纠纷诉至法院，法院受理后，即进入第一审普通程序。根据《民事诉讼法》第108条的规定，起诉必须符合下列条件：

（1）原告是与本案有直接利害关系的公民、法人和其他组织。

（2）有明确的被告。

（3）有具体的诉讼请求和事实、理由。

（4）属于人民法院受理民事诉讼的范围和受诉人民法院管辖。

起诉状应当写明当事人的姓名、住所地等基本情况，并写明诉讼请求和所根据的事实和理由，以及证据和证据来源、证人姓名和住所。起诉状应按被告人数递交副本。

人民法院收到起诉状后，应当进行审查，认为符合起诉条件的，应当在 7 天内立案，并通知当事人；认为不符合起诉条件的，应当在 7 天内裁定不予受理。原告对裁定不服的，可以向上一级人民法院提起上诉。

人民法院对于予以受理的起诉，一般应在立案之日起 6 个月内审结。

（二）第二审程序

当事人不服地方人民法院第一审判决或裁定的，有权在收到判决书之日起 15 天内或收到裁定书之日起 10 天内向上一级人民法院提起上诉。上诉人依法办理上诉手续（提交上诉状、预交二审诉讼费）后，诉讼即进入第二审程序。

对于不服判决的上诉案件，法院一般应在第二审立案之日起 3 个月内审结，对于不服裁定的上诉案件，则应当在第二审立案之日起 30 天内作出终审裁定。

二审法院所作出的判决、裁定，系发生法律效力的判决、裁定，当事人应当履行。

（三）审判监督程序

审判监督程序也叫再审程序，是指人民法院依法根据本院的管辖范围，对已经发生法律效力的判决、裁定，发现确有错误的，对该案再次进行审理。

有权提起审判监督程序的有：各级人民法院院长及其审判委员会、最高人民法院、上级人民法院以及最高人民检察院和上级人民检察院；当事人在符合法律规定的条件下，也可申请再审。

《民事诉讼法》第 179 条规定，当事人的申请符合下列情形之一的，人民法院应当再审：

（1）有新的证据，足以推翻原判决、裁定的。

（2）原判决、裁定认定事实的主要证据不足的。

（3）原判决、裁定适用法律确有错误的。

（4）人民法院违反法定程序，可能影响案件公正判决、裁定的。

（5）审判人员在审理该案件时有贪污受贿、徇私舞弊，枉法裁判行为的。

此外，当事人在诉讼期间可以调解结案。对已经发生法律效力的调解书，当事人能提出证据证明调解违反自愿原则或者调解协议的内容违反法律规定的，可以申请再审。人民法院审查属实的，应当再审。

应当注意，当事人申请再审的，应当在判决、裁定发生法律效力后两年内提出。

四、督促程序

督促程序是指人民法院根据债权人符合法律规定的申请，向债务人发出支付令，催促债务人履行债务的程序。

向人民法院申请支付令，应具备下列条件：

（1）请求给付的内容为金钱、有价证券，且数额确定，已到给付期限。

（2）债权人与债务人没有其他债务纠纷。

（3）支付令能够送达债务人，且债务人在我国境内。

根据民事诉讼法的规定，有管辖权的人民法院受理申请后，经审查，认为当事人的债权债务关系明确、合法的，应当在受理之日起 15 天内向债务人发出支付令；申请不成立的，裁定驳回。

对债务人而言，应当在收到支付令之日起 15 天内清偿债务，或者向人民法院提出书面异议。人民法院收到债务人提出的书面异议后，应当裁定终结督促程序，支付令自行失效。但债务人对债务本身没有异议，只是提出缺乏清偿能力的，不影响支付令的效力。

债务人在法律规定的期间不提出异议又不履行支付令的，债权人可以向人民法院申请强制执行。申请执行的期限，双方或者一方当事人是公民的为 1 年，双方是法人或者其他组织的为 6 个月，启支付令规定的履行期最后一日起计算。

支付令因债务人依法提出异议而自行失效后，债权人可以向法院提起诉讼。

五、执行程序

执行程序是指人民法院对已经发生法律效力的判决书、裁定书、调解书，以及依法应由人民法院执行的其他法律文书，按其要求和内容予以实现的规则、方法和步骤。执行程序是民事诉讼的最后阶段，但并不是必经阶段，只有当债务人不履行上述已经发生法律效力的法律文书所确定的义务时，根据申请人（债权人）的申请，人民法院依法受理后，诉讼才历经执行程序。

执行程序是实现债权的重要环节。债权人申请强制执行的，应当注意如下问题：

（1）发生法律效力的民事判决书、裁定书和调解书，由第一审人民法院执行。对生效的仲裁裁决，由被申请执行人住所地或被执行的财产所在地人民法院执行。申请人申请强制执行时，应向上述有管辖权的人民法院提出。

（2）申请执行的期限，双方或一方当事人是公民的为 1 年，双方是法人或者其他组织的为 6 个月。申请执行的期限，从法律文书规定的履行期间的最后一日起计算，法律文书规定分期履行的，从规定的每次履行期间的最后一日起计算。

逾期申请执行的，其债权不受法律保护。

（3）在执行过程中，双方当事人可以自行达成和解协议，但该协议应当以书面形式确立，经双方当事人签名或者盖章后送法院备案。债务人不履行和解协议的，债权人有权申请人民法院恢复对原生效法律文书的执行。

（4）人民法院依法对被申请执行人采取强制措施后，被申请执行人仍不能清偿债务的，应当继续履行债务。申请人发现被执行人有其他财产可供执行的，可随时请求人民法院予以执行，并且，该请求不受申请执行期限的限制。

第四节　仲裁时效与诉讼时效

通过仲裁、诉讼的方式解决建设工程合同纠纷的，应当注意和遵守有关仲裁时效与诉讼时效的法律规定。

一、时效制度

所谓时效制度，是指一定的事实状态经过一定的期间之后即发生一定的法律后果的制度。民法上所称的时效，可分为取得时效和消灭时效，一定事实状态经过一定的期间之后即取得权利的，为取得时效；一定事实状态经过一定的期间之后即丧失权利的，为消灭时效。

法律确立时效制度的意义在于，首先是为了防止债权债务关系长期处于不稳定状态；其次是为了催促债权人尽快实现债权；再次，确立时效制度的积极意义还在于，可以避免债权债务纠纷因为年长日久而难以举证，便于解决纠纷。

二、仲裁时效与诉讼时效

《仲裁法》第74条规定，法律对仲裁时效有规定的，适用该规定，法律对仲裁时效没有规定的，适用诉讼时效的规定。

《民法通则》第135条规定，向人民法院请求保护民事权利的诉讼时效期间为2年，法律另有规定的除外。《民法通则》第137条规定，诉讼时效期间从当事人知道或者应当知道其权利被侵害时起计算。

（一）仲裁时效与诉讼时效的概念

所谓仲裁时效，是指当事人在法定申请仲裁的期限内没有将其纠纷提交仲裁机关进行仲裁的，即丧失请求仲裁机关保护其权利的权利。在明文约定合同纠纷由仲裁机关仲裁的情况下，若合同当事人在法定提出仲裁申请的期限内没有依法申请仲裁的，则该权利人的民事权利不受法律保护，债务人可依法免于履行债务。

所谓诉讼时效，是指权利人在法定提起诉讼的期限内如不主张其权利，即丧失请求法院依诉讼程序强制债务人履行债务的权利。诉讼时效实质上就是消灭时效，诉讼时效期间届满后，债务人依法可免除其应负之义务。换言之，若权利人在诉讼时效期间届满后才主张权利的，丧失了胜诉权，其权利不受司法保护。

（二）诉讼时效的法律特征

诉讼时效具有如下法律特征：

（1）诉讼时效期间届满后，债权人仍享有向法院提起诉讼的权利，只要符合起诉的条件，法院应当受理。至于应否支持原告的诉讼请求，首先应审查有无延长诉讼时效的正当理由。

（2）诉讼时效期间届满，又无延长诉讼时效的正当理由的，债务人可以以原告的诉讼请求已超过诉讼时效期间为抗辩理由，请求法院予以驳回。

（3）债权人的实体权利不因诉讼时效期间届满而丧失，但其权利的实现依赖于债务人的自愿履行。如债务人于诉讼时效期间届满后清偿了债务，又以债权人的请求已超过诉讼时效期间为由反悔的，亦为法律所不允。《民法通则》第138条规定："超过诉讼时效期间，当事人自愿履行的，不受诉讼时效限制。"

（4）诉讼时效属于强制性规定，不能由当事人协商确定。当事人对诉讼时效的长短所达成的任何协议，均无法律约束力。

（三）诉讼时效期间的起算

诉讼时效期间的起算，是指诉讼时效期间从何时开始。《民法通则》规定，向人民法院请求保护民事权利的诉讼时效期间为 2 年，法律另有规定的除外。诉讼时效期间从权利人知道或者应当知道其权利被侵害时起计算。例如，甲房地产开发公司与乙建筑公司约定，所欠工程款 100 万元在 1998 年 6 月 30 日前付清，如甲公司到期未付清，则乙公司请求法院强制甲公司清偿债务的诉讼时效期间，从 1998 年 7 月 1 日起计算。

（四）诉讼时效期间的中止

诉讼时效期间的中止，是指诉讼时效期间开始后，因一定法定事由的发生，阻碍了权利人提起诉讼，为保护其权益，法律规定暂时停止诉讼时效期间的计算，已经经过的诉讼时效期间仍然有效，待阻碍诉讼时效期间继续进行的事由消失后，时效继续进行。《民法通则》第 139 条规定："在诉讼时效期间的最后 6 个月内，因不可抗力或者其他障碍不能行使请求权的，诉讼时效中止。从中止时效的原因消除之时起，诉讼时效期间继续计算。"诉讼时效期间的中止，必须满足下列条件：

（1）必须有中止诉讼时效的事由。这里所称的事由，必须是不可抗力或者其他客观障碍，致使权利人无法行使请求权的情况。

（2）中止时效的事由的发生，必须是在诉讼时效期间届满前的最后 6 个月内。如该事由系在最后 6 个月之前发生的，不能以诉讼时效中止为延长诉讼时效的理由。如果该事由系在最后 6 个月内发生的，被阻碍行使请求权的日数，可以在届满之日起补回。

（五）诉讼时效期间的中断

诉讼时效期间的中断，是指诉讼时效期间开始计算后，因一定法定事由的发生，阻碍了时效的进行，致使以前经过的时效期间全部无效，中断时效的事由消除之后，诉讼时效期间重新计算。《民法通则》第 140 条规定："诉讼时效因提起诉讼，当事人一方提出要求或者同意履行义务而中断。从中断时起，一诉讼时效期间重新计算。"例如，甲公司欠乙公司工程款 100 万元，约定在 1995 年 4 月 30 日前付清。但期满时甲公司分文未付，其诉讼时效期间应从 1995 年 5 月 1 日起计算，至 1997 年 4 月 30 日届满。1997 年 3 月 10 日，乙公司派员催促甲方公司付款。因此，乙公司的催促引起诉讼时效的中断，诉讼时效期间自 1997 年 3 月 11 日起重新计算，直至 1999 年 3 月 10 日才届满。

诉讼时效期间的中断，必须满足下列条件：

（1）诉讼时效中断的事由必须是在诉讼时效期间开始计算之后，届满之前发生。

（2）诉讼时效中断的事由，应当属于下列情况之一：

1）权利人向法院提起诉讼。

2）当事人一方提出要求。提出要求的方式可以是书面的方式、口头的方式等。

3）当事人一方同意履行债务。同意的形式可以是口头承诺、书面承诺等。

应当注意，诉讼时效期间虽然可因权利人多次主张权利或债务人多次同意履行债务而多次中断，且中断的次数没有限制，但是，权利人应当在权利被侵害之日起最长不超过 20 年的时间内提起诉讼，否则，在一般情况下，权利人之权利不再受法律保护。《民法通则》第 137 条规定："诉讼时效期间从知道或者应当知道权利被侵害时起计算。但是，从权利被侵害之日起超过 20 年的，人民法院不予保护。有特殊情况的，人民法院可以延长诉讼时效期间。"

（六）诉讼时效期间的延长

诉讼时效期间的延长，是指人民法院对于诉讼时效完成的期限给予适当的延长。根据《民法通则》第 137 条的规定，诉讼时效的延长，应当有特殊情况的发生。所谓特殊情况，最高人民法院《关于贯彻执行〈中华人民共和国民法通则〉若干问题的意见（试行）》第169 条规定，"权利人由于客观的障碍在法定诉讼时效期间内不能行使请求权的，属于《民法通则》第 137 条规定的'特殊情况'。"

三、解决建设工程合同纠纷适用诉讼时效法律规定应注意的问题

（一）关于仲裁时效期间和诉讼时效期间的计算问题

（1）追索工程款、勘察费、设计费，仲裁时效期间和诉讼时效期间均为 2 年，从工程竣工之日起计算，双方对付款时间有约定的，从约定的付款期限届满之日起计算。

工程因建设单位的原因中途停工的，仲裁时效期间和诉讼时效期间应当从工程停工之日起计算。

工程竣工或工程中途停工，施工单位应当积极主张权利。实践中，施工单位提出工程竣工结算报告或对停工工程提出中间工程竣工结算报告，系施工单位主张权利的基本方式，可引起诉讼时效的中断。

（2）追索材料款、劳务款，仲裁时效期间和诉讼时效期间亦为 2 年，从双方约定的付款期限届满之日起计算；没有约定期限的，从购方验收之日起计算，或从劳务工作完成之日起计算。

（3）出售质量不合格的商品未声明的，仲裁时效期间和诉讼时效期间均为 1 年，从商品售出之日起计算。

（二）适用有关仲裁时效和诉讼时效的法律规定，保护自身债权的具体做法

根据《民法通则》的规定，诉讼时效因提起诉讼、债权人提出要求或债务人同意履行债务而中断。从中断时起，诉讼时效期间重新计算。因此，对于债权，具备申请仲裁或提起诉讼的条件的，应在诉讼时效的期限内提请仲裁或提起诉讼；尚不具备条件的，应设法引起诉讼时效中断，具体办法有：

（1）工程竣工后或工程中间停工的，应尽早向建设单位或监理单位提出结算报告；对于其他债权，亦应以书面形式主张债权。对于履行债务的请求，应争取到对方有关工作人员签名、盖章，并签署日期。

（2）债务人不予接洽或拒绝签字盖章的，应及时将要求该单位履行债务的书面文件制作一式数份，自存至少一份备查后将该文件以电报的形式或其他妥善的方式将请求履行债务的要求通知对方。

（三）主张债权已超过诉讼时效期间的补救办法

债权人主张债权超过诉讼时效期间的，除非债务人自愿履行，否则债权人依法不能通

过仲裁或诉讼的途径使其履行。在这种情况下，应设法与债务人协商，并争取达成履行债务的协议。只要签订该协议，债权人仍可通过仲裁或诉讼途径使债务人履行债务。最高人民法院 1997 年 4 月 16 日法复〔1997〕4 号司法解释——《关于超过诉讼时效期间当事人达成的还款协议是否应当受法律保护问题的批复》规定，"超过诉讼时效期间，当事人双方就原债务达成的还款协议，属于新的债权、债务关系。根据《中华人民共和国民法通则》第 90 条规定的精神，该还款协议应受法律保护。"另外，最高人民法院 1999 年 1 月 29 日法释（1999）7 号司法解释——《关于超过诉讼时效期间借款人在催款通知单上签字或者盖章的法律效力问题的批复》规定，"根据《中华人民共和国民法通则》第 4 条、第 90 条规定的精神，对于超过诉讼时效期间，信用社向借款人发出催收到期贷款通知单，债务人在该通知单上签字或者盖章的，应当视为对原债务的重新确认，该债权债务关系应受法律保护。"

思　考　题

8-1　合同争议解决的方法有几种？

8-2　调解解决的方式有哪些？

8-3　仲裁实行的制度是什么？

8-4　哪些纠纷适用仲裁法？

8-5　仲裁时效和诉讼时效是什么？

8-6　争议调解组一般按什么程序进行评审？

第九章 FIDIC 合同条件简介 *

第一节 FIDIC 合同条件概述

一、国际咨询工程师联合会——FIDIC

世界工程咨询业已有上百年的发展历史，成为各国投资建设领域重要的智力服务行业。"FIDIC"是国际咨询工程师联合会法语名称（Federation Internationale Des Ingénieurs-Conseils）的字头缩写。该会成立于 1913 年，总部设在瑞士洛桑。目前全世界已有 60 多个国家或地区加入了该会，我国也在 1996 年正式加入。国际咨询工程师联合会是国际工程咨询业的权威性行业组织，与世界银行等国际金融组织有着密切的联系。它举办各类研讨会、会议及其他活动，以促进其维护高尚的道德和职业标准、交流观点和信息、讨论成员协会和国际金融机构代表共同关心的问题以及发展中国家工程咨询服务业的发展目标的实现问题。它的各种文献出版物，包括各种合同条件、协议标准范本、各种工作指南以及工作惯例建议等，得到了世界各有关组织的广泛承认和实施，是工程咨询行业的重要指导性文献，推动了全球范围内的工程咨询服务业的发展。

二、FIDIC 编写的合同条款

FIDIC 下属两个地区成员协会，即亚洲及太平洋地区成员协会（ASPAC）和非洲成员协会（CAMA），并设 5 个永久性专业委员会，即业主与咨询工程师关系委员会（CCRC）、合同委员会（CC）、风险管理委员会（RMC）、质量管理委员会（QMC）和环境委员会（ENVC）。各专业委员会编制出版了许多规范性的和指南性的文件，对合同条款而言，主要有下列几种：

（1）《业主/咨询工程师标准服务协议书》（Conditions of the Client/Consultant Model Services Agreement），简称"白皮书"，1990。

（2）《电气和机械工程合同条件》（第 3 版订正）（Conditions of Contract for Electrical and Mechanical Works），简称"黄皮书"，1988。

（3）《土木工程施工合同条件》（第 4 版订正）（Conditions of Contract for Works of Civil Engineering Construction），简称"红皮书"，1992。

（4）《土木工程施工分包合同条件》（Conditions of Subcontract for Works of Civil Engineering Construction），1994。

---

* 本章"工程师"即前面各章所述的"监理人"。

（5）《设计—建造与交钥匙工程合同条件》（Conditions of Contract for Design-Build and Turnkey），1995。

（6）《施工合同条件》（Conditions of Contract for Construction），简称"新红皮书"，1999。

（7）《设计采购施工（EPC）/交钥匙工程合同条件》（Conditions of Contract for EPC/Turn-key Projects），简称"新银皮书"，1999。

（8）《生产设备和设计—施工合同条件》（Conditions of Contract for Plant and Design-Build），简称"新黄皮书"，1999。

（9）《简明合同格式》（Short Form of Contract），简称"新绿皮书"，1999。

FIDIC 还对上述（1）、（2）、（3）、（5）4 个合同条件分别编制了"应用指南"，在"指南"中介绍了招标程序、合同各方及工程师的职责，还对每一条款进行了解释，对使用者深入理解合同条款和编制专用条款很有帮助。

三、FIDIC 合同条件的总体特点

1. 公平合理、职责分明

FIDIC 合同条件能遵循公平原则确定业主和承包人的权利和义务；按照风险管理的原则合理地分配业主和承包人之间的风险责任。合同条件也明确规定了业主、承包商以及工程师的职责和权限，以及三者之间相互独立又相互制约的关系，保证了合同的公正合理性，有利于合同目标的实现。合理条款还倡导合同各方应以诚实信用、友好合作的精神去完成工程。所有这些，无疑是 FIDIC 条款得到广泛应用的最主要的原因。

2. 程序严谨、可操作性强

合同条件是在多年工程实践的基础上，由世界范围内大量的工程管理、法律等方面专家经过多次修改形成的有机整体。合同条件之间相互制约、相互保证，对处理各种问题均规定了严格的程序、步骤、期限及责任人，还强调了要应用书面文件及证据的重要性，能做到有规可循、有据可查，有利于合同的顺利履行。

3. 内容全面，文字严谨，具有国际通用性

FIDIC 合同条件涵盖了工程合同的各个方面，在专用合同条款中又给出了结合具体工程特点的条款选项，稍加修改，便可适用于某个具体工程。FIDIC 合同条件吸取了英国土木工程师学会（ICE）、联合合同评议会（JCT）等编制的合同文本用词严格的优点，尤其是从第四版开始，条款文字更容易阅读，更容易理解。多年的应用结果显示，FIDIC 合同条件对目前的各种法律体系，包括社会主义法律体系、普通法体系、罗马法体系、伊斯兰法律体系等，均适用。

4. 通用条款与专用条款的有机结合

FIDIC 合同条件一般都包括两部分，即通用条款和专用条款，共同组成管理合同各方权利和义务的合同条件。通用条款对同一类工程都能适用，比如《土木工程施工合同条件》的通用条款对水利、水电、桥梁、机场、工业民用建筑、港口、铁路、公路等土木工程项目均适用。使用通用条款时，可以不作任何改动附入合同文件。比如，1999 版的

《施工合同条件》的前言中明确了编写通用条款的原则：

（1）期中付款和最终付款的金额，将按工程量测量，采用工程量表中的费率和价格计算。

（2）如果通用条款中的措辞需要进一步的资料（除非这些资料具有过多描述，需要在规范中详加说明），这时，条款指明，该资料将包括在投标书附录中，这些资料或由业主规定，或由投标人填入。

（3）当通用条款处理某一事项的条款，在不同的合同中对该事项可能采用不同的合同条款时，编写此类条款采用的原则是：

1）使用户感到能够简单地删除或不动用任何他们不想采用的规定，要比因为通用条款没有包括他们的要求，而必须编写附加条款要方便得多。

2）在采用上述方法被认为不适宜的情况下，使该条款包含经考虑认为对大多数合同都能适用的规定。

通用条款既然要保持普遍适用性，就不可能涉及某一特定工程的个性，所以对于每个具体的合同，就需要有专用条款来加以补充。专用条款的作用是对通用条款进行修改和补充，比如：①通用条款中的某些措辞专门要求在专用条款中包含进一步的信息，以使合同条件更完整、更明确；②工程类型或环境所要求必须增加的条款；③工程所在国家的法律要求对通用条款的某些规定进行修改；④工程业主的某些特殊要求等。FIDIC 所编制各类合同条件中的专用条款，常有多种不同措词的范例供使用者参考，业主或工程师在编写时，可根据需要直接采用、进行修改或另行撰写，但在进行该项工作时，应认真核对，确保其完全适合特定的情况，并和通用条款相协调。在合同中每一专用条款的编号应与其所修改或补充的相应的通用条款相同，通用条款与专用条款是一个整体，将编号相同的通用条款与专用条款一起阅读，才能全面、正确地说明该条款的内容与用意；如果通用条款与专用条款有矛盾之处，则应以专用条款为准。

由于 FIDIC 合同条件有上述特点，世界银行等国际金融组织以及一些国家或政府都规定或推荐凡利用其贷款的工程项目都应使用 FIDIC 合同条款，所以在国际工程中得到了广泛的应用。对 FIDIC 合同条件稍加修改，也可适用于国内工程，我国有关部门所编制的合同条款很多都是以 FIDIC 合同条款作为重要的参考文本，其中，水利部发布的施工合同条件就把 FIDIC 的《土木工程施工合同条件》作为重要的参考依据。

四、新版 FIDIC 合同条件的特点

随着国际上工程建设规模的逐步扩大以及业主方对项目管理模式的要求不断多样化，为了反应国际工程建设业的发展，FIDIC 于 1996 年委托英国里丁大学在全球工程建设领域调查了 FIDIC 合同条件的应用情况。根据里丁大学的调查结果和提出的建议，并根据多年来在工程实践中取得的经验以及专家、学者和相关各方的意见和建议，FIDIC 在 1999 年正式推出了 4 本新的合同条件，即：《施工合同条件》、《生产设备和设计—施工合同条件》、《设计采购施工（EPC）/交钥匙工程合同条件》、《简明合同格式》。

1999 年版 FIDIC 合同条件的总体特点：

(1) 合同条件结构标准化。FIDIC 以前各版本的合同条件在编排上、措词上均不尽相同，增加了学习、使用各个合同条件的困难。1999 版的《施工合同条件》、《生产设备和设计—施工合同条件》、《设计采购施工（EPC）/交钥匙工程合同条件》3 个文本均采用了 1995 年的《设计—施工与交钥匙工程合同条件》的基本结构，即：通用条款均分为 20 节，条款的标题和内容也尽量保持一致，定义也都分为六大类编排，定义内容也尽量保持统一。这样，使整个 FIDIC 合同条件体系更加标准化、系统化，条理清晰，层次分明，融会贯通，避免了一事多词、相互歧义，也便于使用者学习和运用。当然，由于《简明合同格式》是简化的合同，内容和格式均比较简单，所以在编排和内容上没有和其他合同文件保持一致。

(2) 语言简明化、编排系统化。新版合同条件英文原版中很少出现以前那些陈旧拗口的古英语用词，句子的结构也相对简单清楚，因此更容易阅读和理解。如关于承包商的运输问题，原来的合同条件使用了复杂烦琐的篇幅进行说明，而在新版中，只用了很短的条款就给出了明确的规定。同时，在编排上，原来的合同条件条款之间逻辑关系复杂，条款之间相互解答、相互引用，整体框架比较烦琐。新版合同条件尽量将有关的内容编排在同一节或同一条款中，尽量减少了条款之间的相互引用，这样使条款更加紧凑，整体框架比较明晰，也便于阅读、理解和使用。

(3) 分工更加明晰，合同权利、义务关系更加明确。在新条款中，对于工程师的权力规定更加明确。对于合同双方的权利和义务关系进行了更加严格和明确的规定，增加了合同的可操作性，尽可能地避免了由于合同条件的模糊以及理解的不同而造成的合同纠纷。

(4) 合同内容更加完整，覆盖面更宽，应用范围更广。新的合同条件的编写采用了尽量让用户通过删除或简单修改就可以用于具体工程项目，而不需要另外编写增加条款的原则，所以合同条件内容的覆盖面更宽、更完整。比如原来的《土木工程施工合同条件》有 194 款，新的《施工合同条件》有 247 款。同时，在新版合同条件中，不但有适用于承包商仅负责工程施工的合同条件，也有适用于包括设计总承包的合同条件；不但有适用于风险极大的复杂的 EPC 合同条件，也有适用于小型工程项目的简明合同条件。

(5) 完善了合同术语体系，对关键术语给了更加科学、严密的定义。在原来的版本中，有些属于定义的不够全面，个别术语的提法不太科学，也不太符合工程习惯，对于这些，在新版合同条件中均作了改进。主要改动如下：

1) 进一步明确了有关术语的含义。在原来的《土木工程施工合同条件》中，关于"投标书（Tender）"一词的定义给工程实践操作带来了不便，在新版中增加了"投标函（Letter of Tender）"，作为对"投标书"这一概念的补充，并明确了两者的内涵和区别；同样，增加了"中标合同金额（Accepted Contract Amount）"，并明确了和"合同价格（Contract Price）"之间的内涵和区别。

2) 改变了一些原版中的术语，含义没变，但更符合工程习惯，更容易理解。如把"缺陷责任期（Defects Liability Period）"改为"缺陷通知期（Defects Notification Period）"，把"缺陷责任证书（Defects Liability certificate）"改为"履约证书（Performance Certificate）"。

3）增加了一些工程中常用的术语，并给出了明确的定义。如在原《土木工程施工合同条件》中，仅给出了 30 个定义，而在新的《施工合同条件》中，给出了 58 个定义，如新增加了"竣工后试验（Tests After Completion)"、"货物（Goods)"、"基准日期（Base Date)"、"计日工作计划表（Date Work Schedule)"等；删除了一些定义，如"工程师代表（Engineer's Representatives)"等。

可以说，新版 FIDIC 合同条件的这些特点，正是顺应了目前国际工程合同管理的新情况和发展趋势：

（1）更加切实地贯彻便于使用、可操作性强的原则。从 FIDIC 出版合同条件开始，就采用了该原则，比如把合同条件分为通用合同条款和专用合同条款等，因为只有便于工程合同相关方（包括工程项目业主、承包商、分包商、监理工程师等）的阅读和使用，才能真正为工程建设和合同各方提供帮助。

（2）贯彻了这样的合同精神：既要合同双方合作实现双赢，又要严格明确合同责任。因为只有合同双方基于诚实信用原则，相互信任、相互合作，忠实履行合同义务，积极主动解决合同履行中出现的问题，才能更好地实现合同目标。但是，诚实守信的基础是合同责任明确，严格合同责任是指违约事件发生后，确定当事人的责任时，不考虑当事人主观上有无故意或过失，而只考虑违约结果是否因当事人的行为造成对方的损害。目前的很多国际公约和通则等均采用此原则，而不采用大陆法系的过错责任原则。该原则要求合同双方事先在合同中约定好风险分配和双方的权利、义务，并遵守按照合同约定。

（3）贯彻了合同的公平合理原则。公平原则是市场经济的客观要求，主要是为了保护合同当事人的合法权益，维护和当事人之间的利益。在新版的 FIDIC 合同条件中引入了争端裁决委员会。它是与工程无任何关系的独立的第三方。当发生合同争议时，不再由与工程有直接关系的工程师担任裁决人，而是由争端裁决委员会来处理，并约定了处理争端的一般程序，给出了《争端裁决协议书—一般条件》和《程序规则》。这样就更好地体现了合同条件的公平原则。

（4）体现了合同条件系列化、系统化、结构化趋势。FIDIC 推出了一系列的合同条件，各个工程项目业主可以根据该工程实施的具体特点和工程管理的规划，选择使用合同条件，施工企业的专业化和施工管理水平的提高，也为使用多种合同条件提供了可能。另外，没有结构化、系统化的合同条件，往往会存在逻辑关系混乱、内容不完善、约定交叉甚至相互矛盾的情况，为合同的实施带来困难，损害合同双方的利益。工程管理的安全性需要合同条件具有完备性，工程管理的方便性需要合同条件易读易用，而合同条件的系统化、结构化为工程管理的安全性和方便性提供了基本保证。

（5）体现了工程管理发展的新特点。一方面工程管理方法由传统管理方式向现代管理方式演进，出现了新的管理原则和管理制度，新型的管理方式需要新的合同条件与之相配套；另一方面，国际工程技术的快速发展也为工程管理提出了新要求，要求合同条件与之相适应。

由于水利工程建设主要是土建工程施工，所以该类工程施工合同条件主要是关于土木工程的施工合同条件。另外，在这些工程管理中，对于大多数大中型水利工程一般均采用单价合同，但也有一些中小型水利工程项目采用总价合同。FIDIC 合同条件体系中和水利工程密切相关的包括《土木工程施工合同条件》、《施工合同条件》、《设计采购施工（EPC）/交钥匙工程合同条件》以及《土木工程施工分包合同条件》。由于《土木工程施工合同条件》已发展到《施工合同条件》，而且适用于大量大中型水利工程建设，所以，在此对《施工合同条件》作相对详细的介绍，而对其他的 FIDIC 合同条件仅略作说明。

第二节　FIDIC 施工合同条件的管理

FIDIC 在 1998 年首先推出了《施工合同条件》的试用本，在全世界范围内收集意见和建议，并在一些国家进行试点应用，在经过一年多的试用后，于 1999 年才正式出版了重新改写的《施工合同条件》，简称"新红皮书"。它适用于承包商按照业主提供的设计进行施工，且业主任命工程师进行合同管理的工程施工项目。

一、FIDIC《施工合同条件》的特点

此合同条件继承了 FIDIC 以往合同条件的优点，在原《土木工程施工合同条件》的基础上进行重新编写，不仅修改原合同条件，而且从结构到内容均作了较大的调整。新版本有以下几个方面的重大改动。

（一）合同的适用范围更宽了

原来的《土木工程施工合同条件》仅适用于土木工程，而新版的《施工合同条件》不仅适用于土木建筑工程，也可以适用于安装工程施工。

（二）通用条件条款结构作了调整，内容也更完善

原来的《土木工程施工合同条件》有 25 节、72 条、194 款，新的合同条件通用条件有 20 条 247 款，分条论述了一般规定，业主，工程师，承包商，指定分包商，职员和劳工，工程设备、材料和工艺，开工、延误和暂停，竣工检验，业主的接收，缺陷责任，测量和估价，变更和调整，合同价格和支付，业主提出终止，承包商提出暂停和终止，风险和责任，保险，不可抗力，索赔、争端和仲裁共 20 个问题。它的条款增多了，而且，尽量将相关内容列在了同一主题下，克服了合同履行中发生某一事件涉及多个编号不在一起的条款时，合同使用烦琐、合同管理困难的弱点。另外，为使内容更全面，还包括了专用条款编写指南以及"投标书及附件"、"协议书"和"争端裁定协议书" 3 个标准格式组成，以及两个附件：争端裁定协议书的通用条件和各种保证的格式范例。

（三）对合同双方权利和义务的规定更严格、更明确

新的合同条件对合同双方的权利、义务规定更加明确了。如新的合同条件对缺陷责任等作出了更加明确的认定。另外，新的合同条件对合同双方的权利、义务规定更加严格了，在索赔条款 20.1 中明确规定，如果承包商认为他有权得到竣工时间的任何延长期和（或）任何追加付款，成本核算应在觉察或应已觉察该事件或情况后 28 天内向工程师发出通知，如果承包商未能在 28 天内发出索赔通知，则竣工时间不得延长，承包商无权获得追加付款，而业主应免除有关该索赔的全部责任。而原来的《土木工程施工合同条件》规定，索赔事件发生时，即使

承包商没有及时发出索赔通知，但仍有权得到索赔，只是得到的有关付款将不超过工程师或仲裁人通过同期记录核实估价的索赔总额。新的合同条件又规定，如承包商违约时，承包商还有应付给业主的款项没有结清，业主可以出售承包商的设备等物品，以收回欠款；而在原来的《土木工程施工合同条件》中，没有此规定。显然，这些规定对于承包商来说就更加严格了，同样，新版合同条件对于业主的要求也更加严格了。

（四）对工程师的职权规定得更为明确

合同条款明确规定，工程师应履行施工合同中赋予他的职责，以及形式合同中明确规定的或必然隐含的权力。如果要求工程师在行使施工合同中某些规定权力之前需先获得业主的批准，则应在业主与承包商签订合同的专用条件的相应条款内注明。合同履行过程中，业主和承包商的要求均应提交工程师，除非按照解决合同争议的条款将该事件提交争端裁决委员会或仲裁机构解决，对工程师作出的每项决定各方均应遵守。业主和承包商协商达成一致之前，不得对工程师的权力加以进一步的限制。当然，工程师在作决定时，应尽量和各方协商达成一致，若不能，则应按照合同规定和工程实际情况作出公正合理的决定。

（五）合同条件的内容更加完善

随着工程项目管理得规范化发展，增加了一些新内容，如：争端裁决委员会、知识产权、业主的资金安排、业主的索赔、承包商的质量管理体系等，使条款的内容更完善，覆盖范围更全面，在新的工程项目管理环境中更适用。

（六）合同条款的可操作性更强

合同条款的可操作性的增强，主要体现在两个方面：①合同条件更加完善，对工程实施中可能出现的各种问题，均给出了有关规定，使处理问题时有章可循；②合同条款的规定更加细致和具体。如在新版的合同条件中，对于预付款扣还的起始点以及每次扣还的比例均作了具体的规定；又如，对于业主延误付款，新版合同条件规定，除非专用合同条件另有规定，承包商的融资费用应以高出支付货币所在国中央银行贴现率3个百分点的年利率进行计算，并应用同种货币支付，且承包商在得到该费用时，无需正式通知或证明，且不影响他的任何其他权利或补偿，这比原来的《土木工程施工合同条件》规定得更具体，对操作的指导性更强，也减少了合同条件执行中的误解和扯皮。

二、FIDIC《施工合同条件》规定的合同文件组成及优先次序

按照 FIDIC《施工合同条件》通用条款规定，除非合同另有规定，构成合同的各种文件的优先次序按如下排列：

（1）合同协议书。业主发出中标函的 28 天内，接到承包商提交的有效履约保证后，双方签署的法律性标准化格式文件。为了避免履行合同过程中产生争议，专用条件指南中最好注明接受的合同价格、基准日期和开工日期。

（2）中标函。业主签署的对投标书的正式接受函，可能包含作为备忘录记载的合同签订前谈判时可能达成一致并共同签署的补遗文件。

（3）投标函。承包商填写并签字的法律性投标函和投标函附录，包括报价和对招标文件及合同条款的确认文件。

（4）合同专用条件。

（5）合同通用条件。

（6）规范。指承包商履行合同义务期间应遵循的准则，也是工程师进行合同管理的依据，即合同管理中通常所称的技术条款。除了工程各主要部位施工应达到的技术标准和规范以外，还可以包括以下方面的内容：

1）对承包商文件的要求。

2）应由业主获得的许可。

3）对基础、结构、工程设备、通行手段的阶段性占有。

4）承包商的设计。

5）放线的基准点、基准线和参考标高。

6）合同涉及的第三方。

7）环境限制。

8）电、水、气和其他现场供应的设施。

9）业主的设备和免费提供的材料。

10）指定分包商。

11）合同内规定承包商应为业主提供的人员和设施。

12）承包商负责采购材料和设备需提供的样本。

13）制造和施工过程中的检验。

14）竣工检验。

15）暂列金额等。

（7）图纸。

（8）资料表以及其他构成合同一部分的文件，如：

1）资料表——由承包商填写并随投标函一起提交的文件，包括工程量表、数据、列表及费率/单价表等。

2）构成合同一部分的其他文件——在合同协议书或中标函中列明范围的文件（包括合同履行过程中构成对双方有约束力的文件）。

三、《施工合同条件》的风险责任划分

工程实施过程中是存在风险的，所以合同条件中关于风险责任的划分是非常重要的内容，直接涉及合同双方的权利义务关系。合同履行过程中可能发生的某些风险是有经验的承包商在准备投标时无法合理预见的，通用条款内以投标截止日期前第 28 天定义为"基准日"作为业主与承包商划分合同风险的时间点。

（一）业主的风险责任

1. 合同条件规定的业主风险

属于业主的风险包括：

（1）战争、敌对行动（不论宣战与否）、入侵、外敌行动。

（2）工程所在国国内发生的叛乱、恐怖主义、革命、暴动、军事政变、篡夺政权或内

战（在我国实施的工程均不采用此条款）。

（3）承包商人员及承包商和分包商的其他雇员以外的人员在工程所在国内的暴乱、骚乱或混乱。

（4）工程所在国国内的战争军火、爆炸物资、电离辐射或放射性引起的污染，但可能由承包商使用此类物质引起的除外。

（5）由音速或超音速飞行的飞机或飞行装置所产生的压力波。

（6）除合同规定以外业主使用或占用的永久工程的任何部分。

（7）由业主人员或业主对其负责的其他人员所作的工程任何部分的设计。

（8）不可预见的或不能合理预期一个有经验的承包商已采取适宜预防措施的任何自然力作用。

前5种风险都是业主或承包商无法预测、防范和控制而保险公司又不承保的事件，损害后果又很严重，业主应对承包商受到的实际损失（不包括利润损失）给予补偿。

2. 不可预见的物质条件

（1）不可预见物质条件的范围。承包商施工过程中遇到不利于施工的外界自然条件、人为干扰、招标文件和图纸均未说明的外界障碍物、污染物的影响、招标文件未提供或与提供资料不一致的地表以下的地质和水文条件，但不包括气候条件。

（2）承包商及时发出通知。遇到上述情况后，承包商递交给工程师的通知中应具体描述该外界条件，并说明原因为什么承包商认为是不可预见的。发生这类情况后承包商应继续实施工程，采用在此外界条件下合适的、合理的措施，并且应该遵守工程师给予的任何指示。

（3）工程师与承包商进行协商并作出决定。判定原则是：

1）承包商在多大程度上对该外界条件不可预见。事件的原因可能属于业主风险或有经验的承包商应该合理预见，也可能双方都应负有一定责任，工程师应合理划分责任或责任限度。

2）不属于承包商责任的事件影响程度，评定损害或损失的额度。

3）与业主和承包商协商或决定补偿之前，还应审查是否在工程类似部分（如有时）上出现过其他外界条件比承包商在提交投标书时合理预见的物质条件更为有利的情况。如果在一定程度上承包商遇到过此类更为有利的条件，工程师还应确定补偿时对因此有利条件而应支付费用的扣除与承包商作出商定或决定，并且加入到合同价格和支付证书中（作为扣除）。

4）由于工程类似部分遇到的所有外界有利条件而作出对已支付工程款的调整结果不应导致合同价格的减少，即如果承包商不依据"不可预见的物质条件"提出索赔时，不考虑类似情况下有利条件承包商所得到的好处，另外对有利部分的扣减不应超过对不利补偿的金额。

3. 其他不能合理预见的风险

（1）外币支付部分由于汇率变化的影响。当合同内约定给承包商的全部或部分付款为某种外币，或约定整个合同期内始终以基准日承包商报价所依据的投标汇率为不变汇率按约定百分比支付某种外币时，汇率的实际变化对支付外币的计算不产生影响。若合同内规定按支付日当天中央银行公布的汇率为标准，则支付时需随汇率的市场浮动进行换算。由于合同期内汇率的浮动变化是双方签约时无法预计的情况，不论采用何种方式，业主均应承担汇率实际变化对工程总造价影响的风险，可能对其有利，也可能不利。

（2）法令、政策变化对工程成本的影响。如果基准日后由于法律、法令和政策变化引起承包商实际投入成本的增加，应由业主给予补偿。若导致施工成本的减少，也由业主获得其中的好处。

（二）承包商的风险责任

虽然合同条件没有像列举业主风险一样列举承包商的风险责任，但其实，承包商要承担的风险责任包含在各个条款中。总之，除了那些属于业主的风险外，承包商要承担其他任何原因造成的工程、货物或承包商文件发生的任何损失或损害，即对工程的照管责任。但我们应注意到《施工合同条件》加大了承包商对工程人员的责任。它规定，承包商应保障和保持使业主、业主人员以及他们各自的代理人员免受索赔、损害赔偿费、损失和开支带来的伤害，即任何人员的人身伤害、患病、疾病或死亡，不论是由于承包商的设计、施工和竣工以及修补任何缺陷引起，或在其过程中，或因其原因产生的，除非是由于业主、业主人员或他们各自的任何代理人的任何疏忽、故意行为或违反合同造成的。

四、施工合同管理的主要内容

（一）施工进度管理

合同工期在合同条件中用"竣工时间"的概念，指所签合同内注明的完成全部工程的时间，加上合同履行过程中因非承包商应负责原因导致变更和索赔事件发生后，经工程师批准顺延工期之和。如有分部移交工程，也需在专用条件的条款内明确约定。施工期是从工程师按合同约定发布的"开工令"中指明的应开工之日起，至工程接收证书注明的竣工日止的日历天数为承包商的施工期。用施工期与合同工期比较，判定承包商的施工是提前竣工，还是延误竣工。

1. 工程开工

工程师应至少提前 7 天通知承包商开工日期，承包商应在合同约定的日期或接到中标函后的 42 天内（合同未作约定）开工。

2. 施工计划

（1）承包商编制施工进度计划。承包商收到开工通知后的 28 天内，按工程师要求的格式和详细程度提交施工进度计划，说明为完成施工任务而打算采用的施工方法、施工组织方案、进度计划安排，以及按季度列出根据合同预计应支付给承包商费用的资金估算表。

合同履行过程中，一个准确的施工计划对合同涉及的有关各方都有重要的作用，不仅要求承包商按计划施工，而且工程师也应按计划做好保证施工顺利进行的协调管理工作，同时也是判定业主是否延误移交施工现场、迟发图纸以及其他应提供的材料、设备，成为影响施工应承担责任的依据。

（2）进度计划的内容。一般应包括：

1）计划实施工程的工作顺序。包括设计进度（如果包括部分工程的施工图设计的话）、采购计划、生产设备的制造、运到现场、施工、安装和试验各个阶段的预期时间。

2）各指定分包商施工各阶段的安排。

3）合同中规定的各项检查和试验的顺序和时间安排。

4）保证计划实施的支持报告，内容包括：①承包商在各主要阶段实施中拟采用的方法和一般描述；②各主要阶段承包商拟投入的人员、设备的详细情况。

（3）进度计划的确认。承包商有权按照他认为最合理的方法进行施工组织，工程师不应干预。工程师对承包商提交的施工计划的审查主要涉及以下几个方面：

1）计划实施工程的总工期和重要阶段的里程碑工期是否与合同的约定一致。

2）承包商各阶段准备投入的机械和人力资源计划能否保证计划的实现。

3）承包商拟采用的施工方案与同时实施的其他合同是否有冲突或干扰等。

如果出现上述情况，工程师可以要求承包商修改计划方案。若承包商将计划提交后的21天内，工程师未提出需修改计划的通知，即认为该计划已被工程师认可。

3. 工程师对施工进度的监督

（1）月进度报告。为了便于工程师对合同的履行进行有效的监督和管理，协调各合同之间的配合，承包商每个月都应向工程师提交进度报告，说明前一阶段的进度情况和施工中存在的问题，以及下一阶段的实施计划和准备采取的相应措施。报告的内容包括：

1）设计的每个阶段、承包商的文件、采购、制造、货物运达现场、施工、安装和调试的每一阶段，以及指定分包商实施工程的这些阶段进展情况的图表与详细说明。

2）表明制造情况和现场进展等状况的照片。

3）关于每项主要生产设备和材料生产、制造商名称、制造地点、进度百分比及开始制造、承包商的检验、试验、发货和到达现场的实际或预期日期。

4）承包商的现场施工人员和各类施工设备数量的详细记录。

5）材料的质量保证文件、试验结果及合格证的副本。

6）有关索赔通知的清单。

7）安全统计，包括涉及环境和公共关系有危害的事件和活动的详细情况。

8）实际进度与计划进度的对比，包括可能影响按照合同完工的任何事件和情况的详情，以及为消除延误而正在（或准备）采取的措施等。

（2）施工进度计划的修订。当工程师发现实际进度与计划进度严重偏离时，不论实际进度是超前还是滞后于计划进度，为了使进度计划有实际指导意义，随时有权指示承包商编制改进的施工进度计划，并再次提交工程师认可后执行，新进度计划将代替原来的计划。也允许在合同内明确规定，每隔一段时间（一般为3个月）承包商都要对施工计划进行一次修改，并经过工程师认可。按照合同条件的规定，工程师在管理中应注意两点：①不论因何方应承担责任的原因导致实际进度与计划进度不符，承包商都无权对修改进度计划的工作要求额外支付；②工程师对修改后进度计划的批准，并不意味着承包商可以摆脱合同规定应承担的责任。例如，承包商因自身管理失误使得实际进度严重滞后于计划进度，按他实际施工能力修改后的进度计划，竣工日期将迟于合同规定的日期，工程师考虑此计划已包括了承包商所有可挖掘的潜力，只能按此执行而批准后，承包商仍要承担合同规定的延期违约赔偿责任。

4. 竣工时间的延长

通用条件的条款中规定，可以给承包商合理延长合同工期的条件通常可能包括以下几种情况：

（1）变更或合同中某项工作量的显著变化。

（2）异常不利的气候条件。

（3）由于流行病或政府行为造成可用人员或货物的不可预见的短缺。

（4）由业主、业主人员或其他承包商所造成或引起的任何延误、妨碍或阻碍，比如：延误发放图纸；延误移交施工现场；承包商依据工程师提供的错误数据导致放线错误；业主提前占用工程导致对后续施工的延误；非承包商原因使竣工检验不能按计划正常进行等。

（5）根据合同条件，其他有权多延期的原因，比如：施工中遇到文物和古迹而对施工进度的干扰；后续法规调整引起的延误等。尤其是在本合同条件中专门列出了当局造成的延误，需要满足的条件是：承包商已经努力遵守了依法成立的有关攻关当局所制定的程序，但这些当局延误或打乱了承包商的工作，而且延误或中断是不可预见的。

5. 工程暂停及赶工

工程暂停的规定类似《土木工程施工合同条件》，工程师有权随时指示承包商暂停工程某一部分或全部的施工，然后分析原因，采取相应措施尽快复工，并划清责任，进行处理。当暂停超过 84 天以上时，承包商可以要求继续施工，若这一要求提出后 28 天内工程师没有给出许可，承包商可以通知工程师将暂停施工部分视为删除项目。只是增加了暂停时对生产设备和材料的付款规定，当生产设备的生产或生产设备和材料的交付被暂停达 28 天以上，并且承包商已按工程师的指示标明生产设备和材料为业主财产时，承包商有权得到尚未运到现场的生产设备和材料的价值付款。

工程师认为整个工程或部分工程的施工进度滞后于合同竣工时间时，可以下达赶工指示，承包商应立即采取经工程师同意的必要措施加快施工进度，然后，根据工程进度延迟的原因和合同规定决定责任归属。

（二）施工质量管理

1. 承包商的质量责任

合同履行过程中，如果承包商没有完全地或正确地履行合同义务，业主可凭工程师出具的证明，从承包商应得工程款内扣减该部分给业主带来损失的款额。

（1）不合格材料和工程的重复检验费用由承包商承担。工程师对承包商采购的材料和施工的工程通过检验后发现质量未达到合同规定的标准，承包商应自费改正并在相同条件下进行重复试验，重复检验所发生的额外费用由承包商承担。

（2）承包商没有改正忽视质量的错误行为。当承包商不能在工程师限定的时间内将不合格的材料或设备移出施工现场，以及在限定时间内没有或无力修复缺陷工程，业主可以雇用其他人来完成，该项费用应从承包商处扣回。

（3）折价接收部分有缺陷工程。某项处于非关键部位的工程施工质量未达到合同规定的标准，如果业主和工程师经过适当考虑后，确信该部分的质量缺陷不会影响总体工程的运行安全，为了保证工程按期发挥效益，可以与承包商协商后折价接收。

2. 承包商的质量保证体系

通用条件规定，承包商应建立一套质量保证体系，以保证施工符合合同要求，该体系应符合合同的详细规定。在每一设计和施工阶段开始实施之前，承包商应将所有工作程序的细节和执行文件提交工程师，文件本身应有经承包商事先批准的明显证据。工程师有权审查质量保证体系的任何方面，但承包商遵守工程师认可的质量保证体系施工，并不能解除依据合同应承担的任何任务、义务和职责。

3. 现场资料

业主有义务向承包商提供基准日前后得到的所有相关资料和数据。承包商的投标书表明他在投标阶段对招标文件中提供的图纸、资料和数据进行过认真审查和核对，并通过现场考察和质疑，已取得了对工程可能产生影响的有关风险、意外事故和其他情况的全部必要资料。承包商对施工中涉及的以下相关事宜的资料应有充分的了解：①现场的现状和性质，包括资料提供的地表以下条件；②水文和气候条件；③为实施和完成工程及修复工程缺陷所需的工作和货物的范围和性质；④工程所在地的法律、法规和劳务习惯；⑤承包商要求的通行道路、食宿、设施、人员、电力、交通、供水及其他服务。

不论是招标阶段提供的资料还是后续提供的资料，业主应对资料和数据的真实性和正确性负责，但承包商应负责解释所有此类资料。

4. 质量的检查和检验

为了保证工程的质量，工程师除了按合同规定进行正常的检验外，还可以在认为必要时依据变更程序，指示承包商变更规定检验的位置或细节、进行附加检验或试验等。由于额外检查和试验是基准日前承包商无法合理预见的情况，涉及的费用和工期变化视检验结果是否合格划分责任归属。

5. 对承包商设备的控制

工程质量的好坏和施工进度的快慢，很大程度上取决于投入施工的机械设备、临时工程在数量和型号上的满足程度。而且承包商在投标书中报送的设备计划，是业主决标时考虑的主要因素之一。因此通用条款规定了以下几点：

（1）承包商自有的施工设备。承包商自有的施工机械、设备、临时工程和材料，一经运抵施工现场后就被视为专门为该合同工程施工之用，除了运送承包商人员和物资的运输车辆以外，其他施工机具和设备虽然承包商拥有所有权和使用权，但未经过工程师的批准，不能将其中的任何一部分运出施工现场。作出上述规定的目的是为了保证工程的施工，但并非绝对不允许在施工期内承包商将自有设备运出工地。某些使用台班数较少的施工机械在现场闲置期间，如果承包商的其他合同工程需要使用时，可以向工程师申请暂时运出。当工程师依据施工计划考虑该部分机械暂时不用而同意他运出时，应同时指示何时必须运回以保证工程的施工之用，要求承包商遵照执行。对于后期施工不再使用的设备，竣工前经过工程师批准后，承包商可以提前撤出工地。

（2）承包商租赁的施工设备。承包商从其他人处租赁施工设备时，应在租赁协议中规定在协议有效期内发生承包商违约解除合同时，设备所有人应以相同的条件将该施工设备转租给发包人或发包人邀请承包该合同的其他承包商。

（3）要求承包工程增加或更换施工设备。若工程师发现承包商使用的施工设备影响了工程进度或施工质量时，有权要求承包商增加或更换施工设备，由此增加的费用和工期延误责任由承包商承担。

6. 环境保护及工地安全、工地保安

承包商的施工应遵守环境保护的有关法律和法规的规定，采取一切合理措施保护现场内外的环境，限制因施工作业引起的污染、噪音或其他对公众人身和财产造成的损害和妨碍。施工产生的散发物、地面排水和排污不能超过环保规定的数值。

承包商应遵守所有的安全规则，照料有权在现场的所有人的安全，清除现场思维障碍物，提供围栏、照明、保卫和看守，修建临时工程，为实施工程邻近的公众或财产提供保护，并负责阻止未经授权的人员进入现场。

（三）工程支付管理

1. 业主的资金安排

为了保证业主具有支付能力，保障承包商按时获得工程款的支付，合同条件规定，如果合同内没有约定支付表，当承包商提出要求时，业主应提供资金安排计划。

（1）承包商根据施工计划向业主提供不具约束力的各阶段资金需求计划：

1）接到工程开工通知的 28 天内，承包商应向工程师提交每一个总价承包项目的价格分解建议表。

2）第一份资金需求估价单应在开工日期后 42 天之内提交。

3）根据施工的实际进展，承包商应按季度提交修正的估价单，直到工程的接收证书已经颁发为止。

（2）业主应按照承包商的实施计划作好资金安排。通用条件规定：

1）业主接到承包商的请求后，应在 28 天内提供合理的证据，表明他已作好资金安排，并将一直坚持实施这种安排。此安排能够使业主按照合同规定支付合同价格（按照当时的估算值）的款额。

2）如果业主欲对其资金安排作出任何实质性变更，应向承包商发出通知并提供详细资料。

（3）业主未能按照资金安排计划和支付的规定执行，承包商可提前 21 天以上通知业主将要暂停工作或降低工作速度。

2. 预付款和用于永久工程的设备、材料的预付款

预付款又称动员预付款，是业主为了帮助承包商解决施工前期开展工作时的资金短缺而提前支付的一笔款项。合同工程是否有预付款，以及预付款的金额多少、支付（分期支付的次数及时间）和扣还方式等均要在专用条款内约定。通用条件内针对预付款金额不少于合同价 22% 的情况规定了管理程序：

（1）动员预付款的支付。预付款的数额由承包商在投标书内确认。承包商需首先将银行出具的履约保函和预付款保函交给业主并通知工程师，工程师在 21 天内签发"预付款支付证书"，业主按合同约定的数额和外币比例支付预付款。预付款保函金额始终保持与预付款等额，即随着承包商对预付款的偿还逐渐递减保函金额。

（2）动员预付款的扣还。预付款在分期支付工程进度款的支付中按百分比扣减的方式偿还。自承包商获得工程进度款累计总额（不包括预付款的支付和保留金的扣减）达到合同总价（减去暂列金额）10％那个月起扣。本月证书中承包商应获得的合同款额（不包括预付款及保留金的扣减）中扣除 25％作为预付款的偿还，直至还清全部预付款。

由于合同条件是针对包工包料承包的单价合同编制的，因此规定由承包商自筹资金采购工程材料和设备，只有当材料和设备用于永久工程后，才能将这部分费用计入到工程进度款内结算支付。通用条件的条款规定，为了帮助承包商解决订购大宗主要材料和设备所占用资金的周转，订购物资经工程师确认合格后，按发票价值 80％作为材料预付的款额，包括在当月应支付的工程进度款内。双方也可以在专用条款内修正这个百分比，目前施工合同的约定通常在 60％～90％范围内。

（1）承包商申请支付材料预付款。专用条款中规定的工程材料到达工地并满足以下条件后，承包商向工程师提交预付材料款的支付清单：

1）材料的质量和储存条件符合技术条款的要求。

2）材料已到达工地并经承包商和工程师共同验点入库。

3）承包商按要求提交了订货单、收据价格证明文件（包括运至现场的费用）。

（2）预付材料款的扣还。材料不宜大宗采购后在工地储存时间过久，避免材料变质或锈蚀，应尽快用于工程。通用条款规定，当已预付款项的材料或设备用于永久工程，构成永久工程合同价格的一部分后，在计量工程量的承包商应得款内扣除预付的款项，扣除金额与预付金额的计算方法相同。专用条款内也可以约定其他扣除方式，如《水利水电土建工程施工合同条件》规定从付款的下个月开始每月平均扣除，6 个月全部扣回。

3. 工程进度款的支付程序

（1）工程量计量。工程量清单中所列的工程量仅是对工程的估算量，不能作为承包商完成合同规定施工义务的结算依据。采用单价合同的施工工作内容应以计量的数量作为支付进度款的依据，而总价合同或单价包干混合式合同中按总价承包的部分可以按图纸工程量作为支付依据，仅对变更部分予以计量。

（2）承包商提供报表。每个月的月末，承包商应按工程师规定的格式提交一式 6 份本月支付报表。内容包括提出本月已完成合格工程的应付款要求和对应扣款的确认。

（3）工程师签证。工程师接到报表后，对承包商完成的工程形象、项目、质量、数量以及各项价款的计算进行核查。若有疑问时，可要求承包商共同复核工程量。在收到承包商的支付报表后 28 天内，按核查结果以及总价承包分解表中核实的实际完成情况签发支付证书。工程进度款支付证书属于临时支付证书，工程师有权对以前签发过的证书中发现的错、漏或重复提出更改或修正，承包商也有权提出更改或修正，经双方复核同意后，将增加或扣减的金额纳入本次签证中。工程师可以不签发证书或扣减承包商报表中部分金额的情况包括：

1）合同内约定有工程师签证的最小金额时，本月应签发的金额小于签证的最小金额，工程师不出具月进度款的支付证书。本月应付款接转下月，超过最小签证金额后一并支付。

2）承包商提供的货物或施工的工程不符合合同要求，可扣发修正或重置相应的费用，直至修整或重置工作完成后再支付。

3）承包商未能按合同规定进行工作或履行义务，并且工程师已经通知了承包商，则可以扣留该工作或义务的价值，直至工作或义务履行为止。

（4）业主支付。承包商的报表经过工程师认可并签发工程进度款的支付证书后，业主应在接到证书后及时给承包商付款。业主的付款时间不应超过工程师收到承包商的月进度付款申请单后的56天。如果逾期支付将承担延期付款的违约责任，延期付款的利息按银行贷款利率加3%计算。

4. 物价浮动对合同价格的调整

对于施工期较长的合同，为了合理分担市场价格浮动变化，对施工成本影响的风险，合同内要约定调价的方法。通用条款规定为公式法调价，调价公式和《水利水电土建工程施工合同条件》采用的公式相一致。

当竣工时间延误时，调价决定应分情况处理：若属非承包商应负责任的延误，工程竣工前每一次支付时，调价公式继续有效；若属承包商应负责原因的延误，在后续支付时，分别计算应竣工日和实际支付日的调价款，经过对比后按照对业主有利的原则执行。

在基准日（投标截止日期前的第28天）以后，国家的法律、行政法规或国务院有关部门的规章，或者工程所在地的省、自治区、直辖市的地方法规或规章发生变更，导致施工所需的工程费用发生增减变化，工程师与当事人双方协商后可以调整合同金额。如果导致变化的费用包括在调价公式中，则不再予以考虑。较多的情况发生于工程建设承包商需缴纳的税费变化，这是当事人双方在签订合同时不可能合理预见的情况，因此可以调整相应的费用。

5. 竣工结算

颁发工程接收证书后的84天内，承包商应按工程师规定的格式报送竣工报表。报表内容包括：①到工程接收证书中指明的竣工日止，根据合同完成全部工作的最终价值；②承包商认为应该支付给他的其他款项，如要求的索赔款、应退还的部分保留金等；③承包商认为根据合同应支付给他的估算总额。所谓"估算总额"是这笔金额还未经过工程师审核同意。估算总额应在竣工结算报表中单独列出，以便工程师签发支付证书。

工程师接到竣工报表后，应对照竣工图进行工程量详细核算，对其他支付要求进行审查，然后再依据检查结果签署竣工结算的支付证书。此项签证工作，工程师也应在收到竣工报表后28天内完成。业主依据工程师的签证予以支付。

6. 最终结算

最终结算是指颁发履约证书后，对承包商完成全部工作价值的详细结算，以及根据合同条件对应付给承包商的其他费用进行核实，确定合同的最终价格。

颁发履约证书后的 56 天内，承包商应向工程师提交最终报表草案以及工程师要求提交的有关资料。最终报表草案要详细说明根据合同完成的全部工程价值和承包商依据合同认为还应支付给他的任何进一步款项，如剩余的保留金及缺陷通知期内发生的索赔费用等。

工程师审核后与承包商协商，对最终报表草案进行适当的补充或修改后形成最终报表。承包商将最终报表送交工程师的同时，还需向业主提交一份"结清单"，进一步证实最终报表中的支付总额，作为同意与业主终止合同关系的书面文件。工程师在接到最终报表和结清单附件后的 28 天内签发最终支付证书，业主应在收到证书后的 56 天内支付。只有当业主按照最终支付证书的金额予以支付并退还履约保函后，结清单才生效，承包商的索赔权也即行终止。

7. 保留金

保留金是按合同约定从承包商应得的工程进度款中相应扣减的一笔金额保留在业主手中，作为约束承包商严格履行合同义务的措施之一。当承包商有一般违约行为使业主受到损失时，可从该项金额内直接扣除损害赔偿费。例如，承包商未能在工程师规定的时间内修复缺陷工程部位，业主雇用其他人完成后，这笔费用可从保留金内扣除。

(1) 保留金的约定。承包商在投标书附录中按招标文件提供的信息和要求确认了每次扣留保留金的百分比和保留金限额。每次月进度款支付时扣留的百分比一般为 5%～10%，累计扣留的最高限额为合同价的 2.5%～5%。

(2) 每次中期支付时扣除的保留金。从首次支付工程进度款开始，用该月承包商完成合格工程应得款加上因后续法规政策变化的调整和时常价格浮动变化的调价款为估数，乘以合同约定保留金的百分比作为本次支付时应扣留的保留金。逐月累计扣到合同约定的保留金最高限额为止。

(3) 保留金的返还。扣留承包商的保留金分两次返还：①颁发了整个工程的接收证书时，将保留金的前一半支付给承包商；②保修期满颁发履约证书后将剩余保留金返还。

(4) 保留金保函代换保留金。当保留金已累计扣留到保留金限额的 60% 时，为了使承包商有较充裕的流动资金用于工程施工，可以允许承包商提交保留金保函代换保留金。业主返还保留金限额的 50%，剩余部分待颁发履约证书后再返还。保函金额在颁发接收证书后不递减。

合同内以履约保函和保留金两种手段作为约束承包商忠实履行合同义务的措施，当承包商严重违约而使合同不能继续顺利履行时，业主可以凭履约保函向银行获取损害赔偿；而因承包商的一般违约行为令业主蒙受损失时，通常利用保留金补偿损失。履约保函和保留金的约束期均是承包商负有施工义务的责任期限（包括施工期和保修期）。

(四) 变更管理

变更，是指施工过程中出现了与签订合同时的预计条件不一致的情况，而需要改变原定施工承包范围内的某些工作内容。土建工程受自然条件等外界的影响较大，工程情况比较复杂，且在招标阶段依据初步设计图纸招标，因此在施工合同履行过程中不可避免地会发生变更。

1. 变更权

工程变更属于合同履行过程中的正常管理工作，通用合同条件规定，变更一般包括以下几个方面：

（1）对合同中任何工作工程量的改变。但此类改变不一定构成变更，为了便于合同管理，当事人双方应在专用条款内约定，工程量的变化幅度多大时可以视为变更（一般在15％～25％的范围内确定）。

（2）任何工作内容的质量或其他特性的改变。

（3）工程任何部分标高、位置和尺寸的改变。第（2）和（3）属于设计变更。

（4）删减任何合同约定的工作内容。省略的工作应是不再需要的工程，不允许用变更指令的方式将承包范围内的工作变更给其他承包商实施。

（5）实施永久工程所必需的任何附加工作、生产设备、材料或服务，包括任何竣工试验、钻孔和其他试验和勘探工作。

（6）实施工程的顺序或时间安排的改变。

2. 变更程序

工程师可以根据施工进展的实际情况，通过发布指示或要求承包商提交建议书的方式提出变更。承包商应遵守并执行变更，当然，若承包商向工程师发出通知，有详细根据说明其难以取得变更所需的货物，工程师在接到此类通知后，应取消、确认或改变原指示。

（1）指示变更。工程师在业主授权范围内根据施工现场的实际情况，在确属需要时有权发布变更指示。指示的内容应包括详细的变更内容、变更工程量、变更项目的施工技术要求和有关部门文件图纸，以及变更处理的原则。

（2）要求承包商递交建议书后再确定的变更。其程序为：

1）工程师将计划变更事项通知承包商，并要求他递交实施变更的建议书。

2）承包商应尽快予以答复。一种情况可能是通知工程师由于受到某些非自身原因的限制而无法执行此项变更，如无法得到变更所需的物资等，工程师应根据实际情况和工程的需要再次发出取消、确认或修改变更指示的通知。另一种情况是承包商依据工程师的指示递交实施此项变更的说明，内容包括：将要实施的工作的说明书以及该工作实施的进度计划；承包商依据合同规定对进度计划和竣工时间作出任何必要修改的建议，提出工期顺延要求；承包商对变更估价的建议，提出变更费用要求。

3）工程师作出是否变更的决定，尽快通知承包商批准与否或提出意见。

4）承包商在等待答复期间，不应延误任何工作。

5）工程师发出每一项实施变更的指示，应要求承包商记录支出的费用。

6）承包商提出的变更建议书，只是作为工程师决定是否实施变更的参考。除了工程师作出指示或批准以总价方式支付的情况外，每一项变更应依据计量工程量进行估价和支付。

3. 变更估价

（1）变更估价的原则。确定计算变更工程应采用的费率或价格的原则为：①变更工作在工程量表中有同种工作内容的单价，应以该费率计算变更工程费用；②工程量表中虽然列有同类工作的单价或价格，但对具体变更工作而言，已不适用，则应在原单价和价格的基础上制定合理的新单价或价格；③变更工作的内容在工程量表中没有同类工作的费率和价格，应按照与合同单价水平相一致的原则，确定新的费率或价格。

（2）可以调整合同工作单价的原则。具备以下条件时，允许将某一项工作规定的费率或价格加以调整：①此项工作实际测量的工程量比工程量表或其他报表中所列数量的变动大于10%；②工程量的变更与对该项工作规定的具体费率的乘积超过了中标合同款额的0.01%；③由此工程量的变更直接造成该项工作的单位成本的变动超过1%；④合同中没有规定该项工作为"固定费率项目"。

（3）删减原定工作后对承包商的补偿。工程师发布删减工作的变更指示后承包商不再实施部分工作，合同价格中包括的直接费部分没有受到损害，但摊销在该部分的间接费、税金和利润则实际不能合理回收。因此承包商可以就其损失向工程师发出通知并提供具体的证明资料，工程师与合同双方协商后，确定一笔补偿金额加入到合同价内。

4. 价值工程

承包商根据工程施工的具体情况，可以向工程师提出对合同内任何一个项目或工作的详细变更请求报告。未经工程师批准承包商不得擅自变更，若工程师同意，则按工程师发布的变更指示的程序执行。

（1）承包商提出变更建议。承包商可以随时向工程师提交一份书面建议。承包商认为如果采纳其建议将可能：①加速完工；②降低业主实施、维护或运行工程的费用；③对业主而言能提高竣工工程的效率或价值；④为业主带来其他利益。

（2）承包商应自费编制此类建议书。

（3）如果由工程师批准的承包商建议包括一项对部分永久工程的设计的改变，通用条件的条款规定，如果双方没有其他协议，承包商应设计该部分工程。如果他不具备设计资质，也可以委托有资质单位进行分包。变更的设计工作应按合同中承包商负责设计的规定执行，包括：①承包商应按照合同中说明的程序向工程师提交该部分工程的承包商文件；②承包商的文件必须符合规范和图纸的要求；③承包商应对该部分工程负责，并且该部分工程完工后应适合于合同中规定的工程的预期目的；④在开始竣工检验之前，承包商应按照规范规定向工程师提交竣工文件以及操作和维修手册。

（4）接受变更建议的估价。

1）如果此改变造成该部分工程的合同价值减少，工程师应与承包商商定或决定一笔费用，并将之加入合同价格。这笔费用应是以下金额差额的一半：①合同价的减少——由此改变造成的合同价值的减少，不包括依据后续法规变化作出的调整和因物价浮动调价所作的调整；②变更对使用功能的影响——考虑到质量、预期寿命或运行效率的降低，对业主而言已变更工作价值上的减少（如有时）。

2）如果降低工程功能的价值②大于减少合同价格①对业主的好处，则没有该笔奖励费用。

（五）验收管理

1. 竣工试验和工程接收

（1）竣工试验。承包商完成工程并准备好竣工报告所需报送的资料后，应提前21天将某一确定的日期通知工程师，说明此日后已准备好进行竣工试验。工程师应指示在该日期后14天内的某日进行。此项规定同样适用于按合同规定分部移交的工程。

（2）颁发工程接收证书。工程通过竣工试验达到了合同规定的"基本竣工"要求后，承包商在他认为可以完成移交工作前14天以书面形式向工程师申请颁发接收证书。基本竣工是指工程已通过竣工试验，能够按照预定目的交给业主占用或使用，而非完成了合同规定的包括扫尾、清理施工现场及不影响工程使用的某些次要部位缺陷修复工作后的最终竣工，剩余工作允许承包商在缺陷通知期内继续完成。这样规定有助于准确判定承包商是否按合同规定的工期完成了施工义务，也有利于业主尽早使用或占有工程，及时发挥工程效益。工程师接到承包商申请后的28天内，如果认为已满足竣工条件，即可颁发工程接收证书；若不满意，则应书面通知承包商，指出还需完成哪些工作后才达到基本竣工条件。工程接收证书中包括确认工程达到竣工的具体日期。工程接收证书颁发后，不仅表明承包商对该部分工程的施工义务已经完成，而且对工程照管的责任也转移给业主。如果合同约定工程不同分项工程有不同竣工日期时，每完成一个分项工程均应按上述程序颁发部分工程的接收证书。

（3）特殊情况下的证书颁发程序。

1）业主提前占用工程。工程师应及时颁发工程接收证书，并确认业主占用日为竣工日。提前占用或使用表明该部分工程已达到竣工要求，对工程照管责任也相应转移给业主，但承包商对该部分工程的施工质量缺陷仍负有责任。工程师颁发接收证书后，应尽快给承包商采取必要措施完成竣工试验的机会。

2）因非承包商原因导致不能进行规定的竣工试验。有时也会出现施工已达到竣工条件，但由于不应由承包商负责的主观或客观原因不能进行竣工试验。如果等条件具备进行竣工试验后再颁发接收证书，既会因推迟竣工时间而影响到对承包商是否按期竣工的合理判定，也会产生在这段时间内对该部分工程的使用和照管责任不明。针对此种情况，工程师应以本该进行竣工试验日签发工程接收证书，将这部分工程移交给业主照管和使用。工程虽已接收，仍应在缺陷通知期内进行补充试验。当竣工试验条件具备后，承包商应在接到工程师指示进行竣工试验通知的14天内完成试验工作。由于非承包商原因导致缺陷通知期内进行的补检，属于承包商在投标阶段不能合理预见到的情况，该项检查试验比正常试验多支出的费用应由业主承担。

2. 未能通过竣工试验

（1）重新试验。如果工程或某区段未能通过竣工试验，承包商对缺陷进行修复和改正，在相同条件下重复进行此类未通过的试验和对任何相关工作的竣工试验。

（2）重复试验仍未能通过。当整个工程或某区段未能通过按重新试验条款规定所进行的重复竣工试验时，应有权选择以下任何一种处理方法：

1）指示再进行一次重复的竣工试验。

2）如果由于该工程缺陷致使业主基本上无法享用该工程或区段所带来的全部利益，拒收整个工程或区段（视情况而定），在此情况下，业主有权获得承包商的赔偿。包括：①业主为整个工程或该部分工程（视情况而定）所支付的全部费用以及融资费用；②拆除工程、清理现场和将永久设备和材料退还给承包商所支付的费用。

3）颁发一份接收证书（如果业主同意的话），折价接收该部分工程。合同价格应按照可以适当弥补由于此类失误而给业主造成的减少的价值数额予以扣减。

（六）缺陷通知期的合同管理

1. 工程缺陷责任

（1）承包商在缺陷通知期内应承担的义务。工程师在缺陷通知期内可就以下事项向承包商发布指示：

1）将不符合合同规定的永久设备或材料从现场移走并替换。

2）将不符合合同规定的工程拆除并重建。

3）实施任何因保护工程安全而需进行的紧急工作，不论事件起因于事故、不可预见事件还是其他事件。

（2）承包商的补救义务。承包商应在工程师指示的合理时间内完成上述工作。若承包商未能遵守指示，业主有权雇用其他人实施并予以付款。如果属于承包商应承担的责任原因，业主有权按照业主索赔的程序向承包商追偿。

2. 履约证书

履约证书是承包商已按合同规定完成全部施工义务的证明，因此该证书颁发后工程师就无权再指示承包商进行任何施工工作，承包商即可办理最终结算手续。缺陷通知期内工程圆满地通过运行考验，工程师应在期满后的 28 天内，向业主签发解除承包商承担工程缺陷责任的证书，并将副本送给承包商。但此时仅意味承包商与合同有关的实际义务已经完成，而合同尚未终止，剩余的双方合同义务只限于财务和管理方面的内容。业主应在证书颁发后的 14 天内，退还承包商的履约保证书。

缺陷通知期满时，如果工程师认为还存在影响工程运行或使用的较大缺陷，可以延长缺陷通知期，推迟颁发证书，但缺陷通知期的延长不应超过竣工日后的 2 年。

（七）指定分包商

1. 指定分包商的概念

指定分包商是由业主（或工程师）指定、选定，完成某项特定工作内容而与承包商签订分包合同的特殊分包商。合同条款规定，业主有权将部分工程项目的施工任务或涉及提供材料、设备、服务等工作内容发包给指定分包商实施。

合同内规定有承担施工任务的指定分包商，大多因业主在招标阶段划分合同包时，考虑到某部分施工的工作内容有较强的专业技术要求，一般承包单位不具备相应的能力，但如果以一个单独的合同对待又限于现场的施工条件或合同管理的复杂性，工程师无法合理地进行协调管理，为避免各独立合同之间的干扰，则只能将这部分工作发包给指定分包商实施。由于指定分包商是与承包商签订分包合同，因而在合同关系和管理关系方面与一般分包商处于同等地位，对其施工过程中的监督、协调工作纳入承包商的管理之中。指定分包工作内容可能包括部分工程的施工，供应工程所需的货物、材料、设备，设计，提供技术服务等。

2. 指定分包商的选择

特殊专项工作的实施要求指定分包商拥有某方面的专业技术或专门的施工设备、独特的施工方法。业主和工程师往往根据所积累的资料、信息，也可能依据以前与之交往的经验，对其信誉、技术能力、财务能力等比较了解，通过议标方式选择。若没有理想的合作者，也可以就这部分承包商不善于实施的工作内容，采用招标方式选择指定分包商。

某项工作将由指定分包商负责实施是招标文件的规定，并已由承包商在投标时认可，因此他不能反对该项工作由指定分包商完成，并负责协调管理工作。但业主必须保护承包商合法利益不受侵害是选择指定分包商的基本原则，因此当承包商有合法理由时，有权拒绝某一单位作为指定分包商。为了保证工程施工的顺利进行，业主选择指定分包商应首先征求承包商的意见，不能强行要求承包商接受他有理由反对的，或是拒绝与承包商签订保障承包商利益不受损害的分包合同的指定分包商。若承包商有合法理由拒绝与指定的分包商签订分包合同，工程师可以与业主协商指定另外的分包商，或由承包商自己去选择分包商，但承包商选择的分包商必须报工程师批准。

（八）合同担保

1. 承包商提供的担保

合同条款中规定，承包商签订合同时应提供履约担保，接受预付款前应提供预付款担保。在范本中给出了担保书的格式，分为企业法人提供的保证书和金融机构提供的保函两类格式。保函均为不需承包商确认违约的无条件担保形式。

（1）履约担保的保证期限。履约保函应担保承包商圆满完成施工和保修的义务，并到工程师颁发工程接收证书为止。但工程接收证书的颁发是对承包商按合同约定完满完成施工义务的证明，承包商还应承担的义务仅为保修义务。因此，范本中推荐的履约保函格式内说明，如果双方有约定的话，允许颁发整个工程的接收证书后，将履约保函的担保金额减少一定的百分比。

（2）业主凭保函索赔。由于无条件保函对承包商的风险较大，因此通用条件中明确规定了4种情况下业主可以凭履约保函索赔，其他情况则按合同约定的违约责任条款对待。这些情况包括：

1）专用条款内约定的缺陷通知期满后仍未能解除承包商的保修义务时，承包商应延长履约保函有效期而未延长。

2）按照业主索赔或争议、仲裁等决定，承包商未向业主支付相应款项。

3）缺陷通知期内承包商接到业主修补缺陷通知后42天内未派人修补。

4）由于承包商的严重违约行为业主终止合同。

2. 业主提供的担保

大型工程建设资金的融资可能包括从某些国际援助机构、开发银行等筹集的款项，这些机构往往要求业主应保证履行给承包商付款的义务，因此在专用条件范例中，增加了业主应向承包商提交"支付保函"的可选择使用的条款，并附有保函格式。业主提供的支付保函担保金额可以按总价或分项合同价的某一百分比计算，担保期限至缺陷通知期满后6个月，并且为无条件担保，使合同双方的担保义务对等。

通用条件的条款中未明确规定业主必须向承包商提供支付保函，具体工程的合同内是否包括此条款，取决于业主主动选用或融资机构的强制性规定。

（九）争端的解决

任何合同争议均交由仲裁或诉讼解决，一方面往往会导致合同关系的破裂；另一方面解决起来费时、费钱且对双方的信誉都有不利影响。为了解决工程师的决定可能处理得不公正的情况，通用条件中增加了"争端裁决委员会（DAB：Dispute Adjudication Board）"处理合同争议的程序。

1. 争端裁决委员会

（1）组成。签订合同时，业主与承包商通过协商组成裁决委员会。裁决委员会可选定为1名或3名成员，一般由3名成员组成，合同每一方应提名1位成员，由对方批准。双方应与这两名成员共同并商定第三位成员，第三人作为主席。

（2）性质。属于非强制性但具有法律效力的行为，相当于我国法律中解决合同争议的调解，但其性质则属于个人委托。其成员应满足以下要求：①对承包合同的履行有经验；②在合同的解释方面有经验；③能流利地使用合同中规定的交流语言。

（3）工作。由于裁决委员会的主要任务是解决合同争议，因此不同于工程师需要常驻工地。它主要包括两部分工作：①平时工作。裁决委员会的成员对工程的实施定期进行考察现场，了解施工进度和实际潜在的问题。一般在关键施工作业期间到现场考察，但两次考察的间隔时间不少于140天，离开现场前，应向业主和承包商提交考察报告；②解决合同争议的工作。接到任何一方申请后，在工地或其他选定的地点处理争议的有关问题。

（4）报酬。付给委员的酬金分为月聘请费和日酬金两部分，由业主与承包商平均负担。裁决委员会到现场考察和处理合同争议的时间按日酬金计算，相当于咨询费。

（5）成员的义务。保证公正处理合同争议是其最基本义务，虽然当事人双方各提名1位成员，但他不能代表任何一方的单方利益，因此合同规定：

1）在业主与承包商双方同意的任何时候，他们可以共同将事宜提交给争端裁决委员会，请他们提出意见。没有另一方的同意，任一方不得就任何事宜向争端裁决委员会征求建议。

2）裁决委员会或其中的任何成员不应从业主、承包商或工程师处单方获得任何经济利益或其他利益。

3）不得在业主、承包商或工程师处担任咨询顾问或其他职务。

4）合同争议提交仲裁时，不能被任命为仲裁人，只能作为证人向仲裁提供争端证据。

2. 解决合同争议的程序

（1）提交工程师决定。FIDIC编制施工合同条件的基本出发点之一，是合同履行过程中建立以工程师为核心的项目管理模式，因此不论是承包商的索赔还是业主的索赔均应首先提交给工程师。任何一方要求工程师作出决定时，他应与双方协商尽力达成一致。如果未能达成一致，则应按照合同规定并适当考虑有关情况后作出公正的决定。

（2）提交争端裁决委员会决定。双方起因于合同的任何争端，包括对工程师签发的证书、作出的决定、指示、意见或估价不同意接受时，可将争议提交合同争端裁决委员会，并将副本送交对方和工程师。裁决委员会在收到提交的争议文件后 84 天内作出合理的裁决。作出裁决后的 28 天内，任何一方未提出不满意裁决的通知，此裁决即为最终的决定。

（3）双方协商。任何一方对裁决委员会的裁决不满意，或裁决委员会在 84 天内未能作出裁决，在此期限后的 28 天内应将争议提交仲裁。仲裁机构在收到申请后的 56 天才开始审理，这一时间要求双方尽力以友好的方式解决合同争议。

（4）仲裁。如果双方仍未能通过协商解决争议，则只能由合同约定的仲裁机构最终解决。

3．争端裁决程序

（1）接到业主或承包商任何一方的请求后，裁决委员会确定会议的时间和地点。争议的地点可以在工地或其他地点进行。

（2）裁决委员会成员审阅各方提交的材料。

（3）召开听证会，充分听取各方的陈述，审阅证明材料。

（4）调解合同争议并作出决定。

第三节　其他 FIDIC 合同条款

一、《土木工程施工合同条件》

由于目前国内许多正在使用的施工合同条件都是参考《土木工程施工合同条件》制定的，虽然世行贷款项目的国内竞争性招标可以采用 1996 年财政部发布的《土建工程国内竞争性招标文件》的合同条件，但是，世行贷款项目的《土建工程国际竞争性招标文件》仍在采用 FIDIC 合同条件第 4 版的 1992 年版的修订版，所以首先介绍一下该合同条件。

1945 年 12 月，国际咨询工程师联合会（FIDIC）为适应发展中国家战后建设，加强国际工程合同管理的需要，制定了一个供国际通用的土木工程标准合同条款——《合同的通用条款》。它是在 ICE 合同条款第 3 版的基础上制定的。这是 FIDIC 条款的最早版本。

1957 年 1 月，以《土木工程施工合同条件》为名正式出版第 1 版，包括通用条款和专用条款两部分。

1963 年 7 月，第 2 版问世，在第 1 版基础上，增加了第三部分《疏浚和垦务工程的合同条款》。1977 年 3 月的 FIDIC 条款第 3 版，对第 2 版作了全面的修订，同时还出版了一本配套的解释性文件《土木工程合同文件注释》。

1987 年出版第 4 版，在听取了各方面的批评和建议的基础上，对第 3 版作了较大的修改，主要有以下几点：

（1）取消第三部分，其内容编入第二部分。

（2）第二部分从备忘录的形式扩展成为一套完整的示范条款。

（3）第二部分单独装订成册，这样使第一部分通用条款可不作任何改动，直接以印刷形式附在招标文件中。要求的任何改动可通过第二部分的条款来体现。

（4）努力使合同双方的权利义务达到总体平衡，更为公平合理。对承包商的权益作了适当补充，如补充了索赔程序的条款等。

（5）业主的作用规定得更加明显，在保留监理工程师作用的前提下，对增加工程成本和延长工期等重大决定，监理工程师在事先应取得业主的批准。

（6）规定的程序更详尽，做法更具体，可操作性加强。

（7）条款中有关时间的要求，均改为"7"的倍数。

1988年对第4版进行了修订，修订了17处，主要是文字以及编辑上的修正。

1992年对第4版又进行了第二次修订，修订了28处，增加了"中期支付证书"和"最终支付证书"两个定义。1996年出版了第4版的增补本，增补了三部分内容：

1）总价支付。1992年的修订版仍然主要适用于单价合同以及单价加包干混合合同（即单价合同中的个别子项总价承包），1996年增补版对总价支付合同有关条款做了补充修订。

2）有关拖延签发支付证书的规定，即将第60.10款有关中期付款的规定改为"在工程师收到承包商的中期支付报表后的56天内，业主应向承包商付款"。

3）将承包商与业主之间的争端直接提交争端裁决委员会，而不再交给工程师解决。

《土木工程施工合同条件》（第4版）由第一部分通用条款、第二部分专用条款以及两个标准格式，即"协议书"和"投标书及其附件"组成。通用条款包括28部分：定义及解释，工程师及工程师代表，转让与分包，合同文件，一般义务，责任的分担和保险的义务，业主办理的保险，承包商的其他义务，劳务，材料、工程设备和工艺，暂时停工，开工和误期，缺陷责任，变更、增添和省略，索赔程序，承包商的设备、临时工程和材料，计量，暂定金额，指定的分包商，证书与支付，补救措施，特殊风险，解除履约，争端的解决，通知，业主的违约，费用和法规的变更，货币及汇率。共有72条、194款。

该合同条件的适用范围：

（1）土木工程项目。

（2）业主授权工程师对合同实施进行监督。

（3）主要适用于单价合同，但单价合同中也可带有若干包干合同。1996年增补版对总价合同的有关条款、协议书、投标书及附件作了修改，明确此类合同适用于合同价在100万美元以内、工期不超过12个月且变更较少的工程。若采用总价合同，则宜采用《设计、建造与交钥匙工程合同条件》。

二、《业主/咨询工程师标准服务协议书》

《业主/咨询工程师标准服务协议书》简称"白皮书"，主要用于业主和咨询工程师之间就工程项目的咨询服务签订的协议书。适用于项目建议性研究、可行性研究、设计及施工管理、项目管理等服务。

三、《电气与机械工程合同条件》

《电气与机械工程合同条件》简称"黄皮书"，是FIDIC为机械和设备的供应和安装而专门编写的，用于业主、承包商机械与设备的供应和安装签订合同的标准格式。该合同条件在国际上也得到了广泛采用。

四、《设计—建造与交钥匙工程合同条件》

《设计—建造与交钥匙工程合同条件》简称"橘皮书",是为了适应工程项目管理方法的新发展而出版的,适用于设计、建造与交钥匙工程,在我们国内一般称为总承包工程项目,该合同条件适用于总价合同。

五、《土木工程施工分包合同条件》

《土木工程施工分包合同条件》是与《施工合同条件》配套使用的分包合同文本。分包合同是承包商将主合同内对业主承担义务的部分工作交给分包商实施,双方约定相互之间的权利义务的合同。分包工程既是主合同的一部分,又是承包商与分包商签订合同的标的物,但分包商完成这部分工作的过程中仅对承包商承担责任。由于分包工程同时存在于主从两个合同内的特点,承包商又居于两个合同当事人的特殊地位,因此承包商会将主合同中对分包工程承担的风险合理地转移给分包商。

(一)适用范围

《土木工程施工分包合同条件》可用于承包商与其选定的分包商,或与业主选择的指定分包商签订的合同。分包合同条件的特点是,既要保持与主合同条件中分包工程部分规定的权利义务约定一致,又要区分负责实施分包工作当事人改变后两个合同之间的差异。

(二)合同条件内容

《土木工程施工分包合同条件》也包括通用合同条款和专用合同条款,其中通用合同条款部分共有 22 条 70 款,分为定义与解释、一般义务、分包合同文件、主合同、临时工程、承包商的设备和其他设施、现场工作和通道、开工和竣工、指示和决定、变更、变更的估价、通知和索赔、分包商的设备、临时工程和材料、保障、未完成的工作和缺陷、保险、支付、主合同的终止、分包商的违约、争端的解决、通知和指示、费用及法规的变更、货币及汇率等部分内容。

(三)管理方式

分包工程的施工涉及到两个合同,因此,比主合同的管理复杂。

(1)业主的分包合同管理:业主不是分包合同的当事人,与分包商没有任何合同关系。但作为工程项目的投资方和施工合同的当事人,他对分包合同的管理主要表现为对分包工程的批准和对分包商的认定、批准。

(2)工程师的分包合同管理:工程师仅与承包商建立监理与被监理的关系,对分包商在现场的施工不承担协调管理义务。为了准确地区分合同责任,工程师就分包工程施工发布的任何指示均应发给承包商。分包合同内明确规定,分包商接到工程师的指示后不能立即执行,需得到承包商同意才可实施。

(3)承包商对分包合同的管理:承包商作为两个合同的当事人,不仅对业主承担整个合同工程按预期目标实现的义务,而且对分包工程的实施负有全面管理责任。承包商需委派代表对分包商的施工进行监督、管理和协调,承担如同主合同履行过程中工程师的职责。对于工程师就分包工程发布的指示，承包商应将其要求列入自己的管理工作内容，并及时以书面确认的形式转发给分包商令其遵照执行。

（四）分包合同责任划分

为了保护当事人双方的合法权益，分包合同通用条件中明确规定了双方履行合同中应遵循的基本原则。

1. 保护承包商的合法权益不受损害

（1）分包商应承担并履行与分包工程有关的主合同规定承包商的所有义务和责任，保障承包商免于承担由于分包商的违约行为、业主根据主合同要求承包商负责的损害赔偿或任何第三方的索赔。如果发生此类情况，承包商可以从应付给分包商的款项中扣除这笔金额，且不排除采用其他方法弥补所受到的损失。

（2）不论是承包商选择的分包商，还是业主选定的指定分包商，均不允许与业主有任何私下约定。

（3）为了约束分包商忠实履行合同义务，承包商可以要求分包商提供相应的履约保函。在工程师颁发缺陷责任证书后的 28 天内，将保函退还分包商。

（4）没有征得承包商同意，分包商不得将任何部分转让或分包出去。但分包合同条件也明确规定，属于提供劳务和按合同规定打分标准采购材料的分包行为，可以不经过承包商批准。

2. 保护分包商合法权益的规定

（1）任何不应由分包商承担责任事件导致竣工期限延长、施工成本的增加和修复缺陷的费用，均应由承包商给予补偿。

（2）承包商应保障分包商免于承担非分包商责任引起的索赔、诉讼或损害赔偿，保障程度应与业主按主合同保障承包商的程度相类似（但不超过此程度）。

（五）支付管理

分包合同履行过程中的施工进度和质量管理的内容与施工合同管理基本一致，但支付管理由于涉及两个合同的管理，与施工合同不尽相同。无论是施工期内的阶段支付，还是竣工后的结算支付，承包商都要进行两个合同的支付管理。

1. 分包合同的支付程序

分包商在合同约定的日期，向承包商报送该阶段施工的支付报表。承包商代表经过审核后，将其列入主合同的支付报表内一并提交工程师批准。承包商应在分包合同约定的时间内支付分包工程款，逾期支付要计算拖期利息。

2. 承包商代表对支付报表的审查

接到分包商的支付报表后，承包商代表首先对照分包合同工程量清单中的工作项目、单价或价格复核取费的合理性和计算的正确性，并依据分包合同的约定扣除预付款、保留金、对分包施工支援的实际应收款项、分包管理费等后，核准该阶段应付给分包商的金额。然后，再将分包工程完成工作的项目内容及工程量，按主合同工程量清单中的取费标准计算，填入向工程师报送的支付报表内。

3. 承包商不承担逾期付款责任的情况

如果属于工程师不认可分包商报表中的某些款项、业主拖延支付给承包商经过工程师签证后的应付款、分包商与承包商或与业主之间因涉及工程量或报表中某些支付要求发生争议三种情况，承包商代表在应付款日之前及时将扣发或缓发分包工程款的理由通知分包商，则承包商不承担逾期付款责任。

（六）分包工程变更管理

承包商代表接到工程师依据主合同发布的涉及分包工程变更指令后，以书面确认方式通知分包商，也有权根据工程的实际进展情况自主发布有关变更指令。

分包商执行了工程师发布的变更指令，进行变更工程量计量及对变更工程进行估价时应请分包商参加，以便合理确定分包商应获得的补偿款额和工期延长时间。承包商依据分包合同单独发布的指令大多与主合同没有关系，通常属于增加或减少分包合同规定的部分工作内容，为了整个合同工程的顺利实施，改变分包商原定的施工方法、作业次序或时间等。若变更指令的起因不属于分包商的责任，承包商应给分包商相应的费用补偿和分包合同工期的顺延。如果工期不能顺延，则要考虑赶工措施费用。进行变更工程估价时，应参考分包合同工程量表中相同或类似工作的费率来核定。如果没有可参考项目或表中的价格不适用于变更工程时，应通过协商确定一个公平合理的费用加到分包合同价格内。

（七）分包合同的索赔管理

分包合同履行过程中，当分包商认为自己的合法权益受到损害，不论事件起因于业主或工程师的责任，还是承包商应承担的义务，他都只能向承包商提出索赔要求，并保持影响事件发生后的现场同期记录。

1. 应由业主承担责任的索赔事件

分包商向承包商提出索赔要求后，承包商应首先分析事件的起因和影响，并依据两个合同判明责任。如果认为分包商的索赔要求合理，且原因属于主合同约定应由业主承担风险责任或行为责任的事件，要及时按照主合同规定的索赔程序，以承包商的名义就该事件向工程师递交索赔报告。承包商应定期将该阶段为此项索赔所采取的步骤和进展情况通报分包商。这类事件可能是：

（1）应由业主承担风险的事件，如施工中遇到了不利的外界障碍、施工图纸有错误等。

（2）业主的违约行为，如拖延支付工程款等。

（3）工程师的失职行为，如发布错误的指令、协调管理不力导致对分包工程施工的干扰等。

（4）执行工程师指令后对补偿不满意，如对变更工程的估价认为过少等。

当事件的影响仅使分包商受到损害时，承包商的行为属于代为索赔。若承包商就同一事件也受到了损害，分包商的索赔就作为承包商索赔要求的一部分。索赔获得批准顺延的工期加到分包合同工期上去，得到支付的索赔款按照公平合理的原则转交给分包商。

承包商处理这类分包商索赔时还应注意两个基本原则：①从业主处获得批准的索赔款为承包商就该索赔对分包商承担责任的先决条件；②分包商没有按规定的程序及时提出索

赔，导致承包商不能按主合同规定的程序提出索赔不仅不承担责任，而且为了减小事件影响使承包商为分包商采取的任何补救措施费用由分包商承担。

2. 应由承包商承担责任的事件

此类索赔产生于承包商与分包商之间，工程师不参与索赔的处理，双方通过协商解决。原因往往是由于承包商的违约行为或分包商执行承包商代表指令导致。分包商按规定程序提出索赔后，承包商代表要客观地分析事件的起因和产生的实际损害，然后依据分包合同分清责任。

除在上节中介绍的《施工合同条件》外，1999 年 FIDIC 还编写出版了另外 3 本合同条件。

六、《设计采购施工（EPC）/交钥匙工程合同条件》

《设计采购施工（EPC）/交钥匙工程合同条件》是适用于项目建设总承包的合同条件。该合同条件同样适用于建筑工程施工和安装工程施工，其大量规定和《施工合同条件》是类似的，但由于对应的工程管理方式和合同形式不同，所以二者之间也有区别，下面简单介绍其特点。

（一）承包范围

业主招标时发包的工作范围为建设一揽子发包，合同约定的承包工作内容包括设计、设备采购、施工、物资供应、安装、调试、保修等。如果业主将部分的设计、设备采购委托给其他承包商，则属于指定分包商的性质，仍由承包商负责协调管理。即在"交钥匙"时，要提供一个设施配备完整、可以投产运行的项目。

（二）合同文件组成

构成对业主与承包商有约束力的总承包合同文件包括合同协议书，合同专用条件，合同通用条件，业主的要求，投标书和构成合同组成部分的其他文件 5 大部分。通用条款包括 20 条，分别讨论了：一般规定，业主，业主的管理，承包商，设计，职员和劳工，设备、材料和工艺，开工、延误和暂停，竣工试验，业主的接收，缺陷责任，竣工后的试验，变更和调整，合同价格和支付，业主提出终止，承包商提出暂停和终止，风险和责任，保险，不可抗力，索赔、争端和仲裁。其中业主的管理、设计、职员和劳工、竣工试验、竣工后的试验各条与《施工合同条件》中的规定差异较大。标题为"业主要求"文件相当于《施工合同条件》中"规范"的作用，不仅作为承包商投标报价的基础，也是合同管理的依据，但注意由于该承包商方式中包括设计工作，所以在业主要求中，应特别确定业主在工程功能方面的特定要求。

（三）承包方式

合同采用固定最终价格和固定竣工日期的承包方式。由于采取总价合同方式，只有在某些特定风险出现时，业主才会花费超过合同价格的款额，不过其合同价格往往要高于采用传统的单价与子项包干混合式合同。对于工程竣工日期，由于业主只是提出项目的建设意图和要求，由承包商负责设计、施工和保修并负责建设期内的设备采购和材料供应，业主对承包商的工作只进行有限的控制，而不进行干预，承包商按他选择的方案和措施进行工作，只要最终结果满足业主规定的功能标准即可。

（四）管理方式

在 EPC 合同形式下，没有独立的"工程师"这一角色，由业主的代表管理合同。他代表着业主的利益，与《施工合同条件》模式下的"工程师"相比，其权力较小，有关延期和追加费用方面的问题一般由业主来决定。也不像要求"工程师"那样，在合同中明文规定要"公正无偏"地作出决定。当然，业主仍然可以聘用工程师来作为业主代表，行使业主的职能，但鉴于工程师在工作中需要遵循职业道德的要求，要求业主在招标阶段通过合同专用条款告知承包商。

（五）风险管理

此类合同属于固定价格合同，和《施工合同条件》相比，承包商要承担较大的风险，如不利或不可预见的地质条件的风险以及业主在"业主的要求"中说明的风险。因为承包商应被认为在投标阶段已获得了对工程可能产生影响的有关风险、意外事件和其他情况的全部必要资料。通过签订合同，承包商接受承担在实施工程过程中应当预见到的所有困难和费用的全部责任，合同价格对任何他未预见到的困难和费用不应考虑调整。因此在签订合同前，承包商一定要充分考虑相关情况，并将风险费计入合同价格中。不过仍有一部分特定的风险由业主承担，至于还有哪些其他的风险应由业主承担，合同双方最好在签订合同前作出协议。业主的风险一般包括：①战争、敌对行动、入侵、外敌行动；②工程所在国国内的叛乱、恐怖活动、革命、暴动、军事政变或篡夺政权、内战；③承包商人员和分包商以外人员在工程所在国国内发生的骚动、罢工或停工；④工程所在国国内的不属于承包商使用的军火、爆炸物资、电离辐射或放射性污染引起的损害；⑤由于飞行物或装置所产生的压力波造成的损害；⑥不可抗力。

（六）质量管理

由于交钥匙合同的承包工作是从工程设计开始，到完成保修责任的全部义务，因此工作内容不像单独施工合同那样明确、具体。业主仅提出功能、设计准则等基本要求，承包商完成设计后才能确定工程实施细节，进而编制施工计划并予以完成。签订合同后，只要工程最终结果达到了业主制定的标准，承包商就可自主地以自己选择的方式实施工程。而业主对承包商的控制是有限的，一般情况下，不应干涉承包商的工作。当然，业主应有权对工程进度、工程质量等进行检查监督，以保证工程满足"业主的要求"。所以承包商应按合同要求编制质量保证体系。在每一设计和施工阶段开始前，均应将所有工作程序的执行文件提交业主代表，遵照合同约定的细节要求对质量保证措施加以说明。业主代表有权审查和检查其中的任何方面，对不满意之处可令其改正。

对于此类合同，由于比《施工合同条件》多了设计工程，下面介绍一下对设计质量的控制。

1. 设计依据资料正确性的责任

（1）业主的义务。业主应提供相应的资料作为承包商设计的依据，这些资料包括在"业主要求"文件中写明的或合同履行阶段陆续提供的。业主应对以下几方面所提供数据和资料的正确性负责：合同中规定业主负责的和不可变部分的数据和资料；对工程或其任何部分的预期目的说明；竣工工程的试验和性能标准；除合同另有说明外，承包商不能核实的部分、数据和资料。

（2）承包商的义务。业主提供的资料中有很多是供承包商参考的数据和资料，如现场的气候条件等。由于承包商要负责工程的设计，应对从业主或其他方面获得的任何资料尽心竭力认真核实。业主除了上述应负责的情况外，不对所提供资料中的任何错误、不准确或遗漏负责。承包商使用来自业主或其他方面错误资料进行的设计和施工，不解除承包商的义务。

2．承包商应保证设计质量

（1）承包商应充分理解"业主要求"中提出的项目建设意图，依据业主提供及自行勘测现场的基本资料和数据，按照设计规范要求完成设计工作。

（2）业主代表对设计文件的批准，不解除承包商的合同责任。

（3）承包商应保障业主不因其责任的侵犯专利权行为而受到损害。

3．业主代表对设计的监督

（1）对设计人员的监督。未在合同专用条件中注明的承包商设计人员或设计分包者，承担工程任何部分的设计任务前必须征得业主代表的同意。

（2）保证设计贯彻业主的建设意图。尽管设计人员或设计分包者不直接与业主发生合同关系，但承包商应保障他们在所有合理时间内能随时参与同业主代表的讨论。

（3）对设计质量的控制。为了缩短工程的建设周期，交钥匙合同并不严格要求完成整个工程的初步设计或施工图设计后再开始施工，允许某一部分工程的施工文件编制完成，经过业主代表批准后即可开始实施。业主代表对设计的质量控制主要表现在以下几个方面：

1）批准施工文件。承包商应遵守规范的标准编制足够详细的施工文件，内容中除设计文件外，还应包括对供货商和施工人员实施工程提供的指导，以及对竣工后工程运行情况的描述。当施工文件的每一部分编制完毕提交审查时，业主代表应在合同约定的"审核期"内（不超过 21 天）完成批准手续。

2）监督施工文件的执行。任何施工文件获得批准前或审核期限届满前（二者较迟者），均不得开始该项工程部分的施工。施工应严格按施工文件进行。如果承包商要求对已批准文件加以修改，应及时通知业主代表，随后按审核程序再次获得批准后才可执行。

3）对竣工资料的审查。竣工检验前，承包商应提交竣工图纸、工程至竣工的全部记录资料、操作和维修手册，请业主代表审查。

另外，竣工后的试验是 EPC 合同中的一种特殊要求。为了证实承包商提供的工程设备和仪器的性能及其可靠性，"竣工试验"通常会持续相当长的一段时间，只有当竣工试验都顺利完成时业主才会接收工程。如果业主采用这种合同形式，则仅需在"业主的要求"中原则性地提出对项目的基本要求。由投标人对一切有关情况和数据进行证实并进行必要的调查后，再结合其自身的经验提出最合适的详细设计方案。因此，投标人和业主必须在投标过程中就一些技术和商务方面的问题进行谈判，谈判达成的协议构成签订的合同的一部分。

（七）其他方面

1. 进度管理

该类合同条件关于进度的管理，包括进度计划、进度报告、延期责任等内容，和《施工合同条件》非常类似。

2. 支付管理

交钥匙合同通常采用不可调价的总价合同，除了合同履行过程中因法律法规调整而对工程成本影响的情况以外，由于税费的变化、市场物价的浮动等都不应影响合同价格。如果具体工程的实施期限很长，也允许双方在专用条件内约定物价增长的调整方法，代换通用条件中的规定。

另外，该合同条件中采用的支付方式包括：预付款、进度支付、竣工结算和最终支付。其中关于进度支付，由于采用的是总价合同，合同内可以约定按月支付或分阶段支付任何一种方式，因此合同内包括分期支付的付款计划表。在合同约定的日期，承包商直接向业主提交期中付款申请的支付报表，业主除了审查付款内容外，还要参照付款计划表检查实际进度是否符合约定。当发现实际进度落后于计划时，可与承包商协商后按照滞后的程度确定修改此次分期付款额，并要求承包商修改付款计划表。其他支付方式的规定和《施工合同条件》基本一致。

七、《生产设备和设计—施工合同条件》

《生产设备和设计—施工合同条件》（Conditions of Contract for Plant and Design-Build），适用于由承包商做绝大部分设计的工程项目，特别是电力和（或）机械工程项目。

（一）工作范围

承包商要按照业主的要求进行设计、提供设备以及建造其他工程（可能包括由土木、机械、电力、工程的组合）。

（二）价格方式

同 EPC 合同一样，这种合同也是一种总价合同方式。如果工程的任何部分要根据提供的工程量或实际完成的工作来进行支付，其测量和估价的方法应在专用条件中规定。但如果法规或费用发生变化，合同价格将随之作出调整。

（三）管理方式

其合同管理模式与《施工合同条件》由"工程师"管理合同的模式基本相同，而与 EPC 合同形式完全不同。

（四）风险管理

合同双方间风险的分摊也与《施工合同条件》中的规定基本类似，而与 EPC 合同形式有很大不同。

（五）质量管理

与 EPC 合同形式相似，这种合同对工程质量的控制也是通过施工期间的试验、竣工试验和竣工后的试验进行的。在进行竣工试验时，承包商要先依次进行试车前的测试

（Precommission Tests）、试车测试（Commission Tests）、试运行（Trial Operation），而后才能通知工程师进行性能测试（Performance Tests）以确认工程是否符合"业主的要求"及"保证书"（Schedule of Guarantee）的规定。

如果采用这种合同方式，业主要在"业主的要求"（Employer's Requirement）中说明工程的目的、范围和设计以及其他技术标准。开工后一定期限内，承包商要对"业主的要求"进行审查，若发现错误或不妥之处要通知工程师，如果工程师决定修改"业主的要求"，则按变更处理，竣工时间和合同价格都将随之调整。否则，承包商应按"业主的要求"进行设计。此后如果出现设计错误，承包商必须自费改正其设计文件和工程，而无论此设计是否已经过工程师的批准或同意。

该合同条件也分通用条款和专用条款两部分。通用条款包括 20 条，分别讨论了一般规定，业主，工程师，承包商，设计，职员和劳工，设备、材料和工艺，开工、延误和暂停，竣工试验，业主的接收，缺陷责任，竣工后的试验，变更和调整，合同价格和支付，业主提出终止，承包商提出暂停和终止，风险和责任，保险，不可抗力，索赔、争端和仲裁。其中设计和竣工后的试验两条是与《施工合同条件》差异最大之处。

八、《简明合同格式》

《简明合同格式》（Short Form of Contract）适用于投资相对较低的，一般不需要分包的建筑或工程设施，但是对于投资较高的工程，如果其工作内容简单、重复，或建设周期较短，此格式也同样适用。

（一）工作范围

既可由业主或其代表——工程师提供设计，也可由承包商提供部分或全部设计。

（二）价格方式

此合同条件没有规定计价的方式，到底采用总价方式、单价方式还是其他方式应在附录中列明。

（三）管理方式

其合同管理模式与 EPC 形式下由业主的代表管理合同的模式基本相同。

（四）风险管理

在这种合同形式下，业主承担的风险，除《施工合同条件》第 17.3 款"业主的风险"中规定的风险外，还包括不可抗力、工程暂停（除非由承包商的行为失误引起）、业主的任何行为失误、除气候条件外的不利地质条件（有经验的承包商无法合理预见，且在施工现场遇到后，承包商立即通知了业主）、由变更引起的一切延误和干扰、协议中规定的合同适用法律在承包商报价日期后的改变。

在这种合同方式中，业主必须在规范和图纸中清楚地表示出工程的哪些部分将由承包商设计以及对工程的整体要求。此合同条件的通用条款包括 15 条，分别讨论了一般规定，业主，业主的代表，承包商，承包商进行的设计，业主的责任，竣工时间，接收，修补缺陷，竣工后的试验，变更和索赔，合同价格和支付，违约，风险和责任，保险，争端的解决。此合同条件没有专用条款部分，只是在备注（Notes）中提供了一些在特殊情况下可选用的范例措辞。所有必要的附加规定、要求和资料都应在附录（Appendix）中给出。当然，考虑到项目的实际情况，如果要修改或增加某些条款，用户可自行编制"专用条款"部分。

思 考 题

9-1　FIDIC 合同条件的特点是什么？

9-2　FIDIC《施工合同条件》的特点是什么？

9-3　FIDIC《施工合同条件》规定的合同文件组成及优先次序是什么？

中华人民共和国合同法

(1999 年 3 月 15 日第九届全国人民代表大会第二次会议通过)

总　则

第一章　一　般　规　定

第一条　为了保护合同当事人的合法权益，维护社会经济秩序，促进社会主义现代化建设，制定本法。

第二条　本法所称合同是平等主体的自然人、法人、其他组织之间设立、变更、终止民事权利义务关系的协议。

婚姻、收养、监护等有关身份关系的协议，适用其他法律的规定。

第三条　合同当事人的法律地位平等，一方不得将自己的意志强加给另一方。

第四条　当事人依法享有自愿订立合同的权利，任何单位和个人不得非法干预。

第五条　当事人应当遵循公平原则确定各方的权利和义务。

第六条　当事人行使权利、履行义务应当遵循诚实信用原则。

第七条　当事人订立、履行合同，应当遵守法律、行政法规，尊重社会公德，不得扰乱社会经济秩序，损害社会公共利益。

第八条　依法成立的合同，对当事人具有法律约束力。当事人应当按照约定履行自己的义务，不得擅自变更或者解除合同。

依法成立的合同，受法律保护。

第二章　合　同　的　订　立

第九条　当事人订立合同，应当具有相应的民事权利能力和民事行为能力。

当事人依法可以委托代理人订立合同。

第十条　当事人订立合同，有书面形式、口头形式和其他形式。

法律、行政法规规定采用书面形式的，应当采用书面形式。当事人约定采用书面形式的，应当采用书面形式。

第十一条　书面形式是指合同书、信件和数据电文（包括电报、电传、传真、电子数据交换和电子邮件）等可以有形地表现所载内容的形式。

第十二条　合同的内容由当事人约定，一般包括以下条款：

（一）当事人的名称或者姓名和住所；

（二）标的；

（三）数量；

（四）质量；

（五）价款或者报酬；

（六）履行期限、地点和方式；

（七）违约责任；

（八）解决争议的方法。

当事人可以参照各类合同的示范文本订立合同。

第十三条 当事人订立合同，采取要约、承诺方式。

第十四条 要约是希望和他人订立合同的意思表示，该意思表示应当符合下列规定：

（一）内容具体确定；

（二）表明经受要约人承诺，要约人即受该意思表示约束。

第十五条 要约邀请是希望他人向自己发出要约的意思表示。寄送的价目表、拍卖公告、招标公告、招股说明书、商业广告等为要约邀请。

商业广告的内容符合要约规定的，视为要约。

第十六条 要约到达受要约人时生效。

采用数据电文形式订立合同，收件人指定特定系统接收数据电文的，该数据电文进入该特定系统的时间，视为到达时间；未指定特定系统的，该数据电文进入收件人的任何系统的首次时间，视为到达时间。

第十七条 要约可以撤回。撤回要约的通知应当在要约到达受要约人之前或者与要约同时到达受要约人。

第十八条 要约可以撤销。撤销要约的通知应当在受要约人发出承诺通知之前到达受要约人。

第十九条 有下列情形之一的，要约不得撤销：

（一）要约人确定了承诺期限或者以其他形式明示要约不可撤销；

（二）受要约人有理由认为要约是不可撤销的，并已经为履行合同做了准备工作。

第二十条 有下列情形之一的，要约失效：

（一）拒绝要约的通知到达要约人；

（二）要约人依法撤销要约；

（三）承诺期限届满，受要约人未作出承诺；

（四）受要约人对要约的内容作出实质性变更。

第二十一条 承诺是受要约人同意要约的意思表示。

第二十二条 承诺应当以通知的方式作出，但根据交易习惯或者要约表明可以通过行为作出承诺的除外。

第二十三条 承诺应当在要约确定的期限内到达要约人。

要约没有确定承诺期限的，承诺应当依照下列规定到达：

（一）要约以对话方式作出的，应当即时作出承诺，但当事人另有约定的除外；

（二）要约以非对话方式作出的，承诺应当在合理期限内到达。

第二十四条　要约以信件或者电报作出的，承诺期限自信件载明的日期或者电报交发之日开始计算。信件未载明日期的，自投寄该信件的邮戳日期开始计算。要约以电话、传真等快速通讯方式作出的，承诺期限自要约到达受要约人时开始计算。

第二十五条　承诺生效时合同成立。

第二十六条　承诺通知到达要约人时生效。承诺不需要通知的，根据交易习惯或者要约的要求作出承诺的行为时生效。

采用数据电文形式订立合同的，承诺到达的时间适用本法第十六条第二款的规定。

第二十七条　承诺可以撤回。撤回承诺的通知应当在承诺通知到达要约人之前或者与承诺通知同时到达要约人。

第二十八条　受要约人超过承诺期限发出承诺的，除要约人及时通知受要约人该承诺有效的以外，为新要约。

第二十九条　受要约人在承诺期限内发出承诺，按照通常情形能够及时到达要约人，但因其他原因承诺到达要约人时超过承诺期限的，除要约人及时通知受要约人因承诺超过期限不接受该承诺的以外，该承诺有效。

第三十条　承诺的内容应当与要约的内容一致，受要约人对要约的内容作出实质性变更的，为新要约。有关合同标的、数量、质量、价款或者报酬、履行期限、履行地点和方式、违约责任和解决争议方法等的变更，是对要约内容的实质性变更。

第三十一条　承诺对要约的内容作出非实质性变更的，除要约人及时表示反对或者要约表明承诺不得对要约的内容作出任何变更的以外，该承诺有效，合同的内容以承诺的内容为准。

第三十二条　当事人采用合同书形式订立合同的，自双方当事人签字或者盖章时合同成立。

第三十三条　当事人采用信件、数据电文等形式订立合同的，可以在合同成立之前要求签订确认书。签订确认书时合同成立。

第三十四条　承诺生效的地点为合同成立的地点。

采用数据电文形式订立合同的，收件人的主营业地为合同成立的地点；没有主营业地的，其经常居住地为合同成立的地点。当事人另有约定的，按照其约定。

第三十五条　当事人采用合同书形式订立合同的，双方当事人签字或者盖章的地点为合同成立的地点。

第三十六条　法律、行政法规规定或者当事人约定采用书面形式订立合同，当事人未采用书面形式但一方已经履行主要义务，对方接受的，该合同成立。

第三十七条　采用合同书形式订立合同，在签字或者盖章之前，当事人一方已经履行主要义务，对方接受的，该合同成立。

第三十八条　国家根据需要下达指令性任务或者国家订货任务的，有关法人、其他组织之间应当依照有关法律、行政法规规定的权利和义务订立合同。

第三十九条　采用格式条款订立合同的，提供格式条款的一方应当遵循公平原则确定当事人之间的权利和义务，并采取合理的方式提请对方注意免除或者限制其责任的条款，按照对方的要求，对该条款予以说明。

格式条款是当事人为了重复使用而预先拟定，并在订立合同时未与对方协商的条款。

第四十条 格式条款具有本法第五十二条和第五十三条规定情形的，或者提供格式条款一方免除其责任、加重对方责任、排除对方主要权利的，该条款无效。

第四十一条 对格式条款的理解发生争议的，应当按照通常理解予以解释。对格式条款有两种以上解释的，应当作出不利于提供格式条款一方的解释。格式条款和非格式条款不一致的，应当采用非格式条款。

第四十二条 当事人在订立合同过程中有下列情形之一，给对方造成损失的，应当承担损害赔偿责任：

（一）假借订立合同，恶意进行磋商；

（二）故意隐瞒与订立合同有关的重要事实或者提供虚假情况；

（三）有其他违背诚实信用原则的行为。

第四十三条 当事人在订立合同过程中知悉的商业秘密，无论合同是否成立，不得泄露或者不正当地使用。泄露或者不正当地使用该商业秘密给对方造成损失的，应当承担损害赔偿责任。

第三章 合同的效力

第四十四条 依法成立的合同，自成立时生效。

法律、行政法规规定应当办理批准、登记等手续生效的，依照其规定。

第四十五条 当事人对合同的效力可以约定附条件。附生效条件的合同，自条件成就时生效。附解除条件的合同，自条件成就时失效。

当事人为自己的利益不正当地阻止条件成就的，视为条件已成就；不正当地促成条件成就的，视为条件不成就。

第四十六条 当事人对合同的效力可以约定附期限。附生效期限的合同，自期限届至时生效，附终止期限的合同，自期限届满时失效。

第四十七条 限制民事行为能力人订立的合同，经法定代理人追认后，该合同有效，但纯获利益的合同或者与其年龄、智力、精神健康状况相适应而订立的合同，不必经法定代理人追认。

相对人可以催告法定代理人在一个月内予以追认。法定代理人未作表示的，视为拒绝追认。合同被追认之前，善意相对人有撤销的权利。撤销应当以通知的方式作出。

第四十八条 行为人没有代理权、超越代理权或者代理权终止后以被代理人名义订立的合同，未经被代理人追认，对被代理人不发生效力，由行为人承担责任。

相对人可以催告被代理人在一个月内予以追认。被代理人未作表示的，视为拒绝追认。合同被追认之前，善意相对人有撤销的权利。撤销应当以通知的方式作出。

第四十九条 行为人没有代理权、超越代理权或者代理权终止后以被代理人名义订立合同，相对人有理由相信行为人有代理权的，该代理行为有效。

第五十条 法人或者其他组织的法定代表人、负责人超越权限订立的合同，除相对人知道或者应当知道其超越权限的以外，该代表行为有效。

第五十一条　无处分权的人处分他人财产，经权利人追认或者无处分权的人订立合同后取得处分权的，该合同有效。

第五十二条　有下列情形之一的，合同无效：

（一）一方以欺诈、胁迫的手段订立合同，损害国家利益；

（二）恶意串通，损害国家、集体或者第三人利益；

（三）以合法形式掩盖非法目的；

（四）损害社会公共利益；

（五）违反法律、行政法规的强制性规定。

第五十三条　合同中的下列免责条款无效：

（一）造成对方人身伤害的；

（二）因故意或者重大过失造成对方财产损失的。

第五十四条　下列合同，当事人一方有权请求人民法院或者仲裁机构变更或者撤销：

（一）因重大误解订立的；

（二）在订立合同时显失公平的。

一方以欺诈、胁迫的手段或者乘人之危，使对方在违背真实意思的情况下订立的合同，受损害方有权请求人民法院或者仲裁机构变更或者撤销。

当事人请求变更的，人民法院或者仲裁机构不得撤销。

第五十五条　有下列情形之一的，撤销权消灭：

（一）具有撤销权的当事人自知道或者应当知道撤销事由之日起一年内没有行使撤销权；

（二）具有撤销权的当事人知道撤销事由后明确表示或者以自己的行为放弃撤销权。

第五十六条　无效的合同或者被撤销的合同自始没有法律约束力。合同部分无效，不影响其他部分效力的，其他部分仍然有效。

第五十七条　合同无效、被撤销或者终止的，不影响合同中独立存在的有关解决争议方法的条款的效力。

第五十八条　合同无效或者被撤销后，因该合同取得的财产，应当予以返还；不能返还或者没有必要返还的，应当折价补偿。有过错的一方应当赔偿对方因此所受到的损失，双方都有过错的，应当各自承担相应的责任。

第五十九条　当事人恶意串通，损害国家、集体或者第三人利益的，因此取得的财产收归国家所有或者返还集体、第三人。

第四章　合同的履行

第六十条　当事人应当按照约定全面履行自己的义务。

当事人应当遵循诚实信用原则，根据合同的性质、目的和交易习惯履行通知、协助、保密等义务。

第六十一条　合同生效后，当事人就质量、价款或者报酬、履行地点等内容没有约定或者约定不明确的，可以协议补充；不能达成补充协议的，按照合同有关条款或者交易习惯确定。

第六十二条　当事人就有关合同内容约定不明确，依照本法第六十一条的规定仍不能确定的，适用下列规定：

（一）质量要求不明确的，按照国家标准、行业标准履行；没有国家标准、行业标准的，按照通常标准或者符合合同目的的特定标准履行。

（二）价款或者报酬不明确的，按照订立合同时履行地的市场价格履行；依法应当执行政府定价或者政府指导价的，按照规定履行。

（三）履行地点不明确，给付货币的，在接受货币一方所在地履行；交付不动产的，在不动产所在地履行；其他标的，在履行义务一方所在地履行。

（四）履行期限不明确的，债务人可以随时履行，债权人也可以随时要求履行，但应当给对方必要的准备时间。

（五）履行方式不明确的，按照有利于实现合同目的的方式履行。

（六）履行费用的负担不明确的，由履行义务一方负担。

第六十三条　执行政府定价或者政府指导价的，在合同约定的交付期限内政府价格调整时，按照交付时的价格计价。逾期交付标的物的，遇价格上涨时，按照原价格执行；价格下降时，按照新价格执行。逾期提取标的物或者逾期付款的，遇价格上涨时，按照新价格执行；价格下降时，按照原价格执行。

第六十四条　当事人约定由债务人向第三人履行债务的，债务人未向第三人履行债务或者履行债务不符合约定，应当向债权人承担违约责任。

第六十五条　当事人约定由第三人向债权人履行债务的，第三人不履行债务或者履行债务不符合约定，债务人应当向债权人承担违约责任。

第六十六条　当事人互负债务，没有先后履行顺序的，应当同时履行。一方在对方履行之前有权拒绝其履行要求。一方在对方履行债务不符合约定时，有权拒绝其相应的履行要求。

第六十七条　当事人互负债务，有先后履行顺序，先履行一方未履行的，后履行一方有权拒绝其履行要求。先履行一方履行债务不符合约定的，后履行一方有权拒绝其相应的履行要求。

第六十八条　应当先履行债务的当事人，有确切证据证明对方有下列情形之一的，可以中止履行：

（一）经营状况严重恶化；

（二）转移财产、抽逃资金，以逃避债务；

（三）丧失商业信誉；

（四）有丧失或者可能丧失履行债务能力的其他情形。

当事人没有确切证据中止履行的，应当承担违约责任。

第六十九条　当事人依照本法第六十八条的规定中止履行的，应当及时通知对方。对方提供适当担保时，应当恢复履行。中止履行后，对方在合理期限内未恢复履行能力并且未提供适当担保的，中止履行的一方可以解除合同。

第七十条　债权人分立、合并或者变更住所没有通知债务人，致使履行债务发生困难的，债务人可以中止履行或者将标的物提存。

第七十一条　债权人可以拒绝债务人提前履行债务，但提前履行不损害债权人利益的除外。

债务人提前履行债务给债权人增加的费用，由债务人负担。

第七十二条　债权人可以拒绝债务人部分履行债务，但部分履行不损害债权人利益的除外。

债务人部分履行债务给债权人增加的费用，由债务人负担。

第七十三条　因债务人怠于行使其到期债权，对债权人造成损害的，债权人可以向人民法院请求以自己的名义代位行使债务人的债权，但该债权专属于债务人自身的除外。

代位权的行使范围以债权人的债权为限。债权人行使代位权的必要费用，由债务人负担。

第七十四条　因债务人放弃其到期债权或者无偿转让财产，对债权人造成损害的，债权人可以请求人民法院撤销债务人的行为。债务人以明显不合理的低价转让财产，对债权人造成损害，并且受让人知道该情形的，债权人也可以请求人民法院撤销债务人的行为。

撤销权的行使范围以债权人的债权为限。债权人行使撤销权的必要费用，由债务人负担。

第七十五条　撤销权自债权人知道或者应当知道撤销事由之日起一年内行使。自债务人的行为发生之日起五年内没有行使撤销权的，该撤销权消灭。

第七十六条　合同生效后，当事人不得因姓名、名称的变更或者法定代表人、负责人、承办人的变动而不履行合同义务。

第五章　合同的变更和转让

第七十七条　当事人协商一致，可以变更合同。

法律、行政法规规定变更合同应当办理批准、登记等手续的，依照其规定。

第七十八条　当事人对合同变更的内容约定不明确的，推定为未变更。

第七十九条　债权人可以将合同的权利全部或者部分转让给第三人，但有下列情形之一的除外：

（一）根据合同性质不得转让；

（二）按照当事人约定不得转让；

（三）依照法律规定不得转让。

第八十条　债权人转让权利的，应当通知债务人。未经通知，该转让对债务人不发生效力。

债权人转让权利的通知不得撤销，但经受让人同意的除外。

第八十一条　债权人转让权利的，受让人取得与债权有关的从权利，但该从权利专属于债权人自身的除外。

第八十二条　债务人接到债权转让通知后，债务人对让与人的抗辩，可以向受让人主张。

第八十三条　债务人接到债权转让通知时，债务人对让与人享有债权，并且债务人的债权先于转让的债权到期或者同时到期租，债务人可以向受让人主张抵销。

第八十四条　债务人将合同的义务全部或者部分转移给第三人的，应当经债权人同意。

第八十五条　债务人转移义务的，新债务人可以主张原债务人对债权人的抗辩。

第八十六条　债务人转移义务的，新债务人应当承担与主债务有关的从债务，但该从债务专属于原债务人自身的除外。

第八十七条　法律、行政法规规定转让权利或者转移义务应当办理批准、登记等手续的，依照其规定。

第八十八条　当事人一方经对方同意，可以将自己在合同中的权利和义务一并转让给第三人。

第八十九条　权利和义务一并转让的，适用本法第七十九条、第八十一条至第八十二条、第八十五条至第八十七条的规定。

第九十条　当事人订立合同后合并的，由合并后的法人或者其他组织行使合同权利，履行合同义务。当事人订立合同后分立的，除债权人和债务人另有约定的以外，由分立的法人或者其他组织对合同的权利和义务享有连带债权，承担连带债务。

第六章　合同的权利义务终止

第九十一条　有下列情形之一的，合同的权利义务终止：

（一）债务已经按照约定履行；

（二）合同解除；

（三）债务相互抵销；

（四）债务人依法将标的物提存；

（五）债权人免除债务；

（六）债权债务同归于一人；

（七）法律规定或者当事人约定终止的其他情形。

第九十二条　合同的权利义务终止后，当事人应当遵循诚实信用原则，根据交易习惯履行通知、协助、保密等义务。

第九十三条　当事人协商一致，可以解除合同。

当事人可以约定一方解除合同的条件。解除合同的条件成就时，解除权人可以解除合同。

第九十四条　有下列情形之一的，当事人可以解除合同：

（一）因不可抗力致使不能实现合同目的；

（二）在履行期限届满之前，当事人一方明确表示或者以自己的行为表明不履行主要债务；

（三）当事人一方迟延履行主要债务，经催告后在合理期限内仍未履行；

（四）当事人一方迟延履行债务或者有其他违约行为致使不能实现合同目的；

（五）法律规定的其他情形。

第九十五条 法律规定或者当事人约定解除权行使期限，期限届满当事人不行使的，该权利消灭。

法律没有规定或者当事人没有约定解除权行使期限，经对方催告后在合理期限内不行使的，该权利消灭。

第九十六条 当事人一方依照本法第九十三条第二款、第九十四条的规定主张解除合同的，应当通知对方。合同自通知到达对方时解除。对方有异议的，可以请求人民法院或者仲裁机构确认解除合同的效力。

法律、行政法规规定解除合同应当办理批准、登记等手续的，依照其规定。

第九十七条 合同解除后，尚未履行的，终止履行；已经履行的，根据履行情况和合同性质，当事人可以要求恢复原状、采取其他补救措施，并有权要求赔偿损失。

第九十八条 合同的权利义务终止，不影响合同中结算和清理条款的效力。

第九十九条 当事人互负到期债务，该债务的标的物种类、品质相同的，任何一方可以将自己的债务与对方的债务抵销，但依照法律规定或者按照合同性质不得抵销的除外。

当事人主张抵销的，应当通知对方。通知自到达对方时生效。抵销不得附条件或者附期限。

第一百条 当事人互负债务，标的物种类、品质不相同的，经双方协商一致，也可以抵销。

第一百零一条 有下列情形之一，难以履行债务的，债务人可以将标的物提存：

（一）债权人无正当理由拒绝受领；

（二）债权人下落不明；

（三）债权人死亡未确定继承人或者丧失民事行为能力未确定监护人；

（四）法律规定的其他情形。

标的物不适于提存或者提存费用过高的，债务人依法可以拍卖或者变卖标的物，提存所得的价款。

第一百零二条 标的物提存后，除债权人下落不明的以外，债务人应当及时通知债权人或者债权人的继承人、监护人。

第一百零三条 标的物提存后，毁损、灭失的风险由债权人承担。提存期间，标的物的孳息归债权人所有。提存费用由债权人负担。

第一百零四条 债权人可以随时领取提存物，但债权人对债务人负有到期债务的，在债权人未履行债务或者提供担保之前，提存部门根据债务人的要求应当拒绝其领取提存物。

债权人领取提存物的权利，自提存之日起五年内不行使而消灭，提存物扣除提存费用后归国家所有。

第一百零五条 债权人免除债务人部分或者全部债务的，合同的权利义务部分或者全部终止。

第一百零六条　债权和债务同归于一人的，合同的权利义务终止，但涉及第三人利益的除外。

第七章　违　约　责　任

第一百零七条　当事人一方不履行合同义务或者履行合同义务不符合约定的，应当承担继续履行、采取补救措施或者赔偿损失等违约责任。

第一百零八条　当事人一方明确表示或者以自己的行为表明不履行合同义务的，对方可以在履行期限届满之前要求其承担违约责任。

第一百零九条　当事人一方未支付价款或者报酬的，对方可以要求其支付价款或者报酬。

第一百一十条　当事人一方不履行非金钱债务或者履行非金钱债务不符合约定的，对方可以要求履行，但有下列情形之一的除外：

（一）法律上或者事实上不能履行；

（二）债务的标的不适于强制履行或者履行费用过高；

（三）债权人在合理期限内未要求履行。

第一百一十一条　质量不符合约定的，应当按照当事人的约定承担违约责任。对违约责任没有约定或者约定不明确，依照本法第六十一条的规定仍不能确定的，受损害方根据标的的性质以及损失的大小，可以合理选择要求对方承担修理、更换、重作、退货、减少价款或者报酬等违约责任。

第一百一十二条　当事人一方不履行合同义务或者履行合同义务不符合约定的，在履行义务或者采取补救措施后，对方还有其他损失的，应当赔偿损失。

第一百一十三条　当事人一方不履行合同义务或者履行合同义务不符合约定，给对方造成损失的，损失赔偿额应当相当于因违约所造成的损失，包括合同履行后可以获得的利益，但不得超过违反合同一方订立合同时预见到或者应当预见到的因违反合同可能造成的损失。

经营者对消费者提供商品或者服务有欺诈行为的，依照《中华人民共和国消费者权益保护法》的规定承担损害赔偿责任。

第一百一十四条　当事人可以约定一方违约时应当根据违约情况向对方支付一定数额的违约金，也可以约定因违约产生的损失赔偿额的计算方法。

约定的违约金低于造成的损失的，当事人可以请求人民法院或者仲裁机构予以增加；约定的违约金过分高于造成的损失的，当事人可以请求人民法院或者仲裁机构予以适当减少。

当事人就迟延履行约定违约金的，违约方支付违约金后，还应当履行债务。

第一百一十五条　当事人可以依照《中华人民共和国担保法》约定一方向对方给付定金作为债权的担保。债务人履行债务后，定金应当抵作价款或者收回。给付定金的一方不履行约定的债务的，无权要求返还定金；收受定金的一方不履行约定的债务的，应当双倍返还定金。

第一百一十六条　当事人既约定违约金，又约定定金的，一方违约时，对方可以选择适用违约金或者定金条款。

第一百一十七条　因不可抗力不能履行合同的，根据不可抗力的影响，部分或者全部免除责任，但法律另有规定的除外。当事人迟延履行后发生不可抗力的，不能免除责任。

本法所称不可抗力，是指不能预见、不能避免并不能克服的客观情况。

第一百一十八条　当事人一方因不可抗力不能履行合同的，应当及时通知对方，以减轻可能给对方造成的损失，并应当在合理期限内提供证明。

第一百一十九条　当事人一方违约后，对方应当采取适当措施防止损失的扩大；没有采取适当措施致使损失扩大的，不得就扩大的损失要求赔偿。

当事人因防止损失扩大而支出的合理费用，由违约方承担。

第一百二十条　当事人双方都违反合同的，应当各自承担相应的责任。

第一百二十一条　当事人一方因第三人的原因造成违约的，应当向对方承担违约责任。当事人一方和第三人之间的纠纷，依照法律规定或者按照约定解决。

第一百二十二条　因当事人一方的违约行为，侵害对方人身、财产权益的，受损害方有权选择依照本法要求其承担违约责任或者依照其他法律要求其承担侵权责任。

第八章　其　他　规　定

第一百二十三条　其他法律对合同另有规定的，依照其规定。

第一百二十四条　本法分则或者其他法律没有明文规定的合同，适用本法总则的规定，并可以参照本法分则或者其他法律最相类似的规定。

第一百二十五条　当事人对合同条款的理解有争议的，应当按照合同所使用的词句、合同的有关条款、合同的目的、交易习惯以及诚实信用原则，确定该条款的真实意思。

合同文本采用两种以上文字订立并约定具有同等效力的，对各文本使用的词句推定具有相同含义。各文本使用的词句不一致的，应当根据合同的目的予以解释。

第一百二十六条　涉外合同的当事人可以选择处理合同争议所适用的法律，但法律另有规定的除外。涉外合同的当事人没有选择的，适用与合同有最密切联系的国家的法律。在中华人民共和国境内履行的中外合资经营企业合同、中外合作经营企业合同、中外合作勘探开发自然资源合同，适用中华人民共和国法律。

第一百二十七条　工商行政管理部门和其他有关行政主管部门在各自的职权范围内，依照法律、行政法规的规定，对利用合同危害国家利益、社会公共利益的违法行为，负责监督处理；构成犯罪的，依法追究刑事责任。

第一百二十八条　当事人可以通过和解或者调解解决合同争议。

当事人不愿和解、调解或者和解、调解不成的，可以根据仲裁协议向仲裁机构申请仲裁。涉外合同的当事人可以根据仲裁协议向中国仲裁机构或者其他仲裁机构申请仲裁。当事人没有订立仲裁协议或者仲裁协议无效的，可以向人民法院起诉。当事人应当履行发生法律效力的判决、仲裁裁决、调解书；拒不履行的，对方可以请求人民法院执行。

第一百二十九条　因国际货物买卖合同和技术进出口合同争议提起诉讼或者申请仲裁的期限为四年，自当事人知道或者应当知道其权利受到侵害之日起计算。因其他合同争议提起诉讼或者申请仲裁的期限，依照有关法律的规定。

分　　则

第九章　买　卖　合　同

第一百三十条　买卖合同是出卖人转移标的物的所有权于买受人，买受人支付价款的合同。

第一百三十一条　买卖合同的内容除依照本法第十二条的规定以外，还可以包括包装方式、检验标准和方法、结算方式、合同使用的文字及其效力等条款。

第一百三十二条　出卖的标的物，应当属于出卖人所有或者出卖人有权处分。

法律、行政法规禁止或者限制转让的标的物，依照其规定。

第一百三十三条　标的物的所有权自标的物交付时起转移，但法律另有规定或者当事人另有约定的除外。

第一百三十四条　当事人可以在买卖合同中约定买受人未履行支付价款或者其他义务的，标的物的所有权属于出卖人。

第一百三十五条　出卖人应当履行向买受人交付标的物或者交付提取标的物的单证，并转移标的物所有权的义务。

第一百三十六条　出卖人应当按照约定或者交易习惯向买受人交付提取标的物单证以外的有关单证和资料。

第一百三十七条　出卖具有知识产权的计算机软件等标的物的，除法律另有规定或者当事人另有约定的以外，该标的物的知识产权不属于买受人。

第一百三十八条　出卖人应当按照约定的期限交付标的物。约定交付期间的，出卖人可以在该交付期间内的任何时间交付。

第一百三十九条　当事人没有约定标的物的交付期限或者约定不明确的，适用本法第六十一条、第六十二条第四项的规定。

第一百四十条　标的物在订立合同之前已为买受人占有的，合同生效的时间为交付时间。

第一百四十一条　出卖人应当按照约定的地点交付标的物。

当事人没有约定交付地点或者约定不明确，依照本法第六十一条的规定仍不能确定的，适用下列规定：

（一）标的物需要运输的，出卖人应当将标的物交付给第一承运人以运交给买受人；

（二）标的物不需要运输，出卖人和买受人订立合同时知道标的物在某一地点的，出卖人应当在该地点交付标的物；不知道标的物在某一地点的，应当在出卖人订立合同时的营业地交付标的物。

第一百四十二条　标的物毁损、灭失的风险，在标的物交付之前由出卖人承担，交付之后由买受人承担，但法律另有规定或者当事人另有约定的除外。

第一百四十三条　因买受人的原因致使标的物不能按照约定的期限交付的，买受人应当自违反约定之日起承担标的物毁损、灭失的风险。

第一百四十四条　出卖人出卖交由承运人运输的在途标的物，除当事人另有约定的以外，毁损、灭失的风险自合同成立时起由买受人承担。

第一百四十五条　当事人没有约定交付地点或者约定不明确，依照本法第一百四十一条第二款第一项的规定标的物需要运输的，出卖人将标的物交付给第一承运人后，标的物毁损、灭失的风险由买受人承担。

第一百四十六条　出卖人按照约定或者依照本法第一百四十一条第二款第二项的规定将标的物置于交付地点，买受人违反约定没有收取的，标的物毁损、灭失的风险自违反约定之日起由买受人承担。

第一百四十七条　出卖人按照约定未交付有关标的物的单证和资料的，不影响标的物毁损、灭失风险的转移。

第一百四十八条　因标的物质量不符合质量要求，致使不能实现合同目的的，买受人可以拒绝接受标的物或者解除合同。买受人拒绝接受标的物或者解除合同的，标的物毁损、灭失的风险由出卖人承担。

第一百四十九条　标的物毁损、灭失的风险由买受人承担的，不影响因出卖人履行债务不符合约定，买受人要求其承担违约责任的权利。

第一百五十条　出卖人就交付的标的物，负有保证第三人不得向买受人主张任何权利的义务，但法律另有规定的除外。

第一百五十一条　买受人订立合同时知道或者应当知道第三人对买卖的标的物享有权利的，出卖人不承担本法第一百五十条规定的义务。

第一百五十二条　买受人有确切证据证明第三人可能就标的物主张权利的，可以中止支付相应的价款，但出卖人提供适当担保的除外。

第一百五十三条　出卖人应当按照约定的质量要求交付标的物。出卖人提供有关标的物质量说明的，交付的标的物应当符合该说明的质量要求。

第一百五十四条　当事人对标的物的质量要求没有约定或者约定不明确，依照本法第六十一条的规定仍不能确定的，适用本法第六十二条第一项的规定。

第一百五十五条　出卖人交付的标的物不符合质量要求的，买受人可以依照本法第一百一十一条的规定要求承担违约责任。

第一百五十六条　出卖人应当按照约定的包装方式交付标的物。对包装方式没有约定或者约定不明确，依照本法第六十一条的规定仍不能确定的，应当按照通用的方式包装，没有通用方式的，应当采取足以保护标的物的包装方式。

第一百五十七条　买受人收到标的物时应当在约定的检验期间内检验。没有约定检验期间的，应当及时检验。

第一百五十八条　当事人约定检验期间的，买受人应当在检验期间内将标的物的数量或者质量不符合约定的情形通知出卖人。买受人怠于通知的，视为标的物的数量或者质量符合约定。

当事人没有约定检验期间的，买受人应当在发现或者应当发现标的物的数量或者质量不符合约定的合理期间内通知出卖人。买受人在合理期间内未通知或者自标的物收到之日起两年内未通知出卖人的，视为标的物的数量或者质量符合约定，但对标的物有质量保证期的，适用质量保证期，不适用该两年的规定。

出卖人知道或者应当知道提供的标的物不符合约定的，买受人不受前两款规定的通知时间的限制。

第一百五十九条 买受人应当按照约定的数额支付价款。对价款没有约定或者约定不明确的，适用本法第六十一条、第六十二条第二项的规定。

第一百六十条 买受人应当按照约定的地点支付价款。对支付地点没有约定或者约定不明确，依照本法第六十一条的规定仍不能确定的，买受人应当在出卖人的营业地支付，但约定支付价款以交付标的物或者交付提取标的物单证为条件的，在交付标的物或者交付提取标的物单证的所在地支付。

第一百六十一条 买受人应当按照约定的时间支付价款。对支付时间没有约定或者约定不明确，依照本法第六十一条的规定仍不能确定的，买受人应当在收到标的物或者提取标的物单证的同时支付。

第一百六十二条 出卖人多交标的物的，买受人可以接收或者拒绝接收多交的部分。买受人接收多交部分的，按照合同的价格支付价款；买受人拒绝接收多交部分的，应当及时通知出卖人。

第一百六十三条 标的物在交付之前产生的孳息，归出卖人所有，交付之后产生的孳息，归买受人所有。

第一百六十四条 因标的物的主物不符合约定而解除合同的，解除合同的效力及于从物。因标的物的从物不符合约定被解除的，解除的效力不及于主物。

第一百六十五条 标的物为数物，其中一物不符合约定的，买受人可以就该物解除，但该物与他物分离使标的物的价值显受损害的，当事人可以就数物解除合同。

第一百六十六条 出卖人分批交付标的物的，出卖人对其中一批标的物不交付或者交付不符合约定，致使该批标的物不能实现合同目的的，买受人可以就该批标的物解除。

出卖人不交付其中一批标的物或者交付不符合约定，致使今后其他各批标的物的交付不能实现合同目的的，买受人可以就该批以及今后其他各批标的物解除。

买受人如果就其中一批标的物解除，该批标的物与其他各批标的物相互依存的，可以就已经交付和未交付的各批标的物解除。

第一百六十七条 分期付款的买受人未支付到期价款的余额达到全部价款的五分之一的，出卖人可以要求买受人支付全部价款或者解除合同。

出卖人解除合同的，可以向买受人要求支付该标的物的使用费。

第一百六十八条 凭样品买卖的当事人应当封存样品，并可以对样品质量予以说明。出卖人交付的标的物应当与样品及其说明的质量相同。

第一百六十九条 凭样品买卖的买受人不知道样品有隐蔽瑕疵的，即使交付的标的物与样品相同，出卖人交付的标的物的质量仍然应当符合同种物的通常标准。

第一百七十条　试用买卖的当事人可以约定标的物的试用期间。对试用期间没有约定或者约定不明确，依照本法第六十一条的规定仍不能确定的，由出卖人确定。

第一百七十一条　试用买卖的买受人在试用期内可以购买标的物，也可以拒绝购买。试用期间届满，买受人对是否购买标的物未作表示的，视为购买。

第一百七十二条　招标投标买卖的当事人的权利和义务以及招标投标程序等，依照有关法律、行政法规的规定。

第一百七十三条　拍卖的当事人的权利和义务以及拍卖程序等，依照有关法律、行政法规的规定。

第一百七十四条　法律对其他有偿合同有规定的，依照其规定日没有规定的，参照买卖合同的有关规定。

第一百七十五条　当事人约定易货交易，转移标的物的所有权的，参照买卖合同的有关规定。

第十章　供用电、水、气、热力合同

第一百七十六条　供用电合同是供电人向用电人供电，用电人支付电费的合同。

第一百七十七条　供用电合同的内容包括供电的方式、质量、时间，用电容量、地址、性质，计量方式，电价、电费的结算方式，供用电设施的维护责任等条款。

第一百七十八条　供用电合同的履行地点，按照当事人约定；当事人没有约定或者约定不明确的，供电设施的产权分界处为履行地点。

第一百七十九条　供电人应当按照国家规定的供电质量标准和约定安全供电。供电人未按照国家规定的供电质量标准和约定安全供电，造成用电人损失的，应当承担损害赔偿责任。

第一百八十条　供电人因供电设施计划检修、临时检修、依法限电或者用电人违法用电等原因，需要中断供电时，应当按照国家有关规定事先通知用电人。未事先通知用电人中断供电，造成用电人损失的，应当承担损害赔偿责任。

第一百八十一条　因自然灾害等原因断电，供电人应当按照国家有关规定及时抢修。未及时抢修，造成用电人损失的，应当承担损害赔偿责任。

第一百八十二条　用电人应当按照国家有关规定和当事人的约定及时交付电费。用电人逾期不交付电费的，应当按照约定支付违约金。经催告用电人在合理期限内仍不交付电费和违约金的，供电人可以按照国家规定的程序中止供电。

第一百八十三条　用电人应当按照国家有关规定和当事人的约定安全用电。用电人未按照国家有关规定和当事人的约定安全用电，造成供电人损失的，应当承担损害赔偿责任。

第一百八十四条　供用水、供用气、供用热力合同，参照供用电合同的有关规定。

第十一章　赠　与　合　同

第一百八十五条　赠与合同是赠与人将自己的财产无偿给予受赠人，受赠人表示接受赠与的合同。

第一百八十六条　赠与人在赠与财产的权利转移之前可以撤销赠与。

具有救灾、扶贫等社会公益、道德义务性质的赠与合同或者经过公证的赠与合同，不适用前款规定。

第一百八十七条　赠与的财产依法需要办理登记等手续的，应当办理有关手续。

第一百八十八条　具有救灾、扶贫等社会公益、道德义务性质的赠与合同或者经过公证的赠与合同，赠与人不交付赠与的财产的，受赠人可以要求交付。

第一百八十九条　因赠与人故意或者重大过失致使赠与的财产毁损、灭失的，赠与人应当承担损害赔偿责任。

第一百九十条　赠与可以附义务。

赠与附义务的，受赠人应当按照约定履行义务。

第一百九十一条　赠与的财产有瑕疵的，赠与人不承担责任。附义务的赠与，赠与的财产有瑕疵的，赠与人在附义务的限度内承担与出卖人相同的责任。

赠与人故意不告知瑕疵或者保证无瑕疵，造成受赠人损失的，应当承担损害赔偿责任。

第一百九十二条　受赠人有下列情形之一的，赠与人可以撤销赠与：

（一）严重侵害赠与人或者赠与人的近亲属；

（二）对赠与人有扶养义务而不履行；

（三）不履行赠与合同约定的义务。

赠与人的撤销权，自知道或者应当知道撤销原因之日起一年内行使。

第一百九十三条　因受赠人的违法行为致使赠与人死亡或者丧失民事行为能力的，赠与人的继承人或者法定代理人可以撤销赠与。

赠与人的继承人或者法定代理人的撤销权，自知道或者应当知道撤销原因之日起六个月内行使。

第一百九十四条　撤销权人撤销赠与的，可以向受赠人要求返还赠与的财产。

第一百九十五条　赠与人的经济状况显著恶化，严重影响其生产经营或者家庭生活的，可以不再履行赠与义务。

第十二章　借　款　合　同

第一百九十六条　借款合同是借款人向贷款人借款，到期返还借款并支付利息的合同。

第一百九十七条　借款合同采用书面形式，但自然人之间借款另有约定的除外。

借款合同的内容包括借款种类、币种、用途、数额、利率、期限和还款方式等条款。

第一百九十八条　订立借款合同，贷款人可以要求借款人提供担保。担保依照《中华人民共和国担保法》的规定。

第一百九十九条　订立借款合同，借款人应当按照贷款人的要求提供与借款有关的业务活动和财务状况的真实情况。

第二百条　借款的利息不得预先在本金中扣除。利息预先在本金中扣除的，应当按照实际借款数额返还借款并计算利息。

第二百零一条　贷款人未按照约定的日期、数额提供借款，造成借款人损失的，应当赔偿损失。

借款人未按照约定的日期、数额收取借款的，应当按照约定的日期、数额支付利息。

第二百零二条　贷款人按照约定可以检查、监督借款的使用情况。借款人应当按照约定向贷款人定期提供有关财务会计报表等资料。

第二百零三条　借款人未按照约定的借款用途使用借款的，贷款人可以停止发放借款、提前收回借款或者解除合同。

第二百零四条　办理贷款业务的金融机构贷款的利率，应当按照中国人民银行规定的贷款利率的上下限确定。

第二百零五条　借款人应当按照约定的期限支付利息。对支付利息的期限没有约定或者约定不明确，依照本法第六十一条的规定仍不能确定，借款期间不满一年的，应当在返还借款时一并支付；借款期间一年以上的，应当在每届满一年时支付，剩余期间不满一年的，应当在返还借款时一并支付。

第二百零六条　借款人应当按照约定的期限返还借款。对借款期限没有约定或者约定不明确，依照本法第六十一条的规定仍不能确定的，借款人可以随时返还；贷款人可以催告借款人在合理期限内返还。

第二百零七条　借款人未按照约定的期限返还借款的，应当按照约定或者国家有关规定支付逾期利息。

第二百零八条　借款人提前偿还借款的，除当事人另有约定的以外，应当按照实际借款的期间计算利息。

第二百零九条　借款人可以在还款期限届满之前向贷款人申请展期。贷款人同意的，可以展期。

第二百一十条　自然人之间的借款合同，自贷款人提供借款时生效。

第二百一十一条　自然人之间的借款合同对支付利息没有约定或者约定不明确的，视为不支付利息。

自然人之间的借款合同约定支付利息的，借款的利率不得违反国家有关限制借款利率的规定。

第十三章　租　赁　合　同

第二百一十二条　租赁合同是出租人将租赁物交付承租人使用、收益，承租人支付租金的合同。

第二百一十三条　租赁合同的内容包括租赁物的名称、数量、用途、租赁期限、租金及其支付期限和方式、租赁物维修等条款。

第二百一十四条　租赁期限不得超过二十年。超过二十年的，超过部分无效。

租赁期间届满，当事人可以续订租赁合同，但约定的租赁期限自续订之日起不得超过二十年。

第二百一十五条　租赁期限六个月以上的，应当采用书面形式。当事人未采用书面形式的，视为不定期租赁。

第二百一十六条　出租人应当按照约定将租赁物交付承租人，并在租赁期间保持租赁物符合约定的用途。

第二百一十七条　承租人应当按照约定的方法使用租赁物。对租赁物的使用方法没有约定或者约定不明确，依照本法第六十一条的规定仍不能确定的，应当按照租赁物的性质使用。

第二百一十八条　承租人按照约定的方法或者租赁物的性质使用租赁物，致使租赁物受到损耗的，不承担损害赔偿责任。

第二百一十九条　承租人未按照约定的方法或者租赁物的性质使用租赁物，致使租赁物受到损失的，出租人可以解除合同并要求赔偿损失。

第二百二十条　出租人应当履行租赁物的维修义务，但当事人另有约定的除外。

第二百二十一条　承租人在租赁物需要维修时可以要求出租人在合理期限内维修。出租人未履行维修义务的，承租人可以自行维修，维修费用由出租人负担，因维修租赁物影响承租人使用的，应当相应减少租金或者延长租期。

第二百二十二条　承租人应当妥善保管租赁物，因保管不善造成租赁物毁损、灭失的，应当承担损害赔偿责任。

第二百二十三条　承租人经出租人同意，可以对租赁物进行改善或者增设他物。

承租人未经出租人同意，对租赁物进行改善或者增设他物的，出租人可以要求承租人恢复原状或者赔偿损失。

第二百二十四条　承租人经出租人同意，可以将租赁物转租给第三人。承租人转租的，承租人与出租人之间的租赁合同继续有效，第三人对租赁物造成损失的，承租人应当赔偿损失。

承租人未经出租人同意转租的，出租人可以解除合同。

第二百二十五条　在租赁期间因占有、使用租赁物获得的收益，归承租人所有，但当事人另有约定的除外。

第二百二十六条　承租人应当按照约定的期限支付租金。对支付期限没有约定或者约定不明确，依照本法第六十一条的规定仍不能确定，租赁期间不满一年的，应当在租赁期间届满时支付；租赁期间一年以上的，应当在每届满一年时支付，剩余期间不满一年的，应当在租赁期间届满时支付。

第二百二十七条　承租人无正当理由未支付或者迟延支付租金的，出租人可以要求承租人在合理期限内支付，承租人逾期不支付的，出租人可以解除合同。

第二百二十八条　因第三人主张权利，致使承租人不能对租赁物使用、收益的，承租人可以要求减少租金或者不支付租金。

第三人主张权利的，承租人应当及时通知出租人。

第二百二十九条　租赁物在租赁期间发生所有权变动的，不影响租赁合同的效力。

第二百三十条　出租人出卖租赁房屋的，应当在出卖之前的合理期限内通知承租人，承租人享有以同等条件优先购买的权利。

第二百三十一条　因不可归责于承租人的事由，致使租赁物部分或者全部毁损、灭失的，承租人可以要求减少租金或者不支付租金；因租赁物部分或者全部毁损、灭失，致使不能实现合同目的的，承租人可以解除合同。

第二百三十二条　当事人对租赁期限没有约定或者约定不明确，依照本法第六十一条的规定仍不能确定的，视为不定期租赁。当事人可以随时解除合同，但出租人解除合同应当在合理期限之前通知承租人。

第二百三十三条　租赁物危及承租人的安全或者健康的，即使承租人订立合同时明知该租赁物质量不合格，承租人仍然可以随时解除合同。

第二百三十四条　承租人在房屋租赁期间死亡的，与其生前共同居住的人可以按照原租赁合同租赁该房屋。

第二百三十五条　租赁期间届满，承租人应当返还租赁物。返还的租赁物应当符合按照约定或者租赁物的性质使用后的状态。

第二百三十六条　租赁期间届满，承租人继续使用租赁物，出租人没有提出异议的，原租赁合同继续有效，但租赁期限为不定期。

第十四章　融资租赁合同

第二百三十七条　融资租赁合同是出租人根据承租人对出卖人、租赁物的选择，向出卖人购买租赁物，提供给承租人使用，承租人支付租金的合同。

第二百三十八条　融资租赁合同的内容包括租赁物名称、数量、规格、技术性能、检验方法、租赁期限、租金构成及其支付期限和方式、币种、租赁期间届满租赁物的归属等条款。

融资租赁合同应当采用书面形式。

第二百三十九条　出租人根据承租人对出卖人、租赁物的选择订立的买卖合同，出卖人应当按照约定向承租人交付标的物，承租人享有与受领标的物有关的买受人的权利。

第二百四十条　出租人、出卖人、承租人可以约定，出卖人不履行买卖合同义务的，由承租人行使索赔的权利。承租人行使索赔权利的，出租人应当协助。

第二百四十一条　出租人根据承租人对出卖人、租赁物的选择订立的买卖合同，未经承租人同意，出租人不得变更与承租人有关的合同内容。

第二百四十二条　出租人享有租赁物的所有权。承租人破产的，租赁物不属于破产财产。

第二百四十三条　融资租赁合同的租金，除当事人另有约定的以外，应当根据购买租赁物的大部分或者全部成本以及出租人的合理利润确定。

第二百四十四条　租赁物不符合约定或者不符合使用目的的，出租人不承担责任，但承租人依赖出租人的技能确定租赁物或者出租人干预选择租赁物的除外。

第二百四十五条　出租人应当保证承租人对租赁物的占有和使用。

第二百四十六条　承租人占有租赁物期间，租赁物造成第三人的人身伤害或者财产损害的，出租人不承担责任。

第二百四十七条　承租人应当妥善保管、使用租赁物。

承租人应当履行占有租赁物期间的维修义务。

第二百四十八条　承租人应当按照约定支付租金。承租人经催告后在合理期限内仍不支付租金的，出租人可以要求支付全部租金；也可以解除合同，收回租赁物。

第二百四十九条　当事人约定租赁期间届满租赁物归承租人所有，承租人已经支付大部分租金，但无力支付剩余租金，出租人因此解除合同收回租赁物的，收回的租赁物的价值超过承租人欠付的租金以及其他费用的，承租人可以要求部分返还。

第二百五十条　出租人和承租人可以约定租赁期间届满租赁物的归属。对租赁物的归属没有约定或者约定不明确，依照本法第六十一条的规定仍不能确定的，租赁物的所有权归出租人。

第十五章　承揽合同

第二百五十一条　承揽合同是承揽人按照定作人的要求完成工作，交付工作成果，定作人给付报酬的合同。

承揽包括加工、定作修理、复制、测试、检验等工作。

第二百五十二条　承揽合同的内容包括承揽的标的、数量、质量、报酬、承揽方式、材料的提供、履行期限、验收标准和方法等条款。

第二百五十三条　承揽人应当以自己的设备、技术和劳力，完成主要工作，但当事人另有约定的除外。

承揽人将其承揽的主要工作交由第三人完成的，应当就该第三人完成的工作成果向定作人负责；未经定作人同意的，定作人也可以解除合同。

第二百五十四条　承揽人可以将其承揽的辅助工作交由第三人完成。承揽人将其承揽的辅助工作交由第三人完成的，应当就该第三人完成的工作成果向定作人负责。

第二百五十五条　承揽人提供材料的，承揽人应当按照约定选用材料，并接受定作人检验。

第二百五十六条　定作人提供材料的，定作人应当按照约定提供材料，承揽人对定作人提供的材料，应当及时检验，发现不符合约定时，应当及时通知定作人更换、补齐或者采取其他补救措施。

承揽人不得擅自更换定作人提供的材料，不得更换不需要修理的零部件。

第二百五十七条　承揽人发现定作人提供的图纸或者技术要求不合理的，应当及时通知定作人。因定作人怠于答复等原因造成承揽人损失的，应当赔偿损失。

第二百五十八条　定作人中途变更承揽工作的要求，造成承揽人损失的，应当赔偿损失。

第二百五十九条　承揽工作需要定作人协助的，定作人有协助的义务。

定作人不履行协助义务致使承揽工作不能完成的，承揽人可以催告定作人在合理期限内履行义务，并可以顺延履行期限；定作人逾期不履行的，承揽人可以解除合同。

第二百六十条　承揽人在工作期间，应当接受定作人必要的监督检验。定作人不得因监督检验妨碍承揽人的正常工作。

第二百六十一条　承揽人完成工作的，应当向定作人交付工作成果，并提交必要的技术资料和有关质量证明。定作人应当验收该工作成果。

第二百六十二条　承揽人交付的工作成果不符合质量要求的，定作人可以要求承揽人承担修理、重作、减少报酬、赔偿损失等违约责任。

第二百六十三条　定作人应当按照约定的期限支付报酬。对支付报酬的期限没有约定或者约定不明确，依照本法第六十一条的规定仍不能确定的，定作人应当在承揽人交付工作成果时支付；工作成果部分交付的，定作人应当相应支付。

第二百六十四条　定作人未向承揽人支付报酬或者材料费等价款的，承揽人对完成的工作成果享有留置权，但当事人另有约定的除外。

第二百六十五条　承揽人应当妥善保管定作人提供的材料以及完成的工作成果，因保管不善造成毁损、灭失的，应当承担损害赔偿责任。

第二百六十六条　承揽人应当按照定作人的要求保守秘密，未经定作人许可，不得留存复制品或者技术资料。

第二百六十七条　共同承揽人对定作人承担连带责任，但当事人另有约定的除外。

第二百六十八条　定作人可以随时解除承揽合同，造成承揽人损失的，应当赔偿损失。

第十六章　建设工程合同

第二百六十九条　建设工程合同是承包人进行工程建设，发包人支付价款的合同。

建设工程合同包括工程勘察、设计、施工合同。

第二百七十条　建设工程合同应当采用书面形式。

第二百七十一条　建设工程的招标投标活动，应当依照有关法律的规定公开、公平、公正进行。

第二百七十二条　发包人可以与总承包人订立建设工程合同，也可以分别与勘察人、设计人、施工人订立勘察、设计、施工承包合同。发包人不得将应当由一个承包人完成的建设工程肢解成若干部分发包给几个承包人。

总承包人或者勘察、设计、施工承包人经发包人同意，可以将自己承包的部分工作交由第三人完成。第三人就其完成的工作成果与总承包人或者勘察、设计、施工承包人向发包人承担连带责任。承包人不得将其承包的全部建设工程转包给第三人或者将其承包的全部建设工程肢解以后以分包的名义分别转包给第三人。

禁止承包人将工程分包给不具备相应资质条件的单位，禁止分包单位将其承包的工程再分包。建设工程主体结构的施工必须由承包人自行完成。

第二百七十三条　国家重大建设工程合同，应当按照国家规定的程序和国家批准的投资计划、可行性研究报告等文件订立。

第二百七十四条　勘察、设计合同的内容包括提交有关基础资料和文件（包括概预算）的期限、质量要求、费用以及其他协作条件等条款。

第二百七十五条　施工合同的内容包括工程范围、建设工期。中间交工工程的开工和竣工时间、工程质量、工程造价、技术资料交付时间、材料和设备供应责任、拨款和结算、竣工验收、质量保修范围和质量保证期、双方相互协作等条款。

第二百七十六条　建设工程实行监理的，发包人应当与监理人采用书面形式订立委托监理合同。发包人与监理人的权利和义务以及法律责任，应当依照本法委托合同以及其他有关法律、行政法规的规定。

第二百七十七条　发包人在不妨碍承包人正常作业的情况下，可以随时对作业进度、质量进行检查。

第二百七十八条　隐蔽工程在隐蔽以前，承包人应当通知发包人检查，发包人没有及时检查的，承包人可以顺延工程日期，并有权要求赔偿停工、窝工等损失。

第二百七十九条　建设工程竣工后，发包人应当根据施工图纸及说明书、国家颁发的施工验收规范和质量检验标准及时进行验收。验收合格的，发包人应当按照约定支付价款，并接收该建设工程。

建设工程竣工经验收合格后，方可交付使用；未经验收或者验收不合格的，不得交付使用。

第二百八十条　勘察、设计的质量不符合要求或者未按照期限提交勘察、设计文件拖延工期，造成发包人损失的，勘察人、设计人应当继续完善勘察、设计，减收或者免收勘察、设计费并赔偿损失。

第二百八十一条　因施工人的原因致使建设工程质量不符合约定的，发包人有权要求施工人在合理期限内无偿修理或者返工、改建。经过修理或者返工、改建后，造成逾期交付的，施工人应当承担违约责任。

第二百八十二条　因承包人的原因致使建设工程在合理使用期限内造成人身和财产损害的，承包人应当承担损害赔偿责任。

第二百八十三条　发包人未按照约定的时间和要求提供原材料、设备、场地、资金、技术资料的，承包人可以顺延工程日期，并有权要求赔偿停工、窝工等损失。

第二百八十四条　因发包人的原因致使工程中途停建、缓建的，发包人应当采取措施弥补或者减少损失，赔偿承包人因此造成的停工、窝工、倒运、机械设备调迁、材料和构件积压等损失和实际费用。

第二百八十五条　因发包人变更计划，提供的资料不准确，或者未按照期限提供必需的勘察、设计工作条件而造成勘察、设计的返工、停工或者修改设计，发包人应当按照勘察人、设计人实际消耗的工作量增付费用。

第二百八十六条　发包人未按照约定支付价款的，承包人可以催告发包人在合理期限内支付价款。发包人逾期不支付的，除按照建设工程的性质不宜折价、拍卖的以外，承包人可以与发包人协议将该工程折价，也可以申请人民法院将该工程依法拍卖。建设工程的价款就该工程折价或者拍卖的价款优先受偿。

第二百八十七条 本章没有规定的，适用承揽合同的有关规定。

第十七章 运 输 合 同

第一节 一 般 规 定

第二百八十八条 运输合同是承运人将旅客或者货物从起运地点运输到约定地点，旅客、托运人或者收货人支付票款或者运输费用的合同。

第二百八十九条 从事公共运输的承运人不得拒绝旅客、托运人通常、合理的运输要求。

第二百九十条 承运人应当在约定期间或者合理期间内将旅客、货物安全运输到约定地点。

第二百九十一条 承运人应当按照约定的或者通常的运输路线将旅客、货物运输到约定地点。

第二百九十二条 旅客、托运人或者收货人应当支付票款或者运输费用。承运人未按照约定路线或者通常路线运输增加票款或者运输费用的，旅客、托运人或者收货人可以拒绝支付增加部分的票款或者运输费用。

第二节 客 运 合 同

第二百九十三条 客运合同自承运人向旅客交付客票时成立，但当事人另有约定或者另有交易习惯的除外。

第二百九十四条 旅客应当持有效客票乘运，旅客无票乘运、超程乘运、越级乘运或者持失效客票乘运的，应当补交票款，承运人可以按照规定加收票款。旅客不交付票款的，承运人可以拒绝运输。

第二百九十五条 旅客因自己的原因不能按照客票记载的时间乘坐的，应当在约定的时间内办理退票或者变更手续，逾期办理的，承运人可以不退票款，并不再承担运输义务。

第二百九十六条 旅客在运输中应当按照约定的限量携带行李。超过限量携带行李的，应当办理托运手续。

第二百九十七条 旅客不得随身携带或者在行李中夹带易燃、易爆、有毒、有腐蚀性、有放射性以及有可能危及运输工具上人身和财产安全的危险物品或者其他违禁物品。

旅客违反前款规定的，承运人可以将违禁物品卸下、销毁或者送交有关部门。旅客坚持携带或者夹带违禁物品的，承运人应当拒绝运输。

第二百九十八条 承运人应当向旅客及时告知有关不能正常运输的重要事由和安全运输应当注意的事项。

第二百九十九条 承运人应当按照客票载明的时间和班次运输旅客。承运人迟延运输的，应当根据旅客的要求安排改乘其他班次或者退票。

第三百条 承运人擅自变更运输工具而降低服务标准的，应当根据旅客的要求退票或者减收票款；提高服务标准的，不应当加收票款。

第三百零一条 承运人在运输过程中，应当尽力救助患有急病、分娩、遇险的旅客。

第三百零二条　承运人应当对运输过程中旅客的伤亡承担损害赔偿责任，但伤亡是旅客自身健康原因造成的或者承运人证明伤亡是旅客故意、重大过失造成的除外。

前款规定适用于按照规定免票、持优待票或者经承运人许可搭乘的无票旅客。

第三百零三条　在运输过程中旅客自带物品毁损、灭失，承运人有过错的，应当承担损害赔偿责任。

旅客托运的行李毁损、灭失的，适用货物运输的有关规定。

第三节　货　运　合　同

第三百零四条　托运人办理货物运输，应当向承运人准确表明收货人的名称或者姓名或者凭指示的收货人，货物的名称、性质、重量、数量，收货地点等有关货物运输的必要情况。

因托运人申报不实或者遗漏重要情况，造成承运人损失的，托运人应当承担损害赔偿责任。

第三百零五条　货物运输需要办理审批、检验等手续的，托运人应当将办理完有关手续的文件提交承运人。

第三百零六条　托运人应当按照约定的方式包装货物。对包装方式没有约定或者约定不明确的，适用本法第一百五十六条的规定。

托运人违反前款规定的，承运人可以拒绝运输。

第三百零七条　托运人托运易燃、易爆、有毒、有腐蚀性、有放射性等危险物品的，应当按照国家有关危险物品运输的规定对危险物品妥善包装，作出危险物标志和标签，并将有关危险物品的名称、性质和防范措施的书面材料提交承运人。

托运人违反前款规定的，承运人可以拒绝运输，也可以采取相应措施以避免损失的发生，因此产生的费用由托运人承担。

第三百零八条　在承运人将货物交付收货人之前，托运人可以要求承运人中止运输、返还货物、变更到达地或者将货物交给其他收货人，但应当赔偿承运人因此受到的损失。

第三百零九条　货物运输到达后，承运人知道收货人的，应当及时通知收货人，收货人应当及时提货，收货人逾期提货的，应当向承运人支付保管费等费用。

第三百一十条　收货人提货时应当按照约定的期限检验货物。对检验货物的期限没有约定或者约定不明确，依照本法第六十一条的规定仍不能确定的，应当在合理期限内检验货物。收货人在约定的期限或者合理期限内对货物的数量、毁损等未提出异议的，视为承运人已经按照运输单证的记载交付的初步证据。

第三百一十一条　承运人对运输过程中货物的毁损、灭失承担损害赔偿责任，但承运人证明货物的毁损、灭失是因不可抗力、货物本身的自然性质或者合理损耗以及托运人、收货人的过错造成的，不承担损害赔偿责任。

第三百一十二条　货物的毁损、灭失的赔偿额，当事人有约定的，按照其约定；没有约定或者约定不明确，依照本法第六十一条的规定仍不能确定的，按照交付或者应当交付时货物到达地的市场价格计算，法律、行政法规对赔偿额的计算方法和赔偿限额另有规定的，依照其规定。

第三百一十三条　两个以上承运人以同一运输方式联运的，与托运人订立合同的承运人应当对全程运输承担责任。损失发生在某一运输区段的，与托运人订立合同的承运人和该区段的承运人承担连带责任。

第三百一十四条　货物在运输过程中因不可抗力灭失，未收取运费的，承运人不得要求支付运费；已收取运费的，托运人可以要求返还。

第三百一十五条　托运人或者收货人不支付运费、保管费以及其他运输费用的，承运人对相应的运输货物享有留置权，但当事人另有约定的除外。

第三百一十六条　收货人不明或者收货人无正当理由拒绝受领货物的，依照本法第一百零一条的规定，承运人可以提存货物。

第四节　多式联运合同

第三百一十七条　多式联运经营人负责履行或者组织履行多式联运合同，对全程运输享有承运人的权利，承担承运人的义务。

第三百一十八条　多式联运经营人可以与参加多式联运的各区段承运人就多式联运合同的各区段运输约定相互之间的责任，但该约定不影响多式联运经营人对全程运输承担的义务。

第三百一十九条　多式联运经营人收到托运人交付的货物时，应当签发多式联运单据。按照托运人的要求，多式联运单据可以是可转让单据，也可以是不可转让单据。

第三百二十条　因托运人托运货物时的过错造成多式联运经营人损失的，即使托运人已经转让多式联运单据，托运人仍然应当承担损害赔偿责任。

第三百二十一条　货物的毁损、灭失发生于多式联运的某一运输区段的，多式联运经营人的赔偿责任和责任限额，适用调整该区段运输方式的有关法律规定。货物毁损、灭失发生的运输区段不能确定的，依照本章规定承担损害赔偿责任。

第十八章　技　术　合　同

第一节　一　般　规　定

第三百二十二条　技术合同是当事人就技术开发、转让、咨询或者服务订立的确立相互之间权利和义务的合同。

第三百二十三条　订立技术合同，应当有利于科学技术的进步，加速科学技术成果的转化、应用和推广。

第三百二十四条　技术合同的内容由当事人约定，一般包括以下条款：

（一）项目名称；

（二）标的的内容、范围和要求；

（三）履行的计划、进度、期限、地点、地域和方式；

（四）技术情报和资料的保密；

（五）风险责任的承担；

（六）技术成果的归属和收益的分成办法；

（七）验收标准和方法；

（八）价款、报酬或者使用费及其支付方式；

（九）违约金或者损失赔偿的计算方法；

（十）解决争议的方法；

（十一）名词和术语的解释。

与履行合同有关的技术背景资料、可行性论证和技术评价报告、项目任务书和计划书、技术标准、技术规范、原始设计和工艺文件，以及其他技术文档，按照当事人的约定可以作为合同的组成部分。

技术合同涉及专利的，应当注明发明创造的名称、专利申请人和专利权人、申请日期、申请号、专利号以及专利权的有效期限。

第三百二十五条 技术合同价款、报酬或者使用费的支付方式由当事人约定，可以采取一次总算、一次总付或者一次总算、分期支付，也可以采取提成支付或者提成支付附加预付入用费的方式。

约定提成支付的，可以按照产品价格、实施专利和使用技术秘密后新增的产值、利润或者产品销售额的一定比例提成，也可以按照约定的其他方式计算，提成支付的比例可以采取固定比例、逐年递增比例或者逐年递减比例。

约定提成支付的，当事人应当在合同中约定查阅有关会计账目的办法。

第三百二十六条 职务技术成果的使用权、转让权属于法人或者其他组织的，法人或者其他组织可以就该项职务技术成果订立技术合同。法人或者其他组织应当从使用和转让该项职务技术成果所取得的收益中提取一定比例，对完成该项职务技术成果的个人给予奖励或者报酬。法人或者其他组织订立技术合同转让职务技术成果时，职务技术成果的完成人享有以同等条件优先受让的权利。

职务技术成果是执行法人或者其他组织的工作任务，或者主要是利用法人或者其他组织的物质技术条件所完成的技术成果。

第三百二十七条 非职务技术成果的使用权、转让权属于完成技术成果的个人，完成技术成果的个人可以就该项非职务技术成果订立技术合同。

第三百二十八条 在完成技术成果的个人有在有关技术成果文件上写明自己是技术成果完成者的权利和取得荣誉证书、奖励的权利。

第三百二十九条 非法垄断技术、妨碍技术进步或者侵害他人技术成果的技术合同无效。

第二节 技 术 开 发 合 同

第三百三十条 技术开发合同是指当事人之间就新技术、新产品、新工艺或者新材料及其系统的研究开发所订立的合同。

技术开发合同包括委托开发合同和合作开发合同。

技术开发合同应当采用书面形式。

当事人之间就具有产业应用价值的科技成果实施转化订立的合同，参照技术开发合同的规定。

第三百三十一条 委托开发合同的委托人应当按照约定支付研究开发经费和报酬；提

供技术资料、原始数据；完成协作事项；接受研究开发成果。

第三百三十二条　委托开发合同的研究开发人应当按照约定制定和实施研究开发计划；合理使用研究开发经费；按期完成研究开发工作，交付研究开发成果，提供有关的技术资料和必要的技术指导，帮助委托人掌握研究开发成果。

第三百三十三条　委托人违反约定造成研究开发工作停滞。延误或者失败的，应当承担违约责任。

第三百三十四条　研究开发人违反约定造成研究开发工作停滞、延误或者失败的，应当承担违约责任。

第三百三十五条　合作开发合同的当事人应当按照约定进行投资，包括以技术进行投资；分工参与研究开发工作；协作配合研究开发工作。

第三百三十六条　合作开发合同的当事人违反约定造成研究开发工作停滞、延误或者失败的，应当承担违约责任。

第三百三十七条　因作为技术开发合同标的的技术已经由他人公开，致使技术开发合同的履行没有意义的，当事人可以解除合同。

第三百三十八条　技术开发合同履行过程中，因出现无法克服的技术困难，致使研究开发失败或者部分失败的，该风险责任由当事人约定。没有约定或者约定不明确，依照本法第六十一条的规定仍不能确定的，风险责任由当事人合理分担。

当事人一方发现前款规定的可能致使研究开发失败或者部分失败的情形时，应当及时通知另一方并采取适当措施减少损失。没有及时通知并采取适当措施，致使损失扩大的，应当就扩大的损失承担责任。

第三百三十九条　委托开发完成的发明创造，除当事人另有约定的以外，申请专利的权利属于研究开发人。研究开发人取得专利权的，委托人可以免费实施该专利。

研究开发人转让专利申请权的，委托人享有以同等条件优先受让的权利。

第三百四十条　合作开发完成的发明创造，除当事人另有约定的以外，申请专利的权利属于合作开发的当事人共有。当事人一方转让其共有的专利申请权的，其他各方享有以同等条件优先受让的权利。

合作开发的当事人一方声明放弃其共有的专利申请权的，可以由另一方单独申请或者由其他各方共同申请。申请人取得专利权的，放弃专利申请权的一方可以免费实施该专利。

合作开发的当事人一方不同意申请专利的，另一方或者其他各方不得申请专利。

第三百四十一条　委托开发或者合作开发完成的技术秘密成果的使用权、转让权以及利益的分配办法，由当事人约定。没有约定或者约定不明确，依照本法第六十一条的规定仍不能确定的，当事人均有使用和转让的权利，但委托开发的研究开发人不得在向委托人交付研究开发成果之前，将研究开发成果转让给第三人。

第三节　技术转让合同

第三百四十二条　技术转让合同包括专利权转让、专利申请权转让、技术秘密转让、专利实施许可合同。

技术转让合同应当采用书面形式。

第三百四十三条　技术转让合同可以约定让与人和受让人实施专利或者使用技术秘密的范围，但不得限制技术竞争和技术发展。

第三百四十四条　专利实施许可合同只在该专利权的存续期间内有效。专利权有效期限届满或者专利权被宣布无效的，专利权人不得就该专利与他人订立专利实施许可合同。

第三百四十五条　专利实施许可合同的让与人应当按照约定许可受让人实施专利，交付实施专利有关的技术资料，提供必要的技术指导。

第三百四十六条　专利实施许可合同的受让人应当按照约定实施专利，不得许可约定以外的第三人实施该专利；并按照约定支付使用费。

第三百四十七条　技术秘密转让合同的让与人应当按照约定提供技术资料，进行技术指导，保证技术的实用性、可靠性，承担保密义务。

第三百四十八条　技术秘密转让合同的受让人应当按照约定使用技术，支付使用费，承担保密义务。

第三百四十九条　技术转让合同的让与人应当保证自己是所提供的技术的合法拥有者，并保证所提供的技术完整、无误、有效，能够达到约定的目标。

第三百五十条　技术转让合同的受让人应当按照约定的范围和期限，对让与人提供的技术中尚未公开的秘密部分，承担保密义务。

第三百五十一条　让与人未按照约定转让技术的，应当返还部分或者全部使用费，并应当承担违约责任；实施专利或者使用技术秘密超越约定的范围的，违反约定擅自许可第三人实施该项专利或者使用该项技术秘密的，应当停止违约行为，承担违约责任；违反约定的保密义务的，应当承担违约责任。

第三百五十二条　受让人未按照约定支付使用费的，应当补交使用费并按照约定支付违约金；不补交使用费或者支付违约金的，应当停止实施专利或者使用技术秘密，交还技术资料，承担违约责任；实施专利或者使用技术秘密超越约定的范围的，未经让与人同意擅自许可第三人实施该专利或者使用该技术秘密的，应当停止违约行为，承担违约责任；违反约定的保密义务的，应当承担违约责任。

第三百五十三条　受让人按照约定实施专利、使用技术秘密侵害他人合法权益的，由让与人承担责任，但当事人另有约定的除外。

第三百五十四条　当事人可以按照互利的原则，在技术转让合同中约定实施专利、使用技术秘密后续改进的技术成果的分享办法。没有约定或者约定不明确，依照本法第六十一条的规定仍不能确定的，一方后续改进的技术成果，其他各方无权分享。

第三百五十五条　法律、行政法规对技术进出口合同或者专利、专利申请合同另有规定的，依照其规定。

第四节　技术咨询合同和技术服务合同

第三百五十六条　技术咨询合同包括就特定技术项目提供可行性论证、技术预测、专题技术调查、分析评价报告等合同。

技术服务合同是指当事人一方以技术知识为另一方解决特定技术问题所订立的合同，

不包括建设工程合同和承揽合同。

第三百五十七条　技术咨询合同的委托人应当按照约定阐明咨询的问题，提供技术背景材料及有关技术资料、数据；接受受托人的工作成果，支付报酬。

第三百五十八条　技术咨询合同的受托人应当按照约定的期限完成咨询报告或者解答问题；提出的咨询报告应当达到约定的要求。

第三百五十九条　技术咨询合同的委托人未按照约定提供必要的资料和数据，影响工作进度和质量，不接受或者逾期接受工作成果的，支付的报酬不得追回，未支付的报酬应当支付。

技术咨询合同的受托人未按期提出咨询报告或者提出的咨询报告不符合约定的，应当承担减收或者免收报酬等违约责任。

技术咨询合同的委托人按照受托人符合约定要求的咨询报告和意见作出决策所造成的损失，由委托人承担，但当事人另有约定的除外。

第三百六十条　技术服务合同的委托人应当按照约定提供工作条件，完成配合事项；接受工作成果并支付报酬。

第三百六十一条　技术服务合同的受托人应当按照约定完成服务项目，解决技术问题，保证工作质量，并传授解决技术问题的知识。

第三百六十二条　技术服务合同的委托人不履行合同义务或者履行合同义务不符合约定，影响工作进度和质量，不接受或者逾期接受工作成果的，支付的报酬不得追回，未支付的报酬应当支付。

技术服务合同的受托人未按照合同约定完成服务工作的，应当承担免收报酬等违约责任。

第三百六十三条　在技术咨询合同、技术服务合同履行过程中，受托人利用委托人提供的技术资料和工作条件完成的新的技术成果，属于受托人。委托人利用受托人的工作成果完成的新的技术成果，属于委托人。当事人另有约定的，按照其约定。

第三百六十四条　法律、行政法规对技术中介合同、技术培训合同另有规定的，依照其规定。

第十九章　保　管　合　同

第三百六十五条　保管合同是保管人保管寄存人交付的保管物，并返还该物的合同。

第三百六十六条　寄存人应当按照约定向保管人支付保管费。

当事人对保管费没有约定或者约定不明确，依照本法第六十一条的规定仍不能确定的，保管是无偿的。

第三百六十七条　保管合同自保管物交付时成立，但当事人另有约定的除外。

第三百六十八条　寄存人向保管人交付保管物的，保管人应当给付保管凭证，但另有交易习惯的除外。

第三百六十九条　保管人应当妥善保管保管物。

当事人可以约定保管场所或者方法，除紧急情况或者为了维护寄存人利益的以外，不得擅自改变保管场所或者方法。

第三百七十条　寄存人交付的保管物有瑕疵或者按照保管物的性质需要采取特殊保管措施的，寄存人应当将有关情况告知保管人。寄存人未告知，致使保管物受损失的，保管人不承担损害赔偿责任；保管人因此受损失的，除保管人知道或者应当知道并且未采取补救措施的以外，寄存人应当承担损害赔偿责任。

第三百七十一条　保管人不得将保管物转变第三人保管，但当事人另有约定的除外。

保管人违反前款规定，将保管物转变第三人保管，对保管物造成损失的，应当承担损害赔偿责任。

第三百七十二条　保管人不得使用或者许可第三人使用保管物，但当事人另有约定的除外。

第三百七十三条　第三人对保管物主张权利的，除依法对保管物采取保全或者执行的以外，保管人应当履行向寄存人返还保管物的义务。

第三人对保管人提起诉讼或者对保管物申请扣押的，保管人应当及时通知寄存人。

第三百七十四条　保管期间，因保管人保管不善造成保管物毁损、灭失的，保管人应当承担损害赔偿责任，但保管是无偿的，保管人证明自己没有重大过失的，不承担损害赔偿责任。

第三百七十五条　寄存人寄存货币、有价证券或者其他贵重物品的，应当向保管人声明，由保管人验收或者封存。寄存人未声明的，该物品毁损、灭失后，保管人可以按照一般物品予以赔偿。

第三百七十六条　寄存人可以随时领取保管物。

当事人对保管期间没有约定或者约定不明确的，保管人可以随时要求寄存人领取保管物；约定保管期间的，保管人无特别事由，不得要求寄存人提前领取保管物。

第三百七十七条　保管期间届满或者寄存人提前领取保管物的，保管人应当将原物及其孳息归还寄存人。

第三百七十八条　保管人保管货币的，可以返还相同种类、数量的货币。保管其他可替代物的，可以按照约定返还相同种类、品质、数量的物品。

第三百七十九条　有偿的保管合同，寄存人应当按照约定的期限向保管人支付保管费。

当事人对支付期限没有约定或者约定不明确，依照本法第六十一条的规定仍不能确定的，应当在领取保管物的同时支付。

第三百八十条　寄存人未按照约定支付保管费以及其他费用的，保管人对保管物享有留置权，但当事人另有约定的除外。

第二十章　仓　储　合　同

第三百八十一条　仓储合同是保管人储存存货人交付的仓储物，存货人支付仓储费的合同。

第三百八十二条　仓储合同自成立时生效。

第三百八十三条　储存易燃、易爆、有毒、有腐蚀性、有放射性等危险物品或者易变质物品，存货人应当说明该物品的性质，提供有关资料。

存货人违反前款规定的，保管人可以拒收仓储物，也可以采取相应措施以避免损失的发生，因此产生的费用由存货人承担。

保管人储存易燃、易爆、有毒、有腐蚀性、有放射性等危险物品的，应当具备相应的保管条件。

第三百八十四条　保管人应当按照约定对入库仓储物进行验收。保管人验收时发现入库仓储物与约定不符合的，应当及时通知存货人，保管人验收后，发生仓储物的品种、数量、质量不符合约定的，保管人应当承担损害赔偿责任。

第三百八十五条　存货人交付仓储物的，保管人应当给付仓单。

第三百八十六条　保管人应当在仓单上签字或者盖章。仓单包括下列事项：

（一）存货人的名称或者姓名和住所；

（二）仓储物的品种、数量、质量、包装、件数和标记；

（三）仓储物的损耗标准；

（四）储存场所；

（五）储存期间；

（六）仓储费；

（七）仓储物已经办理保险的，其保险金额、期间以及保险人的名称；

（八）填发人、填发地和填发日期。

第三百八十七条　仓单是提取仓储物的凭证。存货人或者仓单持有人在仓单上背书并经保管人签字或者盖章的，可以转让提取仓储物的权利。

第三百八十八条　保管人根据存货人或者仓单持有人的要求，应当同意其检查仓储物或者提取样品。

第三百八十九条　保管人对入库仓储物发现有变质或者其他损坏的，应当及时通知存货人或者仓单持有人。

第三百九十条　保管人对入库仓储物发现有变质或者其他损坏，危及其他仓储物的安全和正常保管的，应当催告存货人或者仓单持有人作出必要的处置，因情况紧急，保管人可以作出必要的处置，但事后应当将该情况及时通知存货人或者仓单持有人。

第三百九十一条　当事人对储存期间没有约定或者约定不明确的，存货人或者仓单持有人可以随时提取仓储物，保管人也可以随时要求存货人或者仓单持有人提取仓储物，但应当给予必要的准备时间。

第三百九十二条　储存期间届满，存货人或者仓单持有人应当凭仓单提取仓储物。存货人或者仓单持有人逾期提取的，应当加收仓储费；提前提取的，不减收仓储费。

第三百九十三条　储存期间届满，存货人或者仓单持有人不提取仓储物的，保管人可以催告其在合理期限内提取，逾期不提取的，保管人可以提存仓储物。

第三百九十四条　储存期间，因保管人保管不善造成仓储物毁损、灭失的，保管人应当承担损害赔偿责任。

因仓储物的性质、包装不符合约定或者超过有效储存期造成仓储物变质、损坏的，保管人不承担损害赔偿责任。

第三百九十五条 本章没有规定的，适用保管合同的有关规定。

第二十一章 委 托 合 同

第三百九十六条 委托合同是委托人和受托人约定，由受托人处理委托人事务的合同。

第三百九十七条 委托人可以特别委托受托人处理一项或者数项事务，也可以概括委托受托人处理一切事务。

第三百九十八条 委托人应当预付处理委托事务的费用，受托人为处理委托事务垫付的必要费用，委托人应当偿还该费用及其利息。

第三百九十九条 受托人应当按照委托人的指示处理委托事务。需要变更委托人指示的，应当经委托人同意；因情况紧急，难以和委托人取得联系的，受托人应当妥善处理委托事务，但事后应当将该情况及时通知委托人。

第四百条 受托人应当亲自处理委托事务，经委托人同意，受托人可以转委托。转委托经同意的，委托人可以就委托事务直接指示转委托的第三人，受托人仅就第三人的选任及其对第三人的指示承担责任。转委托未经同意的，受托人应当对转委托的第三人的行为承担责任，但在紧急情况下受托人为维护委托人的利益需要转委托的除外。

第四百零一条 受托人应当按照委托人的要求，报告委托事务的处理情况。委托合同终止时，受托人应当报告委托事务的结果。

第四百零二条 受托人以自己的名义，在委托人的授权范围内与第三人订立的合同，第三人在订立合同时知道受托人与委托人之间的代理关系的，该合同直接约束委托人和第三人，但有证据证明该合同只约束受托人和第三人的除外。

第四百零三条 受托人以自己的名义与第三人订立合同时，第三人不知道受托人与委托人之间的代理关系的，受托人因第三人的原因对委托人不履行义务，受托人应当向委托人披露第三人，委托人因此可以行使受托人对第三人的权利，但第三人与受托人订立合同时如果知道该委托人就不会订立合同的除外。

受托人因委托人的原因对第三人不履行义务，受托人应当向第三人披露委托人，第三人因此可以选择受托人或者委托人作为相对人主张其权利，但第三人不得变更选定的相对人。

委托人行使受托人对第三人的权利的，第三人可以向委托人主张其对受托人的抗辩，第三人选定委托人作为其相对人的，委托人可以向第三人主张其对受托人的抗辩以及受托人对第三人的抗辩。

第四百零四条 受托人处理委托事务取得的财产，应当转交给委托人。

第四百零五条 受托人完成委托事务的，委托人应当向其支付报酬。因不可归责于受托人的事由，委托合同解除或者委托事务不能完成的，委托人应当向受托人支付相应的报酬。当事人另有约定的，按照其约定。

第四百零六条 有偿的委托合同，因受托人的过错给委托造成损失的。委托人可以要求赔偿损失。无偿的委托合同，因受托人的故意或者重大过失给委托人造成损失的，委托人可以要求赔偿损失。

受托人超越权限给委托人造成损失的，应当赔偿损失。

第四百零七条 受托人处理委托事务时，因不可归责于自己的事由受到损失的，可以向委托人要求赔偿损失。

第四百零八条 委托人经受托人同意，可以在受托人之外委托第三人处理委托事务。因此给受托人造成损失的，受托人可以向委托人要求赔偿损失。

第四百零九条 两个以上的受托人共同处理委托事务的，对委托人承担连带责任。

第四百一十条 委托人或者受托人可以随时解除委托合同。因解除合同给对方造成损失的，除不可归责于该当事人的事由以外，应当赔偿损失。

第四百一十一条 委托人或者受托人死亡、丧失民事行为能力或者破产的，委托合同终止，但当事人另有约定或者根据委托事务的性质不宜终止的除外。

第四百一十二条 因委托人死亡、丧失民事行为能力或者破产，致使委托合同终止将损害委托人利益的，在委托人的继承人、法定代理人或者清算组织承受委托事务之前，受托人应当继续处理委托事务。

第四百一十三条 因受托人死亡、丧失民事行为能力或者破产，致使委托合同终止的，受托人的继承人、法定代理人或者清算组织应当及时通知委托人，因委托合同终止将损害委托人利益的，在委托人作出善后处理之前，受托人的继承人、法定代理人或者清算组织应当采取必要措施。

第二十二章 行 纪 合 同

第四百一十四条 行纪合同是行纪人以自己的名义为委托人从事贸易活动，委托人支付报酬的合同。

第四百一十五条 行纪人处理委托事务支出的费用，由行纪人负担，但当事人另有约定的除外。

第四百一十六条 行纪人占有委托物的，应当妥善保管委托物。

第四百一十七条 委托物交付给行纪人时有瑕疵或者容易腐烂、变质的，经委托人同意，行纪人可以处分该物；和委托人不能及时取得联系的，行纪人可以合理处分。

第四百一十八条 行纪人低于委托人指定的价格卖出或者高于委托人指定的价格买入的，应当经委托人同意。未经委托人同意，行纪人补偿其差额的，该买卖对委托人发生效力。

行纪人高于委托人指定的价格卖出或者低于委托人指定的价格买入的，可以按照约定增加报酬。没有约定或者约定不明确，依照本法第六十一条的规定仍不能确定的，该利益属于委托人。

委托人对价格有特别指示的，行纪人不得违背该指示卖出或者买入。

第四百一十九条 行纪人卖出或者买入具有市场定价的商品，除委托人有相反的意思表示的以外，行纪人自己可以作为买受人或者出卖人。

行纪人有前款规定情形的，仍然可以要求委托人支付报酬。

第四百二十条 行纪人按照约定买入委托物，委托人应当及时受领。经行纪人催告，委托人无正当理由拒绝受领的，行纪人依照本法第一百零一条的规定可以提存委托物。

委托物不能卖出或者委托人撤回出卖，经行纪人催告，委托人不取回或者不处分该物的，行纪人依照本法第一百零一条的规定可以提存委托物。

第四百二十一条 行纪人与第三人订立合同的，行纪人对该合同直接享有权利、承担义务。

第三人不履行义务致使委托人受到损害的，行纪人应当承担损害赔偿责任，但行纪人与委托人另有约定的除外。

第四百二十二条 行纪人完成或者部分完成委托事务的，委托人应当向其支付相应的报酬，委托人逾期不支付报酬的，行纪人对委托物享有留置权，但当事人另有约定的除外。

第四百二十三条 本章没有规定的，适用委托合同的有关规定。

第二十三章　居　间　合　同

第四百二十四条 居间合同是居间人向委托人报告订立合同的机会或者提供订立合同的媒介服务，委托人支付报酬的合同。

第四百二十五条 居间人应当就有关订立合同的事项向委托人如实报告。

居间人故意隐瞒与订立合同有关的重要事实或者提供虚假情况，损害委托人利益的，不得要求支付报酬并应当承担损害赔偿责任。

第四百二十六条 居间人促成合同成立的，委托人应当按照约定支付报酬，对居间人的报酬没有约定或者约定不明确，依照本法第六十一条的规定仍不能确定的，根据居间人的劳务合理确定。因居间人提供订立合同的媒介服务而促成合同成立的，由该合同的当事人平均负担居间人的报酬。

居间人促成合同成立的，居间活动的费用，由居间人负担。

第四百二十七条 居间人未促成合同成立的，不得要求支付报酬，但可以要求委托人支付从事居间活动支出的必要费用。

附　　则

第四百二十八条 本法自 1999 年 10 月 1 日起施行，《中华人民共和国经济合同法》、《中华人民共和国涉外经济合同法》、《中华人民共和国技术合同法》同时废止。

中华人民共和国担保法

(1995 年 6 月 30 日第八届全国人大常委会第十四次会议通过)

第一章 总 则

第一条 为促进资金融通和商品流通，保障债权的实现，发展社会主义市场经济，制定本法。

第二条 在借贷、买卖、货物运输、加工承揽等经济活动中，债权人需要以担保方式保障其债权实现的，可以依照本法规定设定担保。本法规定的担保方式为保证、抵押、质押、留置和定金。

第三条 担保活动应当遵循平等、自愿、公平、诚实信用的原则。

第四条 第三人为债务人向债权人提供担保时，可以要求债务人提供反担保。反担保适用本法担保的规定。

第五条 担保合同是主合同的从合同，主合同无效，担保合同无效。担保合同另有约定的，按照约定。担保合同被确认无效后，债务人、担保人、债权人有过错的，应当根据其过错各自承担相应的民事责任。

第二章 保 证

第一节 保 证 和 保 证 人

第六条 本法所称保证，是指保证人和债权人约定，当债务人不履行债务时，保证人按照约定履行债务或者承担责任的行为。

第七条 具有代为清偿债务能力的法人、其他组织或者公民，可以作保证人。

第八条 国家机关不得为保证人，但经国务院批准为使用外国政府或者国际经济组织贷款进行转贷的除外。

第九条 学校、幼儿园、医院等以公益为目的的事业单位、社会团体不得为保证人。

第十条 企业法人的分支机构、职能部门不得为保证人。企业法人的分支机构有法人书面授权的，可以在授权范围内提供保证。

第十一条 任何单位和个人不得强令银行等金融机构或者企业为他人提供保证；银行等金融机构或者企业对强令其为他人提供保证的行为，有权拒绝。

第十二条 同一债务有两个以上保证人的，保证人应当按照保证合同约定的保证份额，承担保证责任。没有约定保证份额的，保证人承担连带责任，债权人可以要求任何一个保证人承担全部保证责任，保证人都负有担保全部债权实现的义务。已经承担保证责任的保证人，有权向债务人追偿，或者要求承担连带责任的其他保证人清偿其应当承担的份额。

第二节　保证合同和保证方式

第十三条　保证人与债权人应当以书面形式订立保证合同。

第十四条　保证人与债权人可以就单个主合同分别订立保证合同，也可以协议在最高债权额限度内就一定期间连续发生的借款合同或者某项商品交易合同订立一个保证合同。

第十五条　保证合同应当包括以下内容：

（一）被保证的主债权种类、数额；

（二）债务人履行债务的期限；

（三）保证的方式；

（四）保证担保的范围；

（五）保证的期间；

（六）双方认为需要约定的其他事项。保证合同不完全具备前款规定内容的，可以补正。

第十六条　保证的方式有：

（一）一般保证；

（二）连带责任保证。

第十七条　当事人在保证合同中约定，债务人不能履行债务时，由保证人承担保证责任的，为一般保证。一般保证的保证人在主合同纠纷未经审判或者仲裁，并就债务人财产依法强制执行仍不能履行债务前，对债权人可以拒绝承担保证责任。有下列情形之一的，保证人不得行使前款规定的权利：

（一）债务人住所变更，致使债权人要求其履行债务发生重大困难的；

（二）人民法院受理债务人破产案件，中止执行程序的；

（三）保证人以书面形式放弃前款规定的权利的。

第十八条　当事人在保证合同中约定保证人与债务人对债务承担连带责任的，为连带责任保证。连带责任保证的债务人在主合同规定的债务履行期届满没有履行债务的，债权人可以要求债务人履行债务，也可以要求保证人在其保证范围内承担保证责任。

第十九条　当事人对保证方式没有约定或者约定不明确的，按照连带责任保证承担保证责任。

第二十条　一般保证和连带责任保证的保证人享有债务人的抗辩权。债务人放弃对债务的抗辩权的，保证人仍有权抗辩。抗辩权是指债权人行使债权时，债务人根据法定事由，对抗债权人行使请求权的权利。

第三节　保　证　责　任

第二十一条　保证担保的范围包括主债权及利息、违约金、损害赔偿金和实现债权的费用。保证合同另有约定的，按照约定。当事人对保证担保的范围没有约定或者约定不明确的，保证人应当对全部债务承担责任。

第二十二条　保证期间，债权人依法将主债权转让给第三人的，保证人在原保证担保的范围内继续承担保证责任。保证合同另有约定的，按照约定。

第二十三条 保证期间，债权人许可债务人转让债务的，应当取得保证人书面同意，保证人对未经其同意转让的债务，不再承担保证责任。

第二十四条 债权人与债务人协议变更主合同的，应当取得保证人书面同意，未经保证人书面同意的，保证人不再承担保证责任。保证合同另有约定的，按照约定。

第二十五条 一般保证的保证人与债权人未约定保证期间的，保证期间为主债务履行期届满之日起六个月。在合同约定的保证期间和前款规定的保证期间，债权人未对债务人提起诉讼或者申请仲裁的，保证人免除保证责任；债权人已提起诉讼或者申请仲裁的，保证期间适用诉讼时效中断的规定。

第二十六条 连带责任保证的保证人与债权人未约定保证期间的，债权人有权自主债务履行期届满之日起六个月内要求保证人承担保证责任。在合同约定的保证期间和前款规定的保证期间，债权人未要求保证人承担保证责任的，保证人免除保证责任。

第二十七条 保证人依照本法第十四条规定就连续发生的债权作保证，未约定保证期间的，保证人可以随时书面通知债权人终止保证合同，但保证人对于通知到债权人前所发生的债权，承担保证责任。

第二十八条 同一债权既有保证又有物的担保的，保证人对物的担保以外的债权承担保证责任。债权人放弃物的担保的，保证人在债权人放弃权利的范围内免除保证责任。

第二十九条 企业法人的分支机构未经法人书面授权或者超出授权范围与债权人订立保证合同的，该合同无效或者超出授权范围的部分无效，债权人和企业法人有过错的，应当根据其过错各自承担相应的民事责任；债权人无过错的，由企业法人承担民事责任。

第三十条 有下列情形之一的，保证人不承担民事责任：

（一）主合同当事人双方串通，骗取保证人提供保证的；

（二）主合同债权人采取欺诈、胁迫等手段，使保证人在违背真实意思的情况下提供保证的。

第三十一条 保证人承担保证责任后，有权向债务人追偿。

第三十二条 人民法院受理债务人破产案件后，债权人未申报债权的，保证人可以参加破产财产分配，预先行使追偿权。

第三章 抵 押

第一节 抵押和抵押物

第三十三条 本法所称抵押，是指债务人或者第三人不转移对本法第三十四条所列财产的占有，将该财产作为债权的担保。债务人不履行债务时，债权人有权依照本法规定以该财产折价或者以拍卖、变卖该财产的价款优先受偿。前款规定的债务人或者第三人为抵押人，债权人为抵押权人，提供担保的财产为抵押物。

第三十四条 下列财产可以抵押：

（一）抵押人所有的房屋和其他地上定着物；

（二）抵押人所有的机器、交通运输工具和其他财产；

（三）抵押人依法有权处分的国有的土地使用权、房屋和其他地上定着物；

（四）抵押人依法有权处分的国有的机器、交通运输工具和其他财产；

（五）抵押人依法承包并经发包方同意抵押的荒山、荒沟、荒丘、荒滩等荒地的土地使用权；

（六）依法可以抵押的其他财产。抵押人可以将前款所列财产一并抵押。

第三十五条 抵押人所担保的债权不得超出其抵押物的价值。财产抵押后，该财产的价值大于所担保债权的余额部分，可以再次抵押，但不得超出其余额部分。

第三十六条 以依法取得的国有土地上的房屋抵押的，该房屋占用范围内的国有土地使用权同时抵押。以出让方式取得的国有土地使用权抵押的，应当将抵押时该国有土地上的房屋同时抵押。乡（镇）、村企业的土地使用权不得单独抵押。以乡（镇）、村企业的厂房等建筑物抵押的，其占用范围内的土地使用权同时抵押。

第三十七条 下列财产不得抵押：

（一）土地所有权；

（二）耕地、宅基地、自留地、自留山等集体所有的土地使用权，但本法第三十四条第（五）项、第三十六条第三款规定的除外；

（三）学校、幼儿园、医院等以公益为目的的事业单位、社会团体的教育设施、医疗卫生设施和其他社会公益设施；

（四）所有权、使用权不明或者有争议的财产；

（五）依法被查封、扣押、监管的财产；

（六）依法不得抵押的其他财产。

第二节　抵押合同和抵押物登记

第三十八条 抵押人和抵押权人应当以书面形式订立抵押合同。

第三十九条 抵押合同应当包括以下内容：

（一）被担保的主债权种类、数额；

（二）债务人履行债务的期限；

（三）抵押物的名称、数量、质量、状况、所在地、所有权权属或者使用权权属；

（四）抵押担保的范围；

（五）当事人认为需要约定的其他事项。抵押合同不完全具备前款规定内容的，可以补正。

第四十条 订立抵押合同时，抵押权人和抵押人在合同中不得约定在债务履行期届满抵押权人未受清偿时，抵押物的所有权转移为债权人所有。

第四十一条 当事人以本法第四十二条规定的财产抵押的，应当办理抵押物登记，抵押合同自登记之日起生效。

第四十二条 办理抵押物登记的部门如下：

（一）以无地上定着物的土地使用权抵押的，为核发土地使用权证书的土地管理部门；

（二）以城市房地产或者乡（镇）、村企业的厂房等建筑物抵押的，为县级以上地方人民政府规定的部门；

（三）以林木抵押的，为县级以上林木主管部门；

（四）以航空器、船舶、车辆抵押的，为运输工具的登记部门；

（五）以企业的设备和其他动产抵押的，为财产所在地的工商行政管理部门。

第四十三条 当事人以其他财产抵押的，可以自愿办理抵押物登记，抵押合同自签订之日起生效。当事人未办理抵押物登记的，不得对抗第三人。当事人办理抵押物登记的，登记部门为抵押人所在地的公证部门。

第四十四条 办理抵押物登记，应当向登记部门提供下列文件或者其复印件：

（一）主合同和抵押合同；

（二）抵押物的所有权或者使用权证书。

第四十五条 登记部门登记的资料，应当允许查阅、抄录或者复印。

第三节　抵　押　的　效　力

第四十六条 抵押担保的范围包括主债权及利息、违约金、损害赔偿金和实现抵押权的费用。抵押合同另有约定的，按照约定。

第四十七条 债务履行期届满，债务人不履行债务致使抵押物被人民法院依法扣押的，自扣押之日起抵押权人有权收取由抵押物分离的天然孳息以及抵押人就抵押物可以收取的法定孳息。抵押权人未将扣押抵押物的事实通知应当清偿法定孳息的义务人的，抵押权的效力不及于该孳息。前款孳息应当先充抵收取孳息的费用。

第四十八条 抵押人将已出租的财产抵押的，应当书面告知承租人，原租赁合同继续有效。

第四十九条 抵押期间，抵押人转让已办理登记的抵押物的，应当通知抵押权人并告知受让人转让物已经抵押的情况；抵押人未通知抵押权人或者未告知受让人的，转让行为无效。转让抵押物的价款明显低于其价值的，抵押权人可以要求抵押人提供相应的担保；抵押人不提供的，不得转让抵押物。抵押人转让抵押物所得的价款，应当向抵押权人提前清偿所担保的债权或者向与抵押权人约定的第三人提存。超过债权数额的部分，归抵押人所有，不足部分由债务人清偿。

第五十条 抵押权不得与债权分离而单独转让或者作为其他债权的担保。

第五十一条 抵押人的行为足以使抵押物价值减少的，抵押权人有权要求抵押人停止其行为。抵押物价值减少时，抵押权人有权要求抵押人恢复抵押物的价值，或者提供与减少的价值相当的担保。抵押人对抵押物价值减少无过错的，抵押权人只能在抵押人因损害而得到的赔偿范围内要求提供担保。抵押物价值未减少的部分，仍作为债权的担保。

第五十二条 抵押权与其担保的债权同时存在，债权消灭的，抵押权也消灭。

第四节　抵　押　权　的　实　现

第五十三条 债务履行期届满抵押权人未受清偿的，可以与抵押人协议以抵押物折价或者以拍卖、变卖该抵押物所得的价款受偿；协议不成的，抵押权人可以向人民法院提起诉讼。抵押物折价或者拍卖、变卖后，其价款超过债权数额的部分归抵押人所有，不足部分由债务人清偿。

第五十四条 同一财产向两个以上债权人抵押的，拍卖、变卖抵押物所得的价款按照以下规定清偿：

（一）抵押合同以登记生效的，按照抵押物登记的先后顺序清偿；顺序相同的，按照债权比例清偿；

（二）抵押合同自签订之日起生效的，该抵押物已登记的，按照本条第（一）项规定清偿；未登记的，按照合同生效时间的先后顺序清偿，顺序相同的，按照债权比例清偿。抵押物已登记的先于未登记的受偿。

第五十五条　城市房地产抵押合同签订后，土地上新增的房屋不属于抵押物。需要拍卖该抵押的房地产时，可以依法将该土地上新增的房屋与抵押物一同拍卖，但对拍卖新增房屋所得，抵押权人无权优先受偿。依照本法规定以承包的荒地的土地使用权抵押的，或者以乡（镇）、村企业的厂房等建筑物占用范围内的土地使用权抵押的，在实现抵押权后，未经法定程序不得改变土地集体所有和土地用途。

第五十六条　拍卖划拨的国有土地使用权所得的价款，在依法缴纳相当于应缴纳的土地使用权出让金的款额后，抵押权人有优先受偿权。

第五十七条　为债务人抵押担保的第三人，在抵押权人实现抵押权后，有权向债务人追偿。

第五十八条　抵押权因抵押物灭失而消灭。因灭失所得的赔偿金，应当作为抵押财产。

第五节　最高额抵押

第五十九条　本法所称最高额抵押，是指抵押人与抵押权人协议，在最高债权额限度内，以抵押物对一定期间内连续发生的债权作担保。

第六十条　借款合同可以附最高额抵押合同。债权人与债务人就某项商品在一定期间内连续发生交易而签订的合同，可以附最高额抵押合同。

第六十一条　最高额抵押的主合同债权不得转让。

第六十二条　最高额抵押除适用本节规定外，适用本章其他规定。

第四章　质　押

第一节　动　产　质　押

第六十三条　本法所称动产质押，是指债务人或者第三人将其动产移交债权人占有，将该动产作为债权的担保。债务人不履行债务时，债权人有权依照本法规定以该动产折价或者以拍卖、变卖该动产的价款优先受偿。前款规定的债务人或者第三人为出质人，债权人为质权人，移交的动产为质物。

第六十四条　出质人和质权人应当以书面形式订立质押合同。质押合同自质物移交于质权人占有时生效。

第六十五条　质押合同应当包括以下内容：

（一）被担保的主债权种类、数额；

（二）债务人履行债务的期限；

（三）质物的名称、数量、质量、状况；

（四）质押担保的范围；

（五）质物移交的时间；

（六）当事人认为需要约定的其他事项。质押合同不完全具备前款规定内容的，可以补正。

第六十六条 出质人和质权人在合同中不得约定在债务履行期届满质权人未受清偿时，质物的所有权转移为质权人所有。

第六十七条 质押担保的范围包括主债权及利息、违约金、损害赔偿金、质物保管费用和实现质权的费用。质押合同另有约定的，按照约定。

第六十八条 质权人有权收取质物所生的孳息。质押合同另有约定的，按照约定。前款孳息应当先充抵收取孳息的费用。

第六十九条 质权人负有妥善保管质物的义务。因保管不善致使质物灭失或者毁损的，质权人应当承担民事责任。质权人不能妥善保管质物可能致使其灭失或者毁损的，出质人可以要求质权人将质物提存，或者要求提前清偿债权而返还质物。

第七十条 质物有损坏或者价值明显减少的可能，足以危害质权人权利的，质权人可以要求出质人提供相应的担保。出质人不提供的，质权人可以拍卖或者变卖质物，并与出质人协议将拍卖或者变卖所得的价款用于提前清偿所担保的债权或者向与出质人约定的第三人提存。

第七十一条 债务履行期届满债务人履行债务的，或者出质人提前清偿所担保的债权的，质权人应当返还质物。债务履行期届满质权人未受清偿的，可以与出质人协议以质物折价，也可以依法拍卖、变卖质物。质物折价或者拍卖、变卖后，其价款超过债权数额的部分归出质人所有，不足部分由债务人清偿。

第七十二条 为债务人质押担保的第三人，在质权人实现质权后，有权向债务人追偿。

第七十三条 质权因质物灭失而消灭。因灭失所得的赔偿金，应当作为出质财产。

第七十四条 质权与其担保的债权同时存在，债权消灭的，质权也消灭。

第二节 权 利 质 押

第七十五条 下列权利可以质押：

（一）汇票、支票、本票、债券、存款单、仓单、提单；

（二）依法可以转让的股份、股票；

（三）依法可以转让的商标专用权，专利权、著作权中的财产权；

（四）依法可以质押的其他权利。

第七十六条 以汇票、支票、本票、债券、存款单、仓单、提单出质的，应当在合同约定的期限内将权利凭证交付质权人。质押合同自权利凭证交付之日起生效。

第七十七条 以载明兑现或者提货日期的汇票、支票、本票、债券、存款单、仓单、提单出质的，汇票、支票、本票、债券、存款单、仓单、提单兑现或者提货日期先于债务履行期的，质权人可以在债务履行期届满前兑现或者提货，并与出质人协议将兑现的价款或者提取的货物用于提前清偿所担保的债权或者向与出质人约定的第三人提存。

第七十八条 以依法可以转让的股票出质的，出质人与质权人应当订立书面合同，并向证券登记机构办理出质登记。质押合同自登记之日起生效。股票出质后，不得转让，但经出质人与质权人协商同意的可以转让。出质人转让股票所得的价款应当向质权人提前清偿所担保的债权或者向与质权人约定的第三人提存。以有限责任公司的股份出质的，适用公司法股份转让的有关规定。质押合同自股份出质记载于股东名册之日起生效。

第七十九条　以依法可以转让的商标专用权，专利权、著作权中的财产权出质的，出质人与质权人应当订立书面合同，并向其管理部门办理出质登记。质押合同自登记之日起生效。

第八十条　本法第七十九条规定的权利出质后，出质人不得转让或者许可他人使用，但经出质人与质权人协商同意的可以转让或者许可他人使用。出质人所得的转让费、许可费应当向质权人提前清偿所担保的债权或者向与质权人约定的第三人提存。

第八十一条　权利质押除适用本节规定外，适用本章第一节的规定。

第五章　留　　置

第八十二条　本法所称留置，是指依照本法第八十四条的规定，债权人按照合同约定占有债务人的动产，债务人不按照合同约定的期限履行债务的，债权人有权依照本法规定留置该财产，以该财产折价或者以拍卖、变卖该财产的价款优先受偿。

第八十三条　留置担保的范围包括主债权及利息、违约金、损害赔偿金，留置物保管费用和实现留置权的费用。

第八十四条　因保管合同、运输合同、加工承揽合同发生的债权，债务人不履行债务的，债权人有留置权。法律规定可以留置的其他合同，适用前款规定。当事人可以在合同中约定不得留置的物。

第八十五条　留置的财产为可分物的，留置物的价值应当相当于债务的金额。

第八十六条　留置权人负有妥善保管留置物的义务。因保管不善致使留置物灭失或者毁损的，留置权人应当承担民事责任。

第八十七条　债权人与债务人应当在合同中约定，债权人留置财产后，债务人应当在不少于两个月的期限内履行债务。债权人与债务人在合同中未约定的，债权人留置债务人财产后，应当确定两个月以上的期限，通知债务人在该期限内履行债务。债务人逾期仍不履行的，债权人可以与债务人协议以留置物折价，也可以依法拍卖、变卖留置物。留置物折价或者拍卖、变卖后，其价款超过债权数额的部分归债务人所有，不足部分由债务人清偿。

第八十八条　留置权因下列原因消灭：

（一）债权消灭的；

（二）债务人另行提供担保并被债权人接受的。

第六章　定　　金

第八十九条　当事人可以约定一方向对方给付定金作为债权的担保。债务人履行债务后，定金应当抵作价款或者收回。给付定金的一方不履行约定的债务的，无权要求返还定金；收受定金的一方不履行约定的债务的，应当双倍返还定金。

第九十条　定金应当以书面形式约定。当事人在定金合同中应当约定交付定金的期限。定金合同从实际交付定金之日起生效。

第九十一条　定金的数额由当事人约定，但不得超过主合同标的额的百分之二十。

第七章　附　　则

第九十二条　本法所称不动产是指土地以及房屋、林木等地上定着物。本法所称动产是指不动产以外的物。

第九十三条　本法所称保证合同、抵押合同、质押合同、定金合同可以是单独订立的书面合同，包括当事人之间的具有担保性质的信函、传真等，也可以是主合同中的担保条款。

第九十四条　抵押物、质物、留置物折价或者变卖，应当参照市场价格。

第九十五条　海商法等法律对担保有特别规定的，依照其规定。

第九十六条　本法自 1995 年 10 月 1 日起施行。

中华人民共和国仲裁法

（1994 年 8 月 31 日第八届全国人大常委会第九次会议通过）

第一章 总 则

第一条 为保证公正、及时地仲裁经济纠纷，保护当事人的合法权益，保障社会主义市场经济健康发展，制定本法。

第二条 平等主体的公民、法人和其他组织之间发生的合同纠纷和其他财产权益纠纷，可以仲裁。

第三条 下列纠纷不能仲裁：

（一）婚姻、收养、监护、扶养、继承纠纷；

（二）依法应当由行政机关处理的行政争议。

第四条 当事人采用仲裁方式解决纠纷，应当双方自愿，达成仲裁协议。没有仲裁协议，一方申请仲裁的，仲裁委员会不予受理。

第五条 当事人达成仲裁协议，一方向人民法院起诉的，人民法院不予受理，但仲裁协议无效的除外。

第六条 仲裁委员会应当由当事人协议选定。

仲裁不实行级别管辖和地域管辖。

第七条 仲裁应当根据事实，符合法律规定，公平合理地解决纠纷。

第八条 仲裁依法独立进行，不受行政机关、社会团体和个人的干涉。

第九条 仲裁实行一裁终局的制度。裁决作出后，当事人就同一纠纷再申请仲裁或者向人民法院起诉的，仲裁委员会或者人民法院不予受理。

裁决被人民法院依法裁定撤销或者不予执行的，当事人就该纠纷可以根据双方重新达成的仲裁协议申请仲裁，也可以向人民法院起诉。

第二章 仲裁委员会和仲裁协会

第十条 仲裁委员会可以在直辖市和省、自治区人民政府所在地的市设立，也可以根据需要在其他设区的市设立，不按行政区划层层设立。

仲裁委员会由前款规定的市的人民政府组织有关部门和商会统一组建。

设立仲裁委员会，应当经省、自治区、直辖市的司法行政部门登记。

第十一条 仲裁委员会应当具备下列条件：

（一）有自己的名称、住所和章程；

（二）有必要的财产；

（三）有该委员会的组成人员；

（四）有聘任的仲裁员。

仲裁委员会的章程应当依照本法制定。

第十二条　仲裁委员会由主任一人、副主任二至四人和委员七至十一人组成。

仲裁委员会的主任、副主任和委员由法律、经济贸易专家和有实际工作经验的人员担任。仲裁委员会的组成人员中，法律、经济贸易专家不得少于三分之二。

第十三条　仲裁委员会应当从公道正派的人员中聘任仲裁员。

仲裁员应当符合下列条件之一：

（一）从事仲裁工作满八年的；

（二）从事律师工作满八年的；

（三）曾任审判员满八年的；

（四）从事法律研究、教学工作并具有高级职称的；

（五）具有法律知识、从事经济贸易等专业工作并具有高级职称或者具有同等专业水平的。

仲裁委员会按照不同专业设仲裁员名册。

第十四条　仲裁委员会独立于行政机关，与行政机关没有隶属关系。仲裁委员会之间也没有隶属关系。

第十五条　中国仲裁协会是社会团体法人。仲裁委员会是中国仲裁协会的会员。中国仲裁协会的章程由全国会员大会制定。

中国仲裁协会是仲裁委员会的自律性组织，根据章程对仲裁委员会及其组成人员、仲裁员的违纪行为进行监督。

中国仲裁协会依照本法和民事诉讼法的有关规定制定仲裁规则。

第三章　仲　裁　协　议

第十六条　仲裁协议包括合同中订立的仲裁条款和以其他书面方式在纠纷发生前或者纠纷发生后达成的请求仲裁的协议。

仲裁协议应当具有下列内容：

（一）请求仲裁的意思表示；

（二）仲裁事项；

（三）选定的仲裁委员会。

第十七条　有下列情形之一的，仲裁协议无效：

（一）约定的仲裁事项超出法律规定的仲裁范围的；

（二）无民事行为能力人或者限制民事行为能力人订立的仲裁协议；

（三）一方采取胁迫手段，迫使对方订立仲裁协议的。

第十八条　仲裁协议对仲裁事项或者仲裁委员会没有约定或者约定不明确的，当事人可以补充协议；达不成补充协议的，仲裁协议无效。

第十九条　仲裁协议独立存在，合同的变更、解除、终止或者无效，不影响仲裁协议的效力。

仲裁庭有权确认合同的效力。

第二十条 当事人对仲裁协议的效力有异议的，可以请求仲裁委员会作出决定或者请求人民法院作出裁定。一方请求仲裁委员会作出决定，另一方请求人民法院作出裁定的，由人民法院裁定。

当事人对仲裁协议的效力有异议，应当在仲裁庭首次开庭前提出。

第四章 仲 裁 程 序

第一节 申 请 和 受 理

第二十一条 当事人申请仲裁应当符合下列条件：

（一）有仲裁协议；

（二）有具体的仲裁请求和事实、理由；

（三）属于仲裁委员会的受理范围。

第二十二条 当事人申请仲裁，应当向仲裁委员会递交仲裁协议、仲裁申请书及副本。

第二十三条 仲裁申请书应当载明下列事项：

（一）当事人的姓名、性别、年龄、职业、工作单位和住所，法人或者其他组织的名称、住所和法定代表人或者主要负责人的姓名、职务；

（二）仲裁请求和所根据的事实、理由；

（三）证据和证据来源、证人姓名和住所。

第二十四条 仲裁委员会收到仲裁申请书之日起五日内，认为符合受理条件的，应当受理，并通知当事人；认为不符合受理条件的，应当书面通知当事人不予受理，并说明理由。

第二十五条 仲裁委员会受理仲裁申请后，应当在仲裁规则规定的期限内将仲裁规则和仲裁员名册送达申请人，并将仲裁申请书副本和仲裁规则、仲裁员名册送达被申请人。

被申请人收到仲裁申请书副本后，应当在仲裁规则规定的期限内向仲裁委员会提交答辩书。仲裁委员会收到答辩书后，应当在仲裁规则规定的期限内将答辩书副本送达申请人。被申请人未提交答辩书的，不影响仲裁程序的进行。

第二十六条 当事人达成仲裁协议，一方向人民法院起诉未声明有仲裁协议，人民法院受理后，另一方在首次开庭前提交仲裁协议的，人民法院应当驳回起诉，但仲裁协议无效的除外；另一方在首次开庭前未对人民法院受理该案提出异议的，视为放弃仲裁协议，人民法院应当继续审理。

第二十七条 申请人可以放弃或者变更仲裁请求。被申请人可以承认或者反驳仲裁请求，有权提出反请求。

第二十八条 一方当事人因另一方当事人的行为或者其他原因，可能使裁决不能执行或者难以执行的，可以申请财产保全。

当事人申请财产保全的，仲裁委员会应当将当事人的申请依照民事诉讼法的有关规定提交人民法院。

申请有错误的，申请人应当赔偿被申请人因财产保全所遭受的损失。

第二十九条　当事人、法定代理人可以委托律师和其他代理人进行仲裁活动。委托律师和其他代理人进行仲裁活动的，应当向仲裁委员会提交授权委托书。

第二节　仲裁庭的组成

第三十条　仲裁庭可以由三名仲裁员或者一名仲裁员组成。由三名仲裁员组成的，设首席仲裁员。

第三十一条　当事人约定由三名仲裁员组成仲裁庭的，应当各自选定或者各自委托仲裁委员会主任指定一名仲裁员，第三名仲裁员由当事人共同选定或者共同委托仲裁委员会主任指定。第三名仲裁员是首席仲裁员。

当事人约定由一名仲裁员成立仲裁庭的，应当由当事人共同选定或者共同委托仲裁委员会主任指定仲裁员。

第三十二条　当事人没有在仲裁规则规定的期限内约定仲裁庭的组成方式或者选定仲裁员的，由仲裁委员会主任指定。

第三十三条　仲裁庭组成后，仲裁委员会应当将仲裁庭的组成情况书面通知当事人。

第三十四条　仲裁员有下列情形之一的，必须回避，当事人也有权提出回避申请：

（一）是本案当事人或者当事人、代理人的近亲属；

（二）与本案有利害关系；

（三）与本案当事人、代理人有其他关系，可能影响公正仲裁的；

（四）私自会见当事人、代理人，或者接受当事人、代理人的请客送礼的。

第三十五条　当事人提出回避申请，应当说明理由，在首次开庭前提出。回避事由在首次开庭后知道的，可以在最后一次开庭终结前提出。

第三十六条　仲裁员是否回避，由仲裁委员会主任决定；仲裁委员会主任担任仲裁员时，由仲裁委员会集体决定。

第三十七条　仲裁员因回避或者其他原因不能履行职责的，应当依照本法规定重新选定或者指定仲裁员。

因回避而重新选定或者指定仲裁员后，当事人可以请求已进行的仲裁程序重新进行，是否准许，由仲裁庭决定；仲裁庭也可以自行决定已进行的仲裁程序是否重新进行。

第三十八条　仲裁员有本法第三十四条第四项规定的情形，情节严重的，或者有本法第五十八条第六项规定的情形的，应当依法承担法律责任，仲裁委员会应当将其除名。第三节开庭和裁决。

第三十九条　仲裁应当开庭进行。当事人协议不开庭的，仲裁庭可以根据仲裁申请书、答辩书以及其他材料作出裁决。

第四十条　仲裁不公开进行。当事人协议公开的，可以公开进行，但涉及国家秘密的除外。

第四十一条　仲裁委员会应当在仲裁规则规定的期限内将开庭日期通知双方当事人。当事人有正当理由的，可以在仲裁规则规定的期限内请求延期开庭。是否延期，由仲裁庭决定。

第四十二条　申请人经书面通知，无正当理由不到庭或者未经仲裁庭许可中途退庭的，可以视为撤回仲裁申请。

被申请人经书面通知，无正当理由不到庭或者未经仲裁庭许可中途退庭的，可以缺席裁决。

第四十三条　当事人应当对自己的主张提供证据。

仲裁庭认为有必要收集的证据，可以自行收集。

第四十四条　仲裁庭对专门性问题认为需要鉴定的，可以交由当事人约定的鉴定部门鉴定，也可以由仲裁庭指定的鉴定部门鉴定。

根据当事人的请求或者仲裁庭的要求，鉴定部门应当派鉴定人参加开庭。当事人经仲裁庭许可，可以向鉴定人提问。

第四十五条　证据应当在开庭时出示，当事人可以质证。

第四十六条　在证据可能灭失或者以后难以取得的情况下，当事人可以申请证据保全。当事人申请证据保全的，仲裁委员会应当将当事人的申请提交证据所在地的基层人民法院。

第四十七条　当事人在仲裁过程中有权进行辩论。辩论终结时，首席仲裁员或者独任仲裁员应当征询当事人的最后意见。

第四十八条　仲裁庭应当将开庭情况记入笔录。当事人和其他仲裁参与人认为对自己陈述的记录有遗漏或者差错的，有权申请补正。如果不予补正，应当记录该申请。

笔录由仲裁员、记录人员、当事人和其他仲裁参与人签名或者盖章。

第四十九条　当事人申请仲裁后，可以自行和解。达成和解协议的，可以请求仲裁庭根据和解协议作出裁决书，也可以撤回仲裁申请。

第五十条　当事人达成和解协议，撤回仲裁申请后反悔的，可以根据仲裁协议申请仲裁。

第五十一条　仲裁庭在作出裁决前，可以先行调解。当事人自愿调解的，仲裁庭应当调解。调解不成的，应当及时作出裁决。

调解达成协议的，仲裁庭应当制作调解书或者根据协议的结果制作裁决书。调解书与裁决书具有同等法律效力。

第五十二条　调解书应当写明仲裁请求和当事人协议的结果。调解书由仲裁员签名，加盖仲裁委员会印章，送达双方当事人。

调解书经双方当事人签收后，即发生法律效力。

在调解书签收前当事人反悔的，仲裁庭应当及时作出裁决。

第五十三条　裁决应当按照多数仲裁员的意见作出，少数仲裁员的不同意见可以记入笔录。仲裁庭不能形成多数意见时，裁决应当按照首席仲裁员的意见作出。

第五十四条　裁决书应当写明仲裁请求、争议事实、裁决理由、裁决结果、仲裁费用的负担和裁决日期。当事人协议不愿写明争议事实和裁决理由的，可以不写。裁决书由仲裁员签名，加盖仲裁委员会印章。对裁决持不同意见的仲裁员，可以签名，也可以不签名。

第五十五条　仲裁庭仲裁纠纷时，其中一部分事实已经清楚，可以就该部分先行裁决。

第五十六条　对裁决书中的文字、计算错误或者仲裁庭已经裁决但在裁决书中遗漏的事项，仲裁庭应当补正；当事人自收到裁决书之日起三十日内，可以请求仲裁庭补正。

第五十七条　裁决书自作出之日起发生法律效力。

第五章　申请撤销裁决

第五十八条　当事人提出证据证明裁决有下列情形之一的，可以向仲裁委员会所在地的中级人民法院申请撤销裁决：

（一）没有仲裁协议的；

（二）裁决的事项不属于仲裁协议的范围或者仲裁委员会无权仲裁的；

（三）仲裁庭的组成或者仲裁的程序违反法定程序的；

（四）裁决所根据的证据是伪造的；

（五）对方当事人隐瞒了足以影响公正裁决的证据的；

（六）仲裁员在仲裁该案时有索贿受贿，徇私舞弊，枉法裁决行为的。

人民法院经组成合议庭审查核实裁决有前款规定情形之一的，应当裁定撤销。

人民法院认定该裁决违背社会公共利益的，应当裁定撤销。

第五十九条　当事人申请撤销裁决的，应当自收到裁决书之日起六个月内提出。

第六十条　人民法院应当在受理撤销裁决申请之日起两个月内作出撤销裁决或者驳回申请的裁定。

第六十一条　人民法院受理撤销裁决的申请后，认为可以由仲裁庭重新仲裁的，通知仲裁庭在一定期限内重新仲裁，并裁定中止撤销程序。仲裁庭拒绝重新仲裁的，人民法院应当裁定恢复撤销程序。

第六章　执　　行

第六十二条　当事人应当履行裁决。一方当事人不履行的，另一方当事人可以依照民事诉讼法的有关规定向人民法院申请执行。受申请的人民法院应当执行。

第六十三条　被申请人提出证据证明裁决有民事诉讼法第二百一十七条第二款规定的情形之一的，经人民法院组成合议庭审查核实，裁定不予执行。

第六十四条　一方当事人申请执行裁决，另一方当事人申请撤销裁决的，人民法院应当裁定中止执行。

人民法院裁定撤销裁决的，应当裁定终结执行。撤销裁决的申请被裁定驳回的，人民法院应当裁定恢复执行。

第七章　涉外仲裁的特别规定

第六十五条　涉外经济贸易、运输和海事中发生的纠纷的仲裁，适用本章规定。本章没有规定的，适用本法其他有关规定。

第六十六条　涉外仲裁委员会可以由中国国际商会组织设立。

涉外仲裁委员会由主任一人、副主任若干人和委员若干人组成。

涉外仲裁委员会的主任、副主任和委员可以由中国国际商会聘任。

第六十七条　涉外仲裁委员会可以从具有法律、经济贸易、科学技术等专门知识的外籍人士中聘任仲裁员。

第六十八条　涉外仲裁的当事人申请证据保全的，涉外仲裁委员会应当将当事人的申请提交证据所在地的中级人民法院。

第六十九条　涉外仲裁的仲裁庭可以将开庭情况记入笔录，或者作出笔录要点，笔录要点可以由当事人和其他仲裁参与人签字或者盖章。

第七十条　当事人提出证据证明涉外仲裁裁决有民事诉讼法第二百六十条第一款规定的情形之一的，经人民法院组成合议庭审查核实，裁定撤销。

第七十一条　被申请人提出证据证明涉外仲裁裁决有民事诉讼法第二百六十条第一款规定的情形之一的，经人民法院组成合议庭审查核实，裁定不予执行。

第七十二条　涉外仲裁委员会作出的发生法律效力的仲裁裁决，当事人请求执行的，如果被执行人或者其财产不在中华人民共和国领域内，应当由当事人直接向有管辖权的外国法院申请承认和执行。

第七十三条　涉外仲裁规则可以由中国国际商会依照本法和民事诉讼法的有关规定制定。

第八章　附　则

第七十四条　法律对仲裁时效有规定的，适用该规定，法律对仲裁时效没有规定的，适用诉讼时效的规定。

第七十五条　中国仲裁协会制定仲裁规则前，仲裁委员会依照本法和民事诉讼法的有关规定可以制定仲裁暂行规则。

第七十六条　当事人应当按照规定交纳仲裁费用。

收取仲裁费用的办法，应当报物价管理部门核准。

第七十七条　劳动争议和农业集体经济组织内部的农业承包合同纠纷的仲裁，另行规定。

第七十八条　本法施行前制定的有关仲裁的规定与本法的规定相抵触的，以本法为准。

第七十九条　本法施行前在直辖市、省、自治区人民政府所在地的市和其他设区的市设立的仲裁机构，应当依照本法的有关规定重新组建；未重新组建的，自本法施行之日起届满一年时终止。

本法施行前设立的不符合本法规定的其他仲裁机构，自本法施行之日起终止。

第八十条　本法自 1995 年 9 月 1 日起施行。

附：

《中华人民共和国民事诉讼法》有关条款

第二百一十七条 被申请人提出证据证明仲裁裁决有下列情形之一的，经人民法院组成合议庭审查核实，裁定不予执行：

（一）当事人在合同中没有订有仲裁条款或者事后没有达成书面仲裁协议的；

（二）裁决的事项不属于仲裁协议的范围或者仲裁机构无权仲裁的；

（三）仲裁庭的组成或者仲裁的程序违反法定程序的；

（四）认定事实的主要证据不足的；

（五）适用法律确有错误的；

（六）仲裁员在仲裁该案时有贪污受贿，徇私舞弊，枉法裁决行为的。

第二百六十条 对中华人民共和国涉外仲裁机构作出的裁决，被申请人提出证据证明仲裁裁决有下列情形之一的，经人民法院组成合议庭审查核实，裁定不予执行：

（一）当事人在合同中没有订有仲裁条款或者事后没有达成书面仲裁协议的；

（二）被申请人没有得到指定仲裁员或者进行仲裁程序的通知，或者由于其他不属于被申请人负责的原因未能陈述意见的；

（三）仲裁庭的组成或者仲裁的程序与仲裁规则不符的；

（四）裁决的事项不属于仲裁协议的范围或者仲裁机构无权仲裁的。

水利工程建设项目招标投标管理规定

（水利部令第 14 号）

第一章 总 则

第一条 为加强水利工程建设项目招标投标工作的管理，规范招标投标活动，根据《中华人民共和国招标投标法》和国家有关规定，结合水利工程建设的特点，制定本规定。

第二条 本规定适用于水利工程建设项目的勘察设计、施工、监理以及与水利工程建设有关的重要设备、材料采购等的招标投标活动。

第三条 符合下列具体范围并达到规模标准之一的水利工程建设项目必须进行招标。

（一）具体范围

1. 关系社会公共利益、公共安全的防洪、排涝、灌溉、水力发电、引（供）水、滩涂治理、水土保持、水资源保护等水利工程建设项目；

2. 使用国有资金投资或者国家融资的水利工程建设项目；

3. 使用国际组织或者外国政府贷款、援助资金的水利工程建设项目。

（二）规模标准

1. 施工单项合同估算价在 200 万元人民币以上的；

2. 重要设备、材料等货物的采购，单项合同估算价在 100 万元人民币以上的；

3. 勘察设计、监理等服务的采购，单项合同估算价在 50 万元人民币以上的；

4. 项目总投资额在 3000 万元人民币以上，但分标单项合同估算价低于本项第 1、2、3 目规定的标准的项目原则上都必须招标。

第四条 招标投标活动应当遵循公开、公平、公正和诚实信用的原则。建设项目的招标工作由招标人负责，任何单位和个人不得以任何方式非法干涉招标投标活动。

第二章 行政监督与管理

第五条 水利部是全国水利工程建设项目招标投标活动的行政监督与管理部门，其主要职责是：

（一）负责组织、指导、监督全国水利行业贯彻执行国家有关招标投标的法律、法规、规章和政策；

（二）依据国家有关招标投标法律、法规和政策，制定水利工程建设项目招标投标的管理规定和办法；

（三）受理有关水利工程建设项目招标投标活动的投诉，依法查处招标投标活动中的违法违规行为；

（四）对水利工程建设项目招标代理活动进行监督；

（五）对水利工程建设项目评标专家资格进行监督与管理；

（六）负责国家重点水利项目和水利部所属流域管理机构（以下简称流域管理机构）主要负责人兼任项目法人代表的中央项目的招标投标活动的行政监督。

第六条 流域管理机构受水利部委托，对除第五条第六项规定以外的中央项目的招标投标活动进行行政监督。

第七条 省、自治区、直辖市人民政府水行政主管部门是本行政区域内地方水利工程建设项目招标投标活动的行政监督与管理部门，其主要职责是：

（一）贯彻执行有关招标投标的法律、法规、规章和政策；

（二）依照有关法律、法规和规章，制定地方水利工程建设项目招标投标的管理办法；

（三）受理管理权限范围内的水利工程建设项目招标投标活动的投诉，依法查处招标投标活动中的违法违规行为；

（四）对本行政区域内地方水利工程建设项目招标代理活动进行监督；

（五）组建并管理省级水利工程建设项目评标专家库；

（六）负责本行政区域内除第五条第六项规定以外的地方项目的招标投标活动的行政监督。

第八条 水行政主管部门依法对水利工程建设项目的招标投标活动进行行政监督，内容包括：

（一）接受招标人招标前提交备案的招标报告；

（二）可派员监督开标、评标、定标等活动。对发现的招标投标活动的违法违规行为，应当立即责令改正，必要时可做出包括暂停开标或评标以及宣布开标、评标结果无效的决定，对违法的中标结果予以否决；

（三）接受招标人提交备案的招标投标情况书面总结报告。

第三章 招 标

第九条 招标分为公开招标和邀请招标。

第十条 依法必须招标的项目中，国家重点水利项目、地方重点水利项目及全部使用国有资金投资或者国有资金投资占控股或者主导地位的项目应当公开招标，但有下列情况之一的，按第十一条的规定经批准后可采用邀请招标：

（一）属于第三条第二项第 4 目规定的项目；

（二）项目技术复杂，有特殊要求或涉及专利权保护，受自然资源或环境限制，新技术或技术规格事先难以确定的项目；

（三）应急度汛项目；

（四）其他特殊项目。

第十一条 符合第十条规定，采用邀请招标的，招标前招标人必须履行下列批准手续：

（一）国家重点水利项目经水利部初审后，报国家发展计划委员会批准；其他中央项目报水利部或其委托的流域管理机构批准；

（二）地方重点水利项目经省、自治区、直辖市人民政府水行政主管部门会同同级发展计划行政主管部门审核后，报本级人民政府批准；其他地方项目报省、自治区、直辖市人民政府水行政主管部门批准。

第十二条 下列项目可不进行招标，但须经项目主管部门批准：

（一）涉及国家安全、国家秘密的项目；

（二）应急防汛、抗旱、抢险、救灾等项目；

（三）项目中经批准使用农民投工、投劳施工的部分（不包括该部分中勘察设计、监理和重要设备、材料采购）；

（四）不具备招标条件的公益性水利工程建设项目的项目建议书和可行性研究报告；

（五）采用特定专利技术或特有技术的；

（六）其他特殊项目。

第十三条 当招标人具备以下条件时，按有关规定和管理权限经核准可自行办理招标事宜：

（一）具有项目法人资格（或法人资格）；

（二）具有与招标项目规模和复杂程度相适应的工程技术、概预算、财务和工程管理等方面专业技术力量；

（三）具有编制招标文件和组织评标的能力；

（四）具有从事同类工程建设项目招标的经验；

（五）设有专门的招标机构或者拥有3名以上专职招标业务人员；

（六）熟悉和掌握招标投标法律、法规、规章。

第十四条 当招标人不具备第十三条的条件时，应当委托符合相应条件的招标代理机构办理招标事宜。

第十五条 招标人申请自行办理招标事宜时，应当报送以下书面材料：

（一）项目法人营业执照、法人证书或者项目法人组建文件；

（二）与招标项目相适应的专业技术力量情况；

（三）内设的招标机构或者专职招标业务人员的基本情况；

（四）拟使用的评标专家库情况；

（五）以往编制的同类工程建设项目招标文件和评标报告，以及招标业绩的证明材料；

（六）其他材料。

第十六条 水利工程建设项目招标应当具备以下条件：

（一）勘察设计招标应当具备的条件

1. 勘察设计项目已经确定；

2. 勘察设计所需资金已落实；

3. 必需的勘察设计基础资料已收集完成。

（二）监理招标应当具备的条件

1. 初步设计已经批准；

2. 监理所需资金已落实；

3. 项目已列入年度计划。

（三）施工招标应当具备的条件

1. 初步设计已经批准；

2. 建设资金来源已落实，年度投资计划已经安排；

3. 监理单位已确定；

4. 具有能满足招标要求的设计文件，已与设计单位签订适应施工进度要求的图纸交付合同或协议；

5. 有关建设项目永久征地、临时征地和移民搬迁的实施、安置工作已经落实或已有明确安排。

（四）重要设备、材料招标应当具备的条件

1. 初步设计已经批准；

2. 重要设备、材料技术经济指标已基本确定；

3. 设备、材料所需资金已落实。

第十七条 招标工作一般按下列程序进行：

（一）招标前，按项目管理权限向水行政主管部门提交招标报告备案。报告具体内容应当包括：招标已具备的条件、招标方式、分标方案、招标计划安排、投标人资质（资格）条件、评标方法、评标委员会组建方案以及开、评标的工作具体安排等；

（二）编制招标文件；

（三）发布招标信息（招标公告或投标邀请书）；

（四）发售资格预审文件；

（五）按规定日期接受潜在投标人编制的资格预审文件；

（六）组织对潜在投标人资格预审文件进行审核；

（七）向资格预审合格的潜在投标人发售招标文件；

（八）组织购买招标文件的潜在投标人现场踏勘；

（九）接受投标人对招标文件有关问题要求澄清的函件，对问题进行澄清，并书面通知所有潜在投标人；

（十）组织成立评标委员会，并在中标结果确定前保密；

（十一）在规定时间和地点，接受符合招标文件要求的投标文件；

（十二）组织开标评标会；

（十三）在评标委员会推荐的中标候选人中，确定中标人；

（十四）向水行政主管部门提交招标投标情况的书面总结报告；

（十五）发中标通知书，并将中标结果通知所有投标人；

（十六）进行合同谈判，并与中标人订立书面合同。

第十八条 采用公开招标方式的项目，招标人应当在国家发展计划委员会指定的媒介发布招标公告，其中大型水利工程建设项目以及国家重点项目、中央项目、地方重点项目同时还应当在《中国水利报》发布招标公告，公告正式媒介发布至发售资格预审文件（或招标文件）的时间间隔一般不少于 10 日。招标人应当对招标公告的真实性负责。招标公告不得限制潜在投标人的数量。

采用邀请招标方式的，招标人应当向 3 个以上有投标资格的法人或其他组织发出投标邀请书。

投标人少于 3 个的，招标人应当依照本规定重新招标。

第十九条 招标人应当根据国家有关规定，结合项目特点和需要编制招标文件。

第二十条 招标人应当对投标人进行资格审查，并提出资格审查报告，经参审人员签字后存档备查。

第二十一条 在一个项目中，招标人应当以相同条件对所有潜在投标人的资格进行审查，不得以任何理由限制或者排斥部分潜在投标人。

第二十二条 招标人对已发出的招标文件进行必要澄清或者修改的，应当在招标文件要求提交投标文件截止日期至少 15 日前，以书面形式通知所有投标人。该澄清或者修改的内容为招标文件的组成部分。

第二十三条 依法必须进行招标的项目，自招标文件开始发出之日起至投标人提交投标文件截止之日止，最短不应当少于 20 日。

第二十四条 招标文件应当按其制作成本确定售价，一般可按 1000 元至 3000 元人民币标准控制。

第二十五条 招标文件中应当明确投标保证金金额，一般可按以下标准控制：

（一）合同估算价 10000 万元人民币以上，投标保证金金额不超过合同估算价的千分之五；

（二）合同估算价 3000 万元至 10000 万元人民币之间，投标保证金金额不超过合同估算价的千分之六；

（三）合同估算价 3000 万元人民币以下，投标保证金金额不超过合同估算价的千分之七，但最低不得少于 1 万元人民币。

第四章　投　　标

第二十六条 投标人必须具备水利工程建设项目所需的资质（资格）。

第二十七条 投标人应当按照招标文件的要求编写投标文件，并在招标文件规定的投标截止时间之前密封送达招标人。在投标截止时间之前，投标人可以撤回已递交的投标文件或进行更正和补充，但应当符合招标文件的要求。

第二十八条 投标人必须按招标文件规定投标，也可附加提出"替代方案"，且应当在其封面上注明"替代方案"字样，供招标人选用，但不作为评标的主要依据。

第二十九条 两个或两个以上单位联合投标的，应当按资质等级较低的单位确定联合体资质（资格）等级。招标人不得强制投标人组成联合体共同投标。

第三十条 投标人在递交投标文件的同时，应当递交投标保证金。

招标人与中标人签订合同后 5 个工作日内，应当退还投标保证金。

第三十一条 投标人应当对递交的资质（资格）预审文件及投标文件中有关资料的真

实性负责。

第五章 评标标准与方法

第三十二条 评标标准和方法应当在招标文件中载明，在评标时不得另行制定或修改、补充任何评标标准和方法。

第三十三条 招标人在一个项目中，对所有投标人评标标准和方法必须相同。

第三十四条 评标标准分为技术标准和商务标准，一般包含以下内容：

（一）勘察设计评标标准

1. 投标人的业绩和资信；

2. 勘察总工程师、设计总工程师的经历；

3. 人力资源配备；

4. 技术方案和技术创新；

5. 质量标准及质量管理措施；

6. 技术支持与保障；

7. 投标价格和评标价格；

8. 财务状况；

9. 组织实施方案及进度安排。

（二）监理评标标准

1. 投标人的业绩和资信；

2. 项目总监理工程师经历及主要监理人员情况；

3. 监理规划（大纲）；

4. 投标价格和评标价格；

5. 财务状况。

（三）施工评标标准

1. 施工方案（或施工组织设计）与工期；

2. 投标价格和评标价格；

3. 施工项目经理及技术负责人的经历；

4. 组织机构及主要管理人员；

5. 主要施工设备；

6. 质量标准、质量和安全管理措施；

7. 投标人的业绩、类似工程经历和资信；

8. 财务状况。

（四）设备、材料评标标准

1. 投标价格和评标价格；

2. 质量标准及质量管理措施；

3. 组织供应计划；

4. 售后服务；

5. 投标人的业绩和资信；

6. 财务状况。

第三十五条　评标方法可采用综合评分法、综合最低评标价法、合理最低投标价法、综合评议法及两阶段评标法。

第三十六条　施工招标设有标底的，评标标底可采用：

（一）招标人组织编制的标底 A；

（二）以全部或部分投标人报价的平均值作为标底 B；

（三）以标底 A 和标底 B 的加权平均值作为标底；

（四）以标底 A 值作为确定有效标的标准，以进入有效标内投标人的报价平均值作为标底。

施工招标未设标底的，按不低于成本价的有效标进行评审。

第六章　开标、评标和中标

第三十七条　开标由招标人主持，邀请所有投标人参加。

第三十八条　开标应当按招标文件中确定的时间和地点进行。开标人员至少由主持人、监标人、开标人、唱标人、记录人组成，上述人员对开标负责。

第三十九条　开标一般按以下程序进行：

（一）主持人在招标文件确定的时间停止接收投标文件，开始开标；

（二）宣布开标人员名单；

（三）确认投标人法定代表人或授权代表人是否在场；

（四）宣布投标文件开启顺序；

（五）依开标顺序，先检查投标文件密封是否完好，再启封投标文件；

（六）宣布投标要素，并作记录，同时由投标人代表签字确认；

（七）对上述工作进行记录，存档备查。

第四十条　评标工作由评标委员会负责。评标委员会由招标人的代表和有关技术、经济、合同管理等方面的专家组成，成员人数为 7 人以上单数，其中专家（不含招标人代表人数）不得少于成员总数的 2/3。

第四十一条　公益性水利工程建设项目中，中央项目的评标专家应当从水利部或流域管理机构组建的评标专家库中抽取；地方项目的评标专家应当从省、自治区、直辖市人民政府水行政主管部门组建的评标专家库中抽取，也可从水利部或流域管理机构组建的评标专家库中抽取。

第四十二条　评标专家的选择应当采取随机的方式抽取。根据工程特殊专业技术需要，经水行政主管部门批准，招标人可以指定部分评标专家，但不得超过专家人数的 1/3。

第四十三条　评标委员会成员不得与投标人有利害关系。所指利害关系包括：是投标人或其代理人的近亲属；在 5 年内与投标人曾有工作关系；或有其他社会关系或经济利益关系。

评标委员会成员名单在招标结果确定前应当保密。

第四十四条 评标工作一般按以下程序进行：

（一）招标人宣布评标委员会成员名单并确定主任委员；

（二）招标人宣布有关评标纪律；

（三）在主任委员主持下，根据需要，讨论通过成立有关专业组和工作组；

（四）听取招标人介绍招标文件；

（五）组织评标人员学习评标标准和方法；

（六）经评标委员会讨论，并经1/2以上委员同意，提出需投标人澄清的问题，以书面形式送达投标人；

（七）对需要文字澄清的问题，投标人应当以书面形式送达评标委员会；

（八）评标委员会按招标文件确定的评标标准和方法，对投标文件进行评审，确定中标候选人推荐顺序；

（九）在评标委员会2/3以上委员同意并签字的情况下，通过评标委员会工作报告，并报招标人。评标委员会工作报告附件包括有关评标的往来澄清函、有关评标资料及推荐意见等。

第四十五条 招标人对有下列情况之一的投标文件，可以拒绝或按无效标处理：

（一）投标文件密封不符合招标文件要求的；

（二）逾期送达的；

（三）投标人法定代表人或授权代表人未参加开标会议的；

（四）未按招标文件规定加盖单位公章和法定代表人（或其授权人）的签字（或印鉴）的；

（五）招标文件规定不得标明投标人名称，但投标文件上标明投标人名称或有任何可能透露投标人名称的标记的；

（六）未按招标文件要求编写或字迹模糊导致无法确认关键技术方案、关键工期、关键工程质量保证措施、投标价格的；

（七）未按规定交纳投标保证金的；

（八）超出招标文件规定，违反国家有关规定的；

（九）投标人提供虚假资料的。

第四十六条 评标委员会经过评审，认为所有投标文件都不符合招标文件要求时，可以否决所有投标，招标人应当重新组织招标。对已参加本次投标的单位，重新参加投标不应当再收取招标文件费。

第四十七条 评标委员会应当进行秘密评审，不得泄露评审过程、中标候选人的推荐情况以及与评标有关的其他情况。

第四十八条 在评标过程中，评标委员会可以要求投标人对投标文件中含义不明确的内容采取书面方式作出必要的澄清或说明，但不得超出投标文件的范围或改变投标文件的实质性内容。

第四十九条 评标委员会经过评审，从合格的投标人中排序推荐中标候选人。

第五十条　中标人的投标应当符合下列条件之一：

（一）能够最大限度地满足招标文件中规定的各项综合评价标准；

（二）能够满足招标文件的实质性要求，并且经评审的投标价格合理最低；但投标价格低于成本的除外。

第五十一条　招标人可授权评标委员会直接确定中标人，也可根据评标委员会提出的书面评标报告和推荐的中标候选人顺序确定中标人。当招标人确定的中标人与评标委员会推荐的中标候选人顺序不一致时，应当有充足的理由，并按项目管理权限报水行政主管部门备案。

第五十二条　自中标通知书发出之日起 30 日内，招标人和中标人应当按照招标文件和中标人的投标文件订立书面合同，中标人提交履约保函。招标人和中标人不得另行订立背离招标文件实质性内容的其他协议。

第五十三条　招标人在确定中标人后，应当在 15 日之内按项目管理权限向水行政主管部门提交招标投标情况的书面报告。

第五十四条　当确定的中标人拒绝签订合同时，招标人可与确定的候补中标人签订合同，并按项目管理权限向水行政主管部门备案。

第五十五条　由于招标人自身原因致使招标工作失败（包括未能如期签订合同），招标人应当按投标保证金双倍的金额赔偿投标人，同时退还投标保证金。

第七章　附　　则

第五十六条　在招标投标活动中出现的违法违规行为，按照《中华人民共和国招标投标法》和国务院的有关规定进行处罚。

第五十七条　各省、自治区、直辖市可以根据本规定，结合本地区实际制订相应的实施办法。

第五十八条　本规定由水利部负责解释。

第五十九条　本规定自 2002 年 1 月 1 日起施行。

附录五

水利水电工程标准施工招标文件

（2009 年版）

第 4 章　　合同条款及格式通用合同条款

1　一般约定

1.1　词语定义

通用合同条款、专用合同条款中的下列词语应具有本款所赋予的含义。

1.1.1　合同

1.1.1.1　合同文件（或称合同）： 指合同协议书、中标通知书、投标函及投标函附录、专用合同条款、通用合同条款、技术标准和要求、图纸、已标价工程量清单，以及其他合同文件。

1.1.1.2　合同协议书： 指第 1.5 款所指的合同协议书。

1.1.1.3　中标通知书： 指发包人通知承包人中标的函件。

1.1.1.4　投标函： 指构成合同文件组成部分的由承包人填写并签署的投标函。

1.1.1.5　投标函附录： 指附在投标函后构成合同文件的投标函附录。

1.1.1.6　技术标准和要求： 指构成合同文件组成部分的名为技术标准和要求的文件（合同技术条款），包括合同双方当事人约定对其所作的修改或补充。

1.1.1.7　图纸： 指列入合同的招标图纸、投标图纸和发包人按合同约定向承包人提供的施工图纸和其他图纸（包括配套说明和有关资料）。列入合同的招标图纸已成为合同文件的一部分，具有合同效力，主要用于在履行合同中作为衡量变更的依据，但不能直接用于施工。经发包人确认进入合同的投标图纸亦成为合同文件的一部分，用于在履行合同中检验承包人是否按其投标时承诺的条件进行施工的依据，亦不能直接用于施工。

1.1.1.8　已标价工程量清单： 指构成合同文件组成部分的由承包人按照规定的格式和要求填写并标明价格的工程量清单。

1.1.1.9　其他合同文件： 指经合同双方当事人确认构成合同文件的其他文件。

1.1.2　合同当事人和人员

1.1.2.1　合同当事人： 指发包人和（或）承包人。

1.1.2.2　发包人： 指专用合同条款中指明并与承包人在合同协议书中签字的当事人。

1.1.2.3　承包人： 指专用合同条款中指明并与发包人在合同协议书中签字的当事人。

1.1.2.4　承包人项目经理： 指承包人派驻施工场地的全权负责人。

1.1.2.5　分包人： 指在专用合同条款中指明的，从承包人处分包合同中某一部分工程，并与其签订分包合同的分包人。

1.1.2.6 监理人：指在专用合同条款中指明的，受发包人委托对合同履行实施管理的法人或其他组织。

1.1.2.7 总监理工程师（总监）：指由监理人委派常驻施工场地对合同履行实施管理的全权负责人。

1.1.3 工程和设备

1.1.3.1 工程：指永久工程和（或）临时工程。

1.1.3.2 永久工程：指按合同约定建造并移交给发包人的工程，包括工程设备。

1.1.3.3 临时工程：指为完成合同约定的永久工程所修建的各类临时性工程，不包括施工设备。

1.1.3.4 单位工程：指专用合同条款中指明特定范围的永久工程。

1.1.3.5 工程设备：指构成或计划构成永久工程一部分的机电设备、金属结构设备、仪器装置及其他类似的设备和装置。

1.1.3.6 施工设备：指为完成合同约定的各项工作所需的设备、器具和其他物品，不包括临时工程和材料。

1.1.3.7 临时设施：指为完成合同约定的各项工作所服务的临时性生产和生活设施。

1.1.3.8 承包人设备：指承包人自带的施工设备。

1.1.3.9 施工场地（或称工地、现场）：指用于合同工程施工的场所，以及在合同中指定作为施工场地组成部分的其他场所，包括永久占地和临时占地。

1.1.3.10 永久占地：指发包人为建设本合同工程永久征用的场地。

1.1.3.11 临时占地：指发包人为建设本合同工程临时征用，承包人在完工后须按合同要求退还的场地。

1.1.4 日期

1.1.4.1 开工通知：指监理人按第 11.1 款通知承包人开工的函件。

1.1.4.2 开工日期：指监理人按第 11.1 款发出的开工通知中写明的开工日期。

1.1.4.3 工期：指承包人在投标函中承诺的完成合同工程所需的期限，包括按第 11.3 款、第 11.4 款和第 11.6 款约定所作的变更。

1.1.4.4 竣工日期：即合同工程完工日期，指第 1.1.4.3 目约定工期届满时的日期。实际完工日期以合同工程完工证书中写明的日期为准。

1.1.4.5 缺陷责任期：即工程质量保修期，指履行第 19.2 款约定的缺陷责任的期限，包括根据第 19.3 款约定所作的延长，具体期限由专用合同条款约定。

1.1.4.6 基准日期：指投标截止时间前 28 天的日期。

1.1.4.7 天：除特别指明外，指日历天。合同中按天计算时间的，开始当天不计入，从次日开始计算。期限最后一天的截止时间为当天 24:00。

1.1.5 合同价格和费用

1.1.5.1 签约合同价：指签订合同时合同协议书中写明的，包括了暂列金额、暂估价的合同总金额。

1.1.5.2 合同价格：指承包人按合同约定完成了包括缺陷责任期内的全部承包工作后，

发包人应付给承包人的金额，包括在履行合同过程中按合同约定进行的变更和调整。

1.1.5.3　费用：指为履行合同所发生的或将要发生的所有合理开支，包括管理费和应分摊的其他费用，但不包括利润。

1.1.5.4　暂列金额：指已标价工程量清单中所列的暂列金额，用于在签订协议书时尚未确定或不可预见变更的施工及其所需材料、工程设备、服务等的金额，包括以计日工方式支付的金额。

1.1.5.5　暂估价：指发包人在工程量清单中给定的用于支付必然发生但暂时不能确定价格的材料、设备以及专业工程的金额。

1.1.5.6　计日工：指对零星工作采取的一种计价方式，按合同中的计日工子目及其单价计价付款。

1.1.5.7　质量保证金（或称保留金）：指按第 17.4.1 项约定用于保证在缺陷责任期内履行缺陷修复义务的金额。

1.1.6　其他

1.1.6.1　书面形式：指合同文件、信函、电报、传真等可以有形地表现所载内容的形式。

1.2　语言文字

除专用术语外，合同使用的语言文字为中文。必要时专用术语应附有中文注释。

1.3　法律

适用于合同的法律包括中华人民共和国法律、行政法规、部门规章，以及工程所在地的地方法规、自治条例、单行条例和地方政府规章。

1.4　合同文件的优先顺序

组成合同的各项文件应互相解释，互为说明。除专用合同条款另有约定外，解释合同文件的优先顺序如下：

（1）合同协议书；

（2）中标通知书；

（3）投标函及投标函附录；

（4）专用合同条款；

（5）通用合同条款；

（6）技术标准和要求；

（7）图纸；

（8）已标价工程量清单；

（9）其他合同文件。

1.5　合同协议书

承包人按中标通知书规定的时间与发包人签订合同协议书。除法律另有规定或合同另有约定外，发包人和承包人的法定代表人或其委托代理人在合同协议书上签字并盖单位章后，合同生效。

1.6　图纸和承包人文件

1.6.1　图纸的提供

发包人应按技术标准和要求（合同技术条款）约定的期限和数量将施工图纸以及其他图纸（包括配套说明和有关资料）提供给承包人。由于发包人未按时提供图纸造成工期延误的，按第11.3款的约定办理。

1.6.2 承包人提供的文件

承包人提供的文件应按技术标准和要求（合同技术条款）约定的期限和数量提供给监理人。监理人应按技术标准和要求（合同技术条款）约定的期限批复承包人。

1.6.3 图纸的修改

设计人需要对已发给承包人的施工图纸进行修改时，监理人应在技术标准和要求（合同技术条款）约定的期限内签发施工图纸给承包人。承包人应按技术标准和要求（合同技术条款）的约定编制一份承包人实施计划提交监理人批准后执行。

1.6.4 图纸的错误

承包人发现发包人提供的图纸存在明显错误或疏忽，应及时通知监理人。

1.6.5 图纸和承包人文件的保管

监理人和承包人均应在施工场地各保存一套完整的包含第1.6.1项、第1.6.2项、第1.6.3项约定内容的图纸和承包人文件。

1.7 联络

1.7.1 与合同有关的通知、批准、证明、证书、指示、要求、请求、同意、意见、确定和决定等，均应采用书面形式。

1.7.2 第1.7.1项中的通知、批准、证明、证书、指示、要求、请求、同意、意见、确定和决定等来往函件，均应在合同约定的期限内送达指定地点和接收人，并办理签收手续。来往函件的送达期限在技术标准和要求（合同技术条款）中约定，送达地点在专用合同条款中约定。

1.7.3 来往函件应按合同约定的期限及时发出和答复，不得无故扣压和拖延，亦不得拒收。否则，由此造成的后果由责任方负责。

1.8 转让

除合同另有约定外，未经对方当事人同意，一方当事人不得将合同权利全部或部分转让给第三人，也不得全部或部分转移合同义务。

1.9 严禁贿赂

合同双方当事人不得以贿赂或变相贿赂的方式，谋取不当利益或损害对方权益。因贿赂造成对方损失的，行为人应赔偿损失，并承担相应的法律责任。

1.10 化石、文物

1.10.1 在施工场地发掘的所有文物、古迹以及具有地质研究或考古价值的其他遗迹、化石、钱币或物品属于国家所有。一旦发现上述文物，承包人应采取有效合理的保护措施，防止任何人员移动或损坏上述物品，并立即报告当地文物行政部门，同时通知监理人。发包人、监理人和承包人应按文物行政部门要求采取妥善保护措施，由此导致费用增加和（或）工期延误由发包人承担。

1.10.2 承包人发现文物后不及时报告或隐瞒不报，致使文物丢失或损坏的，应赔偿损失，并承担相应的法律责任。

1.11 专利技术

1.11.1 承包人在使用任何材料、承包人设备、工程设备或采用施工工艺时，因侵犯专利权或其他知识产权所引起的责任，由承包人承担，但由于遵照发包人提供的设计或技术标准和要求引起的除外。

1.11.2 承包人在投标文件中采用专利技术的，专利技术的使用费包含在投标报价内。

1.11.3 承包人的技术秘密和声明需要保密的资料和信息，发包人和监理人不得为合同以外的目的泄露给他人。

1.11.4 合同实施过程中，发包人要求承包人采用专利技术的，发包人应办理相应的使用手续，承包人应按发包人约定的条件使用，并承担使用专利技术的相关试验工作，所需费用由发包人承担。

1.12 图纸和文件的保密

1.12.1 发包人提供的图纸和文件，未经发包人同意，承包人不得为合同以外的目的泄露给他人或公开发表与引用。

1.12.2 承包人提供的文件，未经承包人同意，发包人和监理人不得为合同以外的目的泄露给他人或公开发表与引用。

2 发包人义务

2.1 遵守法律

发包人在履行合同过程中应遵守法律，并保证承包人免于承担因发包人违反法律而引起的任何责任。

2.2 发出开工通知

发包人应委托监理人按第 11.1 款的约定向承包人发出开工通知。

2.3 提供施工场地

发包人应按专用合同条款约定向承包人提供施工场地，以及施工场地内地下管线和地下设施等有关资料，并保证资料的真实、准确、完整。

2.3.1 发包人应在合同双方签订合同协议书后 14 天内，将本合同工程的施工场地范围图提交给承包人。发包人提供的施工场地范围图应标明场地范围永久占地与临时占地的范围和界限，以及指明提供承包人用于施工场地布置的范围和界限及其有关资料。

2.3.2 发包人提供的施工场地范围在专用合同条款中约定。

2.3.3 除专用合同条款另有约定外，发包人应按技术标准和要求（合同技术条款）的约定，向承包人提供施工场地内的工程地质图纸和报告，以及地下障碍物图纸等施工场地有关资料，并保证资料的真实、准确、完整。

2.4 协助承包人办理证件和批件

发包人应协助承包人办理法律规定的有关施工证件和批件。

2.5 组织设计交底

发包人应根据合同进度计划，组织设计单位向承包人进行设计交底。

2.6 支付合同价款

发包人应按合同约定向承包人及时支付合同价款。

2.7 组织竣工验收

发包人应按合同约定及时组织竣工验收。

2.8 其他义务

发包人应履行合同约定的其他义务。

3 监理人

3.1 监理人的职责和权力

3.1.1 监理人受发包人的委托，享有合同约定的权力。监理人的权利范围在专用合同条款中明确。当认为出现了危及生命、工程或毗邻财产等安全的紧急事件时，在不免除合同约定的承包人责任的情况下，监理人可以指示承包人实施为消除或减少这种危险所必须的工作，即使没有发包人的事先批准，承包人也应立即遵照执行。监理人应按第15条的约定增加相应的费用，并通知承包人。

3.1.2 监理人发出的任何指示应视为已得到发包人的批准，但监理人无权免除或变更合同约定的发包人和承包人的权利、义务和责任。

3.1.3 合同约定应由承包人承担的义务和责任，不因监理人对承包人提交文件的审查或批准，对工程、材料和设备的检查和检验，以及为实施监理作出的指示等职务行为而减轻或解除。

3.2 总监理工程师

发包人应在发出开工通知前将总监理工程师的任命通知承包人。总监理工程师更换时，应在调离14天前通知承包人。总监理工程师短期离开施工场地的，应委派代表代行其职责，并通知承包人。

3.3 监理人员

3.3.1 总监理工程师可以授权其他监理人员负责执行其指派的一项或多项监理工作。总监理工程师应将被授权监理人员的姓名及其授权范围通知承包人。被授权的监理人员在授权范围内发出的指示视为已得到总监理工程师的同意，与总监理工程师发出的指示具有同等效力。总监理工程师撤销某项授权时，应将撤销授权的决定及时通知承包人。

3.3.2 监理人员对承包人的任何工作、工程或其采用的材料和工程设备未在约定的或合理的期限内提出否定意见的，视为已获批准，但不影响监理人在以后拒绝该项工作、工程、材料或工程设备的权利。

3.3.3 承包人对总监理工程师授权的监理人员发出的指示有疑问的，可向总监理工程师提出书面异议，总监理工程师应在48小时内对该指示予以确认、更改或撤销。

3.3.4 除专用合同条款另有约定外，总监理工程师不应将第3.5款约定应由总监理工程师作出确定的权力授权或委托给其他监理人员。

3.4 监理人的指示

3.4.1 监理人应按第3.1款的约定向承包人发出指示，监理人的指示应盖有监理人授权的施工场地机构章，并由总监理工程师或总监理工程师按第3.3.1项约定授权的监理人员签字。

3.4.2 承包人收到监理人按第 3.4.1 项作出的指示后应遵照执行。指示构成变更的，应按第 15 条处理。

3.4.3 在紧急情况下，总监理工程师或被授权的监理人员可以当场签发临时书面指示，承包人应遵照执行。承包人应在收到上述临时书面指示后 24 小时内，向监理人发出书面确认函。监理人在收到书面确认函后 24 小时内未予答复的，该书面确认函应被视为监理人的正式指示。

3.4.4 除合同另有约定外，承包人只从总监理工程师或按第 3.3.1 项被授权的监理人员处取得指示。

3.4.5 由于监理人未能按合同约定发出指示、指示延误或指示错误而导致承包人费用增加和（或）工期延误的，由发包人承担赔偿责任。

3.5 商定或确定

3.5.1 合同约定总监理工程师应按照本款对任何事项进行商定或确定时，总监理工程师应与合同当事人协商，尽量达成一致。不能达成一致的，总监理工程师应认真研究后审慎确定。

3.5.2 总监理工程师应将商定或确定的事项通知合同当事人，并附详细依据。对总监理工程师的确定有异议的，构成争议，按照第 24 条的约定处理。在争议解决前，双方应暂按总监理工程师的确定执行，按照第 24 条的约定对总监理工程师的确定作出修改的，按修改后的结果执行。

4 承包人

4.1 承包人的一般义务

4.1.1 遵守法律

承包人在履行合同过程中应遵守法律，并保证发包人免于承担因承包人违反法律而引起的任何责任。

4.1.2 依法纳税

承包人应按有关法律规定纳税，应缴纳的税金包括在合同价格内。

4.1.3 完成各项承包工作

承包人应按合同约定以及监理人根据第 3.4 款作出的指示，实施、完成全部工程，并修补工程中的任何缺陷。除第 5.2 款、第 6.2 款有约定外，承包人应提供为完成合同工作所需的劳务、材料、施工设备、工程设备和其他物品，并按合同约定负责临时设施的设计、建造、运行、维护、管理和拆除。

4.1.4 对施工作业和施工方法的完备性负责

承包人应按合同约定的工作内容和施工进度要求，编制施工组织设计和施工措施计划，并对所有施工作业和施工方法的完备性和安全可靠性负责。

4.1.5 保证工程施工和人员的安全

承包人应按第 9.2 款约定采取施工安全措施，确保工程及其人员、材料、设备和设施的安全，防止因工程施工造成的人身伤害和财产损失。

4.1.6 负责施工场地及其周边环境与生态的保护工作

承包人应按照第 9.4 款约定负责施工场地及其周边环境与生态的保护工作。

4.1.7 避免施工对公众与他人的利益造成损害

承包人在进行合同约定的各项工作时，不得侵害发包人与他人使用公用道路、水源、市政管网等公共设施的权利，避免对邻近的公共设施产生干扰。承包人占用或使用他人的施工场地，影响他人作业或生活的，应承担相应责任。

4.1.8 为他人提供方便

承包人应按监理人的指示为他人在施工场地或附近实施与工程有关的其他各项工作提供可能的条件。除合同另有约定外，提供有关条件的内容和可能发生的费用，由监理人按第 3.5 款商定或确定。

4.1.9 工程的维护和照管

除合同另有约定外，合同工程完工证书颁发前，承包人应负责照管和维护工程。合同工程完工证书颁发时尚有部分未完工程的，承包人还应负责该未完工程的照管和维护工作，直至完工后移交给发包人为止。

4.1.10 其他义务

其他义务在专用合同条款中补充约定。

4.2 履约担保

承包人应保证其履约担保在发包人颁发合同工程完工证书前一直有效。发包人应在合同工程完工证书颁发后 28 天内将履约担保退还给承包人。

4.3 分包

4.3.1 承包人不得将其承包的全部工程转包给第三人，或将其承包的全部工程肢解后以分包的名义转包给第三人。

4.3.2 承包人不得将工程主体、关键性工作分包给第三人。除专用合同条款另有约定外，未经发包人同意，承包人不得将工程的其他部分或工作分包给第三人。

4.3.3 分包人的资格能力应与其分包工程的标准和规模相适应。

4.3.4 按投标函附录约定分包工程的，承包人应向发包人和监理人提交分包合同副本。

4.3.5 承包人应与分包人就分包工程向发包人承担连带责任。

4.3.6 分包分为工程分包和劳务作业分包。工程分包应遵循合同约定或者经发包人书面认可。禁止承包人将合同工程进行违法分包。分包人应具备与分包工程规模和标准相适应的资质和业绩，在人力、设备、资金等方面具有承担分包工程施工的能力。分包人应自行完成所承包的任务。

4.3.7 在合同实施过程中，如承包人无力在合同规定的期限内完成合同中的应急防汛、抢险等危及公共安全和工程安全的项目，发包人可对该应急防汛、抢险等项目的部分工程指定分包人。因非承包人原因形成指定分包条件的，发包人的指定分包不应增加承包人的额外费用；因承包人原因形成指定分包条件的，承包人应承担指定分包所增加的费用。

由指定分包人造成的与其分包工作有关的一切索赔、诉讼和损失赔偿由指定分包人直接对发包人负责，承包人不对此承担责任。

4.3.8 承包人和分包人应当签订分包合同，并履行合同约定的义务。分包合同必须遵循承包合同的各项原则，满足承包合同中相应条款的要求。发包人可以对分包合同实施情况进行监督检查。承包人应将分包合同副本提交发包人和监理人。

4.3.9 除第 4.3.7 项规定的指定分包外，承包人对其分包项目的实施以及分包人的行为向发包人负全部责任。承包人应对分包项目的工程进度、质量、安全、计量和验收实施监督和管理。

4.3.10 分包人应按专用合同条款的约定设立项目管理机构组织管理分包工程的施工活动。

4.4 联合体

4.4.1 联合体各方应共同与发包人签订合同协议书。联合体各方应为履行合同承担连带责任。

4.4.2 联合体协议经发包人确认后作为合同附件。在履行合同过程中，未经发包人同意，不得修改联合体协议。

4.4.3 联合体牵头人负责与发包人和监理人联系，并接受指示，负责组织联合体各成员全面履行合同。

4.5 承包人项目经理

4.5.1 承包人应按合同约定指派项目经理，并在约定的期限内到职。承包人更换项目经理应事先征得发包人同意，并应在更换 14 天前通知发包人和监理人。承包人项目经理短期离开施工场地，应事先征得监理人同意，并委派代表代行其职责。

4.5.2 承包人项目经理应按合同约定以及监理人按第 3.4 款作出的指示，负责组织合同工程的实施。在情况紧急且无法与监理人取得联系时，可采取保证工程和人员生命财产安全的紧急措施，并在采取措施后 24 小时内向监理人提交书面报告。

4.5.3 承包人为履行合同发出的一切函件均应盖有承包人授权的施工场地管理机构章，并由承包人项目经理或其授权代表签字。

4.5.4 承包人项目经理可以授权其下属人员履行其某项职责，但事先应将这些人员的姓名和授权范围通知监理人。

4.6 承包人人员的管理

4.6.1 承包人应在接到开工通知后 28 天内，向监理人提交承包人在施工场地的管理机构以及人员安排的报告，其内容应包括管理机构的设置、各主要岗位的技术和管理人员名单及其资格，以及各工种技术工人的安排状况。承包人应向监理人提交施工场地人员变动情况的报告。

4.6.2 为完成合同约定的各项工作，承包人应向施工场地派遣或雇佣足够数量的下列人员：

　　（1）具有相应资格的专业技工和合格的普工；

　　（2）具有相应施工经验的技术人员；

　　（3）具有相应岗位资格的各级管理人员。

4.6.3 承包人安排在施工场地的主要管理人员和技术骨干应相对稳定。承包人更换主要管理人员和技术骨干时，应取得监理人的同意。

4.6.4 特殊岗位的工作人员均应持有相应的资格证明，监理人有权随时检查。监理人认为有必要时，可进行现场考核。

4.7 撤换承包人项目经理和其他人员

承包人应对其项目经理和其他人员进行有效管理。监理人要求撤换不能胜任本职工作、行为不端或玩忽职守的承包人项目经理和其他人员的，承包人应予以撤换。

4.8 保障承包人人员的合法权益

4.8.1 承包人应与其雇佣的人员签订劳动合同，并按时发放工资。

4.8.2 承包人应按劳动法的规定安排工作时间，保证其雇佣人员享有休息和休假的权利。因工程施工的特殊需要占用休假日或延长工作时间的，应不超过法律规定的限度，并按法律规定给予补休或付酬。

4.8.3 承包人应为其雇佣人员提供必要的食宿条件，以及符合环境保护和卫生要求的生活环境，在远离城镇的施工场地，还应配备必要的伤病防治和急救的医务人员与医疗设施。

4.8.4 承包人应按国家有关劳动保护的规定，采取有效的防止粉尘、降低噪声、控制有害气体和保障高温、高寒、高空作业安全等劳动保护措施。其雇佣人员在施工中受到伤害的，承包人应立即采取有效措施进行抢救和治疗。

4.8.5 承包人应按有关法律规定和合同约定，为其雇佣人员办理保险。

4.8.6 承包人应负责处理其雇佣人员因工伤亡事故的善后事宜。

4.9 工程价款应专款专用

发包人按合同约定支付给承包人的各项价款应专用于合同工程。

4.10 承包人现场查勘

4.10.1 发包人应将其持有的现场地质勘探资料、水文气象资料提供给承包人，并对其准确性负责。但承包人应对其阅读上述有关资料后所作出的解释和推断负责。

4.10.2 承包人应对施工场地和周围环境进行查勘，并收集有关地质、水文、气象条件、交通条件、风俗习惯以及其他为完成合同工作有关的当地资料。在全部合同工作中，应视为承包人已充分估计了应承担的责任和风险。

4.11 不利物质条件

4.11.1 除专用合同条款另有约定外，不利物质条件是指在施工中遭遇不可预见的外界障碍或自然物质条件造成施工受阻。

4.11.2 承包人遇到不利物质条件时，应采取适应不利物质条件的合理措施继续施工，并及时通知监理人。承包人有权根据第23.1款的约定，要求延长工期及增加费用。监理人收到此类要求后，应在分析上述外界障碍或自然条件是否不可预见及不可预见程度的基础上，按照通用合同条款第15条的约定办理。

5 材料和工程设备

5.1 承包人提供的材料和工程设备

5.1.1 除第5.2款约定由发包人提供的材料和工程设备外，承包人负责采购、运输和保管完成本合同工作所需的材料和工程设备。承包人应对其采购的材料和工程设备负责。

5.1.2 承包人应按专用合同条款的约定，将各项材料和工程设备的供货人及品种、规格、数量和供货时间等报送监理人审批。承包人应向监理人提交其负责提供的材料和工程设备的质量证明文件，并满足合同约定的质量标准。

5.1.3 对承包人提供的材料和工程设备，承包人应会同监理人进行检验和交货验收，查验材料合格证明和产品合格证书，并按合同约定和监理人指示，进行材料的抽样检验和工程设备的检验测试，检验和测试结果应提交监理人，所需费用由承包人承担。

5.2 发包人提供的材料和工程设备

5.2.1 发包人提供的材料和工程设备，应在专用合同条款中写明材料和工程设备的名称、规格、数量、价格、交货方式、交货地点和计划交货日期等。

5.2.2 承包人应根据合同进度计划的安排，向监理人报送要求发包人交货的日期计划。发包人应按照监理人与合同双方当事人商定的交货日期，向承包人提交材料和工程设备。

5.2.3 发包人应在材料和工程设备到货 7 天前通知承包人，承包人应会同监理人在约定的时间内，赴交货地点共同进行验收。发包人提供的材料和工程设备运至验收后，由承包人负责接收、卸货、运输和保管。

5.2.4 发包人要求向承包人提前交货的，承包人不得拒绝，但发包人应承担承包人由此增加的费用。

5.2.5 承包人要求更改交货日期或地点的，应事先报请监理人批准。由于承包人要求更改交货时间或地点所增加的费用和（或）工期延误由承包人承担。

5.2.6 发包人提供的材料和工程设备的规格、数量或质量不符合合同要求，或由于发包人原因发生交货日期延误及交货地点变更等情况的，发包人应承担由此增加的费用和（或）工期延误，并向承包人支付合理利润。

5.3 材料和工程设备专用于合同工程

5.3.1 运入施工场地的材料、工程设备，包括备品备件、安装专用工器具与随机资料，必须专用于合同工程，未经监理人同意，承包人不得运出施工场地或挪作他用。

5.3.2 随同工程设备运入施工场地的备品备件、专用工器具与随机资料，应由承包人会同监理人按供货人的装箱单清点后共同封存，未经监理人同意不得启用。承包人因合同工作需要使用上述物品时，应向监理人提出申请。

5.4 禁止使用不合格的材料和工程设备

5.4.1 监理人有权拒绝承包人提供的不合格材料或工程设备，并要求承包人立即进行更换。监理人应在更换后再次进行检查和检验，由此增加的费用和（或）工期延误由承包人承担。

5.4.2 监理人发现承包人使用了不合格的材料和工程设备，应即时发出指示要求承包人立即改正，并禁止在工程中继续使用不合格的材料和工程设备。

5.4.3 发包人提供的材料或工程设备不符合合同要求的，承包人有权拒绝，并可要求发包人更换，由此增加的费用和（或）工期延误由发包人承担。

6 施工设备和临时设施

6.1 承包人提供的施工设备和临时设施

6.1.1 承包人应按合同进度计划的要求，及时配置施工设备和修建临时设施。进入施工场地的承包人设备需经监理人核查后才能投入使用。承包人更换合同约定的承包人设备的，应报监理人批准。

6.1.2 除专用合同条款另有约定外，承包人应自行承担修建临时设施的费用，需要临时占地的，应由发包人办理申请手续并承担相应费用。

6.2 发包人提供的施工设备和临时设施

发包人提供的施工设备或临时设施在专用合同条款中约定。

6.3 要求承包人增加或更换施工设备

承包人使用的施工设备不能满足合同进度计划和（或）质量要求时，监理人有权要求承包人增加或更换施工设备，承包人应及时增加或更换，由此增加的费用和（或）工期延误由承包人承担。

6.4 施工设备和临时设施专用于合同工程

6.4.1 除合同另有约定外，运入施工场地的所有施工设备以及在施工场地建设的临时设施应专用于合同工程。未经监理人同意，不得将上述施工设备和临时设施中的任何部分运出施工场地或挪作他用。

6.4.2 经监理人同意，承包人可根据合同进度计划撤走闲置的施工设备。

7 交通运输

7.1 道路通行权和场外设施

除专用合同条款另有约定外，承包人应根据合同工程的施工需要，负责办理取得出入施工场地的专用和临时道路的通行权，以及取得为工程建设所需修建场外设施的权利，并承担有关费用。发包人应协助承包人办理上述手续。

7.2 场内施工道路

7.2.1 除本合同约定由发包人提供部分道路外，承包人应负责修建、维修、养护和管理其施工所需的临时道路和交通设施（包括合同约定由发包人提供的部分道路和交通设施的维修、养护和管理），并承担相应费用。

7.2.2 除专用合同条款另有约定外，承包人修建的临时道路和交通设施应免费提供发包人和监理人使用。

7.3 场外交通

7.3.1 承包人车辆外出行驶所需的场外公共道路的通行费、养路费和税款等由承包人承担。

7.3.2 承包人应遵守有关交通法规，严格按照道路和桥梁的限制荷重安全行驶，并服从交通管理部门的检查和监督。

7.4 超大件和超重件的运输

由承包人负责运输的超大件或超重件，应由承包人负责向交通管理部门办理申请手续，发包人给予协助。运输超大件或超重件所需的道路和桥梁临时加固改造费用和其他有关费用，由承包人承担，但专用合同条款另有约定除外。

7.5 道路和桥梁的损坏责任

因承包人运输造成施工场地内外公共道路和桥梁损坏的，由承包人承担修复损坏的全部费用和可能引起的赔偿。

7.6 水路和航空运输

本条上述各款的内容适用于水路运输和航空运输，其中"道路"一词的涵义包括河道、航线、船闸、机场、码头、堤防以及水路或航空运输中其他相似结构物；"车辆"一词的涵义包括船舶和飞机等。

8 测量放线

8.1 施工控制网

8.1.1 除专用合同条款另有约定外，施工控制网由承包人负责测设，发包人应在本合同协议书签订后的 14 天内，向承包人提供测量基准点、基准线和水准点及其书面资料。承包人应在收到上述资料后地 8 天内，将施测的施工控制网资料提交监理人审批。监理人应在收到报批件后的 4 天内批复承包人。

8.1.2 承包人应负责管理施工控制网点。施工控制网点丢失或损坏的，承包人应及时修复。承包人应承担施工控制网点的管理与修复费用，并在工程竣工后将施工控制网点移交发包人。

8.2 施工测量

8.2.1 承包人应负责施工过程中的全部施工测量放线工作，并配置合格的人员、仪器、设备和其他物品。

8.2.2 监理人可以指示承包人进行抽样复测，当复测中发现错误或出现超过合同约定的误差时，承包人应按监理人指示进行修正或补测，并承担相应的复测费用。

8.3 基准资料错误的责任

发包人应对其提供的测量基准点、基准线和水准点及其书面资料的真实性、准确性和完整性负责。发包人提供上述基准资料错误导致承包人测量放线工作的返工或造成工程损失的，发包人应当承担由此增加的费用和（或）工期延误，并向承包人支付合理利润。承包人发现发包人提供的上述基准资料存在明显错误或疏忽的，应及时通知监理人。

8.4 监理人使用施工控制网

监理人需要使用施工控制网的，承包人应提供必要的协助，发包人不再为此支付费用。

8.5 补充地质勘探

在合同实施期间，监理人可以指示承包人进行必要的补充地质勘探并提供有关资料。承包人为本合同永久工程施工的需要进行补充地质勘探和时，须经监理人批准，并应向监理人提交有关资料，上述补充勘探的费用由发包人承担。承包人为其临时工程设计及施工的需要进行的补充地址勘探，其费用由承包人承担。

9 施工安全、治安保卫和环境保护

9.1 发包人的施工安全责任

9.1.1 发包人应按合同约定履行安全职责，发包人委托监理人根据国家有关安全的法律、法规、强制性标准以及部门规章，对承包人的安全责任履行情况进行监督和检查。监理人的监督检查不减轻承包人应负的安全责任。

9.1.2 发包人应对其现场机构雇佣的全部人员的工伤事故承担责任，但由于承包人原因造成发包人人员工伤的，应由承包人承担责任。

9.1.3 发包人应负责赔偿以下各种情况造成的第三者人身伤亡和财产损失：

(1) 工程或工程的任何部分对土地的占用所造成的第三者财产损失；

(2) 由于发包人原因在施工场地及其毗邻地带造成的第三者人身伤亡和财产损失。

9.1.4 除专用合同条款另有约定外，发包人负责向承包人提供施工现场及施工可能影响的毗邻区域内供水、排水、供电、供气、供热、通信、广播电视等地下管线资料，气象和水文观测资料，拟建工程可能影响的相邻建筑物地下工程的有关资料，并保证有关资料的真实、准确、完整，满足有关技术规程的要求。

9.1.5 发包人按照已标价工程量清单所列金额和合同约定的计量支付规定，支付安全作业环境及安全施工措施所需费用。

9.1.6 发包人组织工程参建单位编制保证安全生产的措施方案。工程开工前，就落实保证安全生产的措施进行全面系统的布置，进一步明确承包人的安全生产责任。

9.1.7 发包人负责在拆除工程和爆破工程施工 14 天前向有关部门或机构报送相关的备案资料。

9.2 承包人的施工安全责任

9.2.1 承包人应按合同约定履行安全职责，执行监理人有关安全工作的指示。承包人应按技术标准和要求（合同技术条款）约定的内容和期限，以及监理人的指示，编制施工安全技术措施提交监理人审批。监理人应在技术标准和要求（合同技术条款）约定的期限内批复承包人。

9.2.2 承包人应加强施工作业安全管理，特别应加强易燃、易爆材料、火工器材、有毒与腐蚀性材料和其他危险品的管理，以及对爆破作业和地下工程施工等危险作业的管理。

9.2.3 承包人应严格按照国家安全标准制定施工安全操作规程，配备必要的安全生产和劳动保护设施，加强对承包人人员的安全教育，并发放安全工作手册和劳动保护用具。

9.2.4 承包人应按监理人的指示制定应对灾害的紧急预案，报送监理人审批。承包人还应按预案做好安全检查，配置必要的救助物资和器材，切实保护好有关人员的人身和财产安全。

9.2.5 合同约定的安全作业环境及安全施工措施所需费用应遵守有关规定，并包括在相关工作的合同价格中。因采取合同未约定的安全作业环境及安全施工措施增加的费用，由监理人按第 3.5 款商定或确定。

9.2.6 承包人应对其履行合同所雇佣的全部人员，包括分包人人员的工伤事故承担责任，但由于发包人原因造成承包人人员工伤事故的，应由发包人承担责任。

9.2.7 由于承包人原因在施工场地内及其毗邻地带造成的第三者人员伤亡和财产损失，由承包人负责赔偿。

9.2.8 承包人已标价工程量清单应包含工程安全作业环境及安全施工措施所需费用。

9.2.9 承包人应建立健全安全生产责任制度和安全生产教育培训制度，制定安全生产规章制度和操作制度，保证本单位建立和完善安全生产条件所需资金的投入，对本工程进行定期和专项安全检查，并做好安全检查记录。

9.2.10 承包人应设立安全生产管理机构，施工现场应有专职安全生产管理人员。

9.2.11 承包人应负责对特种作业人员进行专门的安全作业培训，并保证特种作业人员持证上岗。

9.2.12 承包人应在施工组织设计中编制安全技术措施和施工现场临时用电方案。对专用合同条款约定的工程，应编制专项施工方案报监理人批准。对专用合同条款约定的专项施工方案，还应组织专家进行论证、审查，其中专家 1/2 人员应经发包人同意。

9.2.13 承包人在使用施工机械和整体提升脚手架、模板等自升式架设设施前，应组织有关单位进行验收。

9.3 治安保卫

9.3.1 除合同另有约定外，发包人应与当地公安部门协商，在现场建立治安管理机构或联防组织，统一管理施工场地的治安保卫事项，履行合同工程的治安保卫职责。

9.3.2 发包人和承包人除应协助现场治安管理机构或联防组织维护施工场地的社会治安外，还应做好包括生活区在内的各自管辖区的治安保卫工作。

9.3.3 除合同另有约定外，发包人和承包人应在工程开工后，共同编制施工场地治安管理计划，并制定应对突发治安事件的紧急预案。在工程施工过程中，发生暴乱、爆炸等恐怖事件，以及群殴、械斗等群体性突发治安事件的，发包人和承包人应立即向当地政府报告。发包人和承包人应积极协助当地有关部门采取措施平息事态，防止事态扩大，尽量减少财产损失和避免人员伤亡。

9.4 环境保护

9.4.1 承包人在施工过程中，应遵守有关环境保护的法律，履行合同约定的环境保护义务，并对违反法律和合同约定义务所造成的环境破坏、人身伤害和财产损失负责。

9.4.2 承包人应按合同约定的环保工作内容，编制施工环保措施计划，报送监理人审批。

9.4.3 承包人应按照批准的施工环保措施计划有序地堆放和处理施工废弃物，避免对环境造成破坏。因承包人任意堆放或弃置施工废弃物造成妨碍公共交通、影响城镇居民生活、降低河流行洪能力、危及居民安全、破坏周边环境，或者影响其他承包人施工等后果的，承包人应承担责任。

9.4.4 承包人应按合同约定采取有效措施，对施工开挖的边坡及时进行支护，维护排水设施，并进行水土保护，避免因施工造成的地质灾害。

9.4.5 承包人应按国家饮用水管理标准定期对饮用水源进行监测，防止施工活动污染饮用水源。

9.4.6 承包人应按合同约定，加强对噪声、粉尘、废气、废水和废油的控制，努力降低噪声，控制粉尘和废气浓度，做好废水和废油的治理和排放。

9.5 事故处理

工程施工过程中发生事故的，承包人应立即通知监理人，监理人应立即通知发包人。发包人和承包人应立即组织人员和设备进行紧急抢救和抢修，减少人员伤亡和财产损失，防止事故扩大，并保护事故现场。需要移动现场物品时，应作出标记和书面记录，妥善保管有关证据。发包人和承包人应按国家有关规定，及时如实地向有关部门报告事故发生的情况，以及正在采取的紧急措施等。

9.5.1 发包人负责组织参建单位制定本工程的质量与安全事故应急预案，建立质量与安全事故应急处理指挥部。

9.5.2 承包人应对施工现场易发生重大事故的部位、环节进行监控，配备救援器材、设备，并定期组织演练。

9.5.3 工程开工前，承包人应根据本工程的特点制定施工现场施工质量与安全事故应急预案，并报发包人备案。

9.5.4 施工过程中发生事故时，发包人承包人应立即启动应急预案。

9.5.5 事故调查处理由发包人按相关规定履行手续。

9.6 水土保持

9.6.1 发包人应及时向承包人提供水土保持方案。

9.6.2 承包人在施工过程中，应遵守有关水土保持的法律法规和规章，履行合同约定的水土保持义务，并对其违反法律和合同约定义务所造成的水土流失灾害、人身伤害和财产损失负责。

9.6.3 承包人的水土保持措施计划，应满足技术标准和要求（合同技术条款）约定的要求。

9.7 文明施工

9.7.1 发包人应按专用合同条款的约定，负责建立创建文明建设工地的组织机构，制定创建文明建设工地的规划和办法。

9.7.2 承包人应按创建文明建设工地的规划和办法，履行职责，承担相应责任。所需费用应包含在已标价工程量清单中。

9.8 防汛度汛

9.8.1 发包人负责组织工程参建单位编制本工程度汛方案和措施。

9.8.2 承包人应根据发包人编制的本工程度汛方案和措施，制定相应的度汛方案，报发包人批准后实施。

10 进度计划

10.1 合同进度计划

承包人应按技术标准和要求（合同技术条款）约定的内容和期限以及监理人的指示，编制详细的施工总进度计划及其说明提交监理人审批。监理人应在技术标准和要求（合同技术条款）约定的期限内批复承包人，否则该进度计划视为已得到批准。经监理人批准的施工进度计划称为合同进度计划，是控制合同工程进度的依据。承包人还应根据合同进度计划，编制更为详细的分阶段或单位工程或分部工程进度计划，报监理人审批。

10.2 合同进度计划的修订

不论何种原因造成工程的实际进度与第10.1款的合同进度计划不符时，承包人均应在14天内向监理人提交修订合同进度计划的申请报告，并附有关措施和相关资料，报监理人审批；监理人也应在收到申请报告后的 14 天内批复。当监理人认为需要修订合同进度计划时，承包人应按监理人的指示，在 14 天内向监理人提交修订的合同进度计划，并附调整计划的相关资料，提交监理人审批。监理人应在收到进度计划后的 14 天内批复。

不论何种原因造成施工进度延迟，承包人均应按监理人的指示，采取有效措施赶上进度。承包人应在向监理人提交修订合同进度计划的同时，编制一份赶工措施报告提交监理人审批。由于发包人原因造成施工进度延迟，应按第 11.3 款的约定办理；由于承包人原因造成施工进度延迟，应按第 11.5 款的约定办理。

10.3 单位工程进度计划

监理人认为有必要时，承包人应按监理人指示的内容和期限，并根据合同进度计划的进度控制要求，编制单位工程进度计划，提交监理人审批。

10.4 提交资金流估算表

承包人应在按第 10.1 款约定向监理人提交施工总进度计划的同时，按下表约定的格式，向监理人提交按月的资金流估算表。估算表应包括承包人计划可从发包人处得到的全部款额，以供发包人参考。此后，当监理人提出要求时，承包人应在监理人指定的期限内提交修订的资金流估算表。

资金流估算表（参考格式）　　　　　　金额单位：元

年	月	工程预付款	完成工作量	质量保证金扣留	材料款	预付款扣还	其他	应收款	累计应收款

11　开工和竣工

11.1　开工

11.1.1　监理人应在开工日期 7 天前向承包人发出开工通知。监理人在发出开工通知前应获得发包人同意。工期自监理人发出的开工通知中载明的开工日期起计算。承包人应在开工日期后尽快施工。

11.1.2　承包人应按第 10.1 款约定的合同进度计划，向监理人提交工程开工报审表，经监理人审批后执行。开工报审表应详细说明按合同进度计划正常施工所需的施工道路、临时设施、材料设备、施工人员等施工组织措施的落实情况以及工程的进度安排。

11.1.3　若发包人未能按合同约定向承包人提供开工的必要条件，承包人有权要求延长工期。监理人应在收到承包人的书面要求后，按第 3.5 款的约定，与合同双方商定或确定增加的费用和延长的工期。

11.1.4　承包人在接到开工通知后 14 天内未按进度计划要求及时进场组织施工，监理人可通知承包人在接到通知后 7 天内提交一份说明其进场延误的书面报告，报送监理人。书面报告应说明不能及时进场的原因和补救措施，由此增加的费用和工期延误责任由承包人承担。

11.2 竣工（完工）

承包人应在第1.1.4.3目约定的期限内完成合同工程。合同工程实际完工日期在合同工程完工证书中写明。

11.3 发包人的工期延误

在履行合同过程中，由于发包人的下列原因造成工期延误的，承包人有权要求发包人延长工期和（或）增加费用，并支付合理利润。需要修订合同进度计划的，按照第10.2款的约定办理。

（1）增加合同工作内容；

（2）改变合同中任何一项工作的质量要求或其他特性；

（3）发包人迟延提供材料、工程设备或变更交货地点的；

（4）因发包人原因导致的暂停施工；

（5）提供图纸延误；

（6）未按合同约定及时支付预付款、进度款；

（7）发包人造成工期延误的其他原因。

11.4 异常恶劣的气候条件

由于出现专用合同条款规定的异常恶劣气候的条件导致工期延误的，承包人有权要求发包人延长工期。

11.4.1 当工程所在地发生危及施工安全的异常恶劣气候时，发包人和承包人应按本合同通用合同条款第12条的约定，及时采取暂停施工或部分暂停施工措施。异常恶劣气候条件解除后，承包人应及时安排复工。

11.4.2 异常恶劣气候条件造成的工期延误和工程损坏，应由发包人与承包人参照本合同通用合同条款第21.3款的约定办理。

11.4.3 本合同工程界定异常恶劣气候条件的范围在专用合同条款中约定。

11.5 承包人的工期延误

由于承包人原因，未能按合同进度计划完成工作，或监理人认为承包人施工进度不能满足合同工期要求的，承包人应采取措施加快进度，并承担加快进度所增加的费用。由于承包人原因造成工期延误，承包人应支付逾期竣工违约金。逾期竣工违约金的计算方法在专用合同条款中约定。承包人支付逾期竣工违约金，不免除承包人完成工程及修补缺陷的义务。

11.6 工期提前

发包人要求承包人提前完工，或承包人提出提前完工的建议能够给发包人带来效益的，应由监理人与承包人共同协商采取加快工程进度的措施和修订合同进度计划。发包人应承担承包人由此增加的费用，并向承包人支付专用合同条款约定的相应奖金。

发包人要求提前完工的，双方协商一致后应签订提前完工协议，协议内容包括：

（1）提前的时间和修订后的进度计划；

（2）承包人的赶工措施；

（3）发包人为赶工提供的条件；

（4）赶工费用（包括利润和奖金）。

12 暂停施工

12.1 承包人暂停施工的责任

因下列暂停施工增加的费用和（或）工期延误由承包人承担：

（1）承包人违约引起的暂停施工；

（2）由于承包人原因为工程合理施工和安全保障所必需的暂停施工；

（3）承包人擅自暂停施工；

（4）承包人其他原因引起的暂停施工；

（5）专用合同条款约定由承包人承担的其他暂停施工。

12.2 发包人暂停施工的责任

由于发包人原因引起的暂停施工造成工期延误的，承包人有权要求发包人延长工期和（或）增加费用，并支付合理利润。

属于下列任何一种情况引起的暂停施工，均为发包人的责任：

（1）由于发包人违约引起的暂停施工；

（2）由于不可抗力的自然或社会因素引起的暂停施工；

（3）专用合同条款中约定的由于发包人原因引起的暂停施工。

12.3 监理人暂停施工指示

12.3.1 监理人认为有必要时，可向承包人作出暂停施工的指示，承包人应按监理人指示暂停施工。不论由于何种原因引起的暂停施工，暂停施工期间承包人应负责妥善保护工程并提供安全保障。

12.3.2 由于发包人的原因发生暂停施工的紧急情况，且监理人未及时下达暂停施工指示的，承包人可先暂停施工，并及时向监理人提出暂停施工的书面请求。监理人应在接到书面请求后的 24 小时内予以答复，逾期未答复的，视为同意承包人的暂停施工请求。

12.4 暂停施工后的复工

12.4.1 暂停施工后，监理人应与发包人和承包人协商，采取有效措施积极消除暂停施工的影响。当工程具备复工条件时，监理人应立即向承包人发出复工通知。承包人收到复工通知后，应在监理人指定的期限内复工。

12.4.2 承包人无故拖延和拒绝复工的，由此增加的费用和工期延误由承包人承担；因发包人原因无法按时复工的，承包人有权要求发包人延长工期和（或）增加费用，并支付合理利润。

12.5 暂停施工持续 56 天以上

12.5.1 监理人发出暂停施工指示后 56 天内未向承包人发出复工通知，除了该项停工属于第 12.1 款的情况外，承包人可向监理人提交书面通知，要求监理人在收到书面通知后 28 天内准许已暂停施工的工程或其中一部分工程继续施工。如监理人逾期不予批准，则承包人可以通知监理人，将工程受影响的部分视为按第 15.1（1）项的可取消工作。如暂停施工影响到整个工程，可视为发包人违约，应按第 22.2 款的规定办理。

12.5.2 由于承包人责任引起的暂停施工，如承包人在收到监理人暂停施工指示后 56 天内不认真采取有效的复工措施，造成工期延误，可视为承包人违约，应按第 22.1 款的规定办理。

13　工程质量

13.1　工程质量要求

13.1.1　工程质量验收按合同约定验收标准执行。

13.1.2　因承包人原因造成工程质量达不到合同约定验收标准的，监理人有权要求承包人返工直至符合合同要求为止，由此造成的费用增加和（或）工期延误由承包人承担。

13.1.3　因发包人原因造成工程质量达不到合同约定验收标准的，发包人应承担由于承包人返工造成的费用增加和（或）工期延误，并支付承包人合理利润。

13.2　承包人的质量管理

13.2.1　承包人应在施工场地设置专门的质量检查机构，配备专职质量检查人员，建立完善的质量检查制度。承包人应按技术标准和要求（合同技术条款）约定的内容和期限，编制工程质量保证措施文件，包括质量检查机构的组织和岗位责任、质量检查人员的组成、质量检查程序和实施细则等，提交监理人审批。监理人应在技术标准和要求（合同技术条款）约定的期限内批复承包人。

13.2.2　承包人应加强对施工人员的质量教育和技术培训，定期考核施工人员的劳动技能，严格执行规范和操作规程。

13.3　承包人的质量检查

承包人应按合同约定对材料、工程设备以及工程的所有部位及其施工工艺进行全过程的质量检查和检验，并作详细记录，编制工程质量报表，报送监理人审查。

13.4　监理人的质量检查

监理人有权对工程的所有部位及其施工工艺、材料和工程设备进行检查和检验。承包人应为监理人的检查和检验提供方便，包括监理人到施工场地，或制造、加工地点，或合同约定的其他地方进行察看和查阅施工原始记录。承包人还应按监理人指示，进行施工场地取样试验、工程复核测量和设备性能检测，提供试验样品、提交试验报告和测量成果以及监理人要求进行的其他工作。监理人的检查和检验，不免除承包人按合同约定应负的责任。

13.5　工程隐蔽部位覆盖前的检查

13.5.1　通知监理人检查

经承包人自检确认的工程隐蔽部位具备覆盖条件后，承包人应通知监理人在约定的期限内检查。承包人的通知应附有自检记录和必要的检查资料。监理人应按时到场检查。经监理人检查确认质量符合隐蔽要求，并在检查记录上签字后，承包人才能进行覆盖。监理人检查确认质量不合格的，承包人应在监理人指示的时间内修整返工后，由监理人重新检查。

13.5.2　监理人未到场检查

监理人未按第 13.5.1 项约定的时间进行检查的，除监理人另有指示外，承包人可自行完成覆盖工作，并作相应记录报送监理人，监理人应签字确认。监理人事后对检查记录有疑问的，可按第13.5.3项的约定重新检查。

13.5.3　监理人重新检查

　　承包人按第13.5.1项或第13.5.2项覆盖工程隐蔽部位后，监理人对质量有疑问的，可要求承包人对已覆盖的部位进行钻孔探测或揭开重新检验，承包人应遵照执行，并在检验后重新覆盖恢复原状。经检验证明工程质量符合合同要求的，由发包人承担由此增加的费用和（或）工期延误，并支付承包人合理利润；经检验证明工程质量不符合合同要求的，由此增加的费用和（或）工期延误由承包人承担。

13.5.4　承包人私自覆盖

　　承包人未通知监理人到场检查，私自将工程隐蔽部位覆盖的，监理人有权指示承包人钻孔探测或揭开检查，由此增加的费用和（或）工期延误由承包人承担。

13.6　清除不合格工程

13.6.1　承包人使用不合格材料、工程设备，或采用不适当的施工工艺，或施工不当，造成工程不合格的，监理人可以随时发出指示，要求承包人立即采取措施进行补救，直至达到合同要求的质量标准，由此增加的费用和（或）工期延误由承包人承担。

13.6.2　由于发包人提供的材料或工程设备不合格造成的工程不合格，需要承包人采取措施补救的，发包人应承担由此增加的费用和（或）工期延误，并支付承包人合理利润。

13.7　质量评定

13.7.1　发包人应组织承包人进行工程项目划分，并确定单位工程、主要分部工程、重要隐蔽单元工程和关键部位单元工程。

13.7.2　工程实施过程中，单位工程、主要分部工程、重要隐蔽单元工程和关键部位单元工程的项目划分需要调整时，承包人应报发包人确认。

13.7.3　承包人应在单元（工序）工程质量自评合格后，报监理人核定质量等级并签证认可。

13.7.4　除专用合同条款另有约定外，承包人应在重要隐蔽单元工程和关键部位单元工程自评合格以及监理人抽检后，由监理人组织承包人等单位组成的联合小组，共同检查核定其质量等级并填写签证表。发包人按有关规定完成质量结论报工程质量监督机构核备手续。

13.7.5　承包人应在分部工程质量自评合格后，报监理人复核和发包人认定。发包人负责按有关规定完成分部工程质量结论报工程质量监督机构核备（核定）手续。

13.7.6　承包人应在单位工程质量自评合格后，报监理人复核和发包人认定。发包人负责按有关规定完成单位工程质量结论报工程质量监督机构核定手续。

13.7.7　除专用合同条款另有约定外，工程质量等级分为合格和优良，应分别达到约定的标准。

13.8　质量事故处理

13.8.1　发生质量事故时，承包人应及时向发包人和监理人报告。

13.8.2　质量事故调查处理由发包人按相关规定履行手续，承包人应配合。

13.8.3　承包人应对质量缺陷进行备案。发包人委托监理人对质量缺陷备案情况进行监督检查并履行相关手续。

13.8.4 除专用合同条款另有约定外，工程竣工验收时，发包人负责向竣工验收委员会汇报并提交历次质量缺陷处理的备案资料。

14 试验和检验

14.1 材料、工程设备和工程的试验和检验

14.1.1 承包人应按合同约定进行材料、工程设备和工程的试验和检验，并为监理人对上述材料、工程设备和工程的质量检查提供必要的试验资料和原始记录。按合同约定应由监理人与承包人共同进行试验和检验的，由承包人负责提供必要的试验资料和原始记录。

14.1.2 监理人未按合同约定派员参加试验和检验的，除监理人另有指示外，承包人可自行试验和检验，并应立即将试验和检验结果报送监理人，监理人应签字确认。

14.1.3 监理人对承包人的试验和检验结果有疑问的，或为查清承包人试验和检验成果的可靠性要求承包人重新试验和检验的，可按合同约定由监理人与承包人共同进行。重新试验和检验的结果证明该项材料、工程设备或工程的质量不符合合同要求的，由此增加的费用和（或）工期延误由承包人承担；重新试验和检验结果证明该项材料、工程设备和工程符合合同要求，由发包人承担由此增加的费用和（或）工期延误，并支付承包人合理利润。

14.1.4 承包人应按相关规定和标准对水泥、钢材等原材料与中间产品质量进行检验，并报监理人复核。

14.1.5 除专用合同条款另有约定外，水工金属结构、启闭机及机电产品进场后，监理人组织发包人按合同进行交货和验收。安装前，承包人应检查产品是否有出厂合格证、设备安装说明书及有关技术文件，对在运输和存放过程中发生的变形、受潮、损坏等问题应作好记录，并进行妥善处理。

14.1.6 对专用合同条款约定的试块、试件及有关材料，监理人实行见证取样。见证取样资料由承包人制备，记录应真实齐全，监理人、承包人等参与见证取样人员均应在相关文件上签字。

14.2 现场材料试验

14.2.1 承包人根据合同约定或监理人指示进行的现场材料试验，应由承包人提供试验场所、试验人员、试验设备器材以及其他必要的试验条件。

14.2.2 监理人在必要时可以使用承包人的试验场所、试验设备器材以及其他试验条件，进行以工程质量检查为目的的复核性材料试验，承包人应予以协助。

14.3 现场工艺试验

承包人应按合同约定或监理人指示进行现场工艺试验。对大型的现场工艺试验，监理人认为必要时，应由承包人根据监理人提出的工艺试验要求，编制工艺试验措施计划，报送监理人审批。

15 变更

15.1 变更的范围和内容

在履行合同中发生以下情形之一，应按照本款规定进行变更。

（1）取消合同中任何一项工作，但被取消的工作不能转由发包人或其他人实施；

（2）改变合同中任何一项工作的质量或其他特性；

（3）改变合同工程的基线、标高、位置或尺寸；

（4）改变合同中任何一项工作的施工时间或改变已批准的施工工艺或顺序；

（5）为完成工程需要追加的额外工作；

（6）增加或减少专用合同条款中约定的关键项目工程量超过其工程总量的一定数量百分比。

上述（1）～（6）目的变更内容引起工程施工组织和进度计划发生实质性变动和影响其原定的价格时，才予调整该项目的价格。第（6）目情形下单价调整方式在专用合同条款中约定。

15.2　变更权

在履行合同过程中，经发包人同意，监理人可按第15.3款约定的变更程序向承包人作出变更指示，承包人应遵照执行。没有监理人的变更指示，承包人不得擅自变更。

15.3　变更程序

15.3.1　变更的提出

（1）在合同履行过程中，可能发生第15.1款约定情形的，监理人可向承包人发出变更意向书。变更意向书应说明变更的具体内容和发包人对变更的时间要求，并附必要的图纸和相关资料。变更意向书应要求承包人提交包括拟实施变更工作的计划、措施和竣工时间等内容的实施方案。发包人同意承包人根据变更意向书要求提交的变更实施方案的，由监理人按第15.3.3项约定发出变更指示。

（2）在合同履行过程中，发生第15.1款约定情形的，监理人应按照第15.3.3项约定向承包人发出变更指示。

（3）承包人收到监理人按合同约定发出的图纸和文件，经检查认为其中存在第15.1款约定情形的，可向监理人提出书面变更建议。变更建议应阐明要求变更的依据，并附必要的图纸和说明。监理人收到承包人书面建议后，应与发包人共同研究，确认存在变更的，应在收到承包人书面建议后的14天内作出变更指示。经研究后不同意作为变更的，应由监理人书面答复承包人。

（4）若承包人收到监理人的变更意向书后认为难以实施此项变更，应立即通知监理人，说明原因并附详细依据。监理人与承包人和发包人协商后确定撤销、改变或不改变原变更意向书。

15.3.2　变更估价

（1）除专用合同条款对期限另有约定外，承包人应在收到变更指示或变更意向书后的14天内，向监理人提交变更报价书，报价内容应根据第15.4款约定的估价原则，详细开列变更工作的价格组成及其依据，并附必要的施工方法说明和有关图纸。

（2）变更工作影响工期的，承包人应提出调整工期的具体细节。监理人认为有必要时，可要求承包人提交要求提前或延长工期的施工进度计划及相应施工措施等详细资料。

（3）除专用合同条款对期限另有约定外，监理人收到承包人变更报价书后的14天内，根据第 15.4 款约定的估价原则，按照第 3.5 款商定或确定变更价格。

15.3.3 变更指示

（1）变更指示只能由监理人发出。

（2）变更指示应说明变更的目的、范围、变更内容以及变更的工程量及其进度和技术要求，并附有关图纸和文件。承包人收到变更指示后，应按变更指示进行变更工作。

15.4 变更的估价原则

除专用合同条款另有约定外，因变更引起的价格调整按照本款约定处理。

15.4.1 已标价工程量清单中有适用于变更工作的子目的，采用该子目的单价。

15.4.2 已标价工程量清单中无适用于变更工作的子目，但有类似子目的，可在合理范围内参照类似子目的单价，由监理人按第 3.5 款商定或确定变更工作的单价。

15.4.3 已标价工程量清单中无适用或类似子目的单价，可按照成本加利润的原则，由监理人按第 3.5 款商定或确定变更工作的单价。

15.5 承包人的合理化建议

15.5.1 在履行合同过程中，承包人对发包人提供的图纸、技术要求以及其他方面提出的合理化建议，均应以书面形式提交监理人。合理化建议书的内容应包括建议工作的详细说明、进度计划和效益以及与其他工作的协调等，并附必要的设计文件。监理人应与发包人协商是否采纳建议。建议被采纳并构成变更的，应按第 15.3.3 项约定向承包人发出变更指示。

15.5.2 承包人提出的合理化建议降低了合同价格、缩短了工期或者提高了工程经济效益的，发包人可按国家有关规定在专用合同条款中约定给予奖励。

15.6 暂列金额

暂列金额只能按照监理人的指示使用，并对合同价格进行相应调整。

15.7 计日工

15.7.1 发包人认为有必要时，由监理人通知承包人以计日工方式实施变更的零星工作。其价款按列入已标价工程量清单中的计日工计价子目及其单价进行计算。

15.7.2 采用计日工计价的任何一项变更工作，应从暂列金额中支付，承包人应在该项变更的实施过程中，每天提交以下报表和有关凭证报送监理人审批：

（1）工作名称、内容和数量；

（2）投入该工作所有人员的姓名、工种、级别和耗用工时；

（3）投入该工作的材料类别和数量；

（4）投入该工作的施工设备型号、台数和耗用台时；

（5）监理人要求提交的其他资料和凭证。

15.7.3 计日工由承包人汇总后，按第 17.3.2 项的约定列入进度付款申请单，由监理人复核并经发包人同意后列入进度付款。

15.8 暂估价

15.8.1 发包人在工程量清单中给定暂估价的材料、工程设备和专业工程属于依法必须招标的范围并达到规定的规模标准的，若承包人不具备承担暂估价项目的能力或具备承担暂估价项目的能力但明确不参与投标的，由发包人和承包人组织招标；若承包人具备承担暂估价项目的能力且明确参与投标的，由发包人组织招标。暂估价项目中标金额与工程量清单中所列金额差以及相应的税金等其他费用列入合同价格。必须招标的暂估价项目招标组织形式、发包人和承包人组织招标时双方的权利义务关系在专用合同条款中约定。

15.8.2 发包人在工程量清单中给定暂估价的材料和工程设备不属于依法必须招标的范围或未达到规定的规模标准的，应由承包人按第5.1款的约定提供。经监理人确认的材料、工程设备的价格与工程量清单中所列的暂估价的金额差以及相应的税金等其他费用列入合同价格。

15.8.3 发包人在工程量清单中给定暂估价的专业工程不属于依法必须招标的范围或未达到规定的规模标准的，由监理人按照第15.4款进行估价，但专用合同条款另有约定的除外。经估价的专业工程与工程量清单中所列的暂估价的金额差以及相应的税金等其他费用列入合同价格。

16 价格调整

16.1 物价波动引起的价格调整

由于物价波动原因引起合同价格需要调整的，其价格调整方式在专用合同条款款中约定。

16.1.1 采用价格指数调整价格差额

16.1.1.1 价格调整公式

因人工、材料和设备等价格波动影响合同价格时，根据投标函附录中的价格指数和权重表约定的数据，按以下公式计算差额并调整合同价格。

$$\Delta P = P_0 \left[A + \left(B_1 \frac{F_{t1}}{F_{01}} + B_2 \frac{F_{t2}}{F_{02}} + B_3 \frac{F_{t3}}{F_{03}} + \cdots + B_n \frac{F_{tn}}{F_{0n}} \right) - 1 \right]$$

式中 ΔP——需调整的价格差额；

P_0——第17.3.3项、第17.5.2项和第17.6.2项约定的付款证书中承包人应得到的已完成工程量的金额。此项金额应不包括价格调整、不计质量保证金的扣留和支付、预付款的支付和扣回。第15条约定的变更及其他金额已按现行价格计价的，也不计在内；

A——定值权重（即不调部分的权重）；

B_1，B_2，B_3，…，B_n——各可调因子的变值权重（即可调部分的权重）为各可调因子在投标函投标总报价中所占的比例；

F_{t1}，F_{t2}，F_{t3}，…，F_{tn}——各可调因子的现行价格指数，指第17.3.3项、第17.5.2项和第17.6.2项约定的付款证书相关周期最后一天的前42天的各可调因子的价格指数；

F_{01}，F_{02}，F_{03}，…，F_{0n}——各可调因子的基本价格指数，指基准日期的各可调因子的价格指数。

以上价格调整公式中的各可调因子、定值和变值权重，以及基本价格指数及其来源在投标函附录价格指数和权重表中约定。价格指数应首先采用有关部门提供的价格指数，缺乏上述价格指数时，可采用有关部门提供的价格代替。

16.1.1.2 暂时确定调整差额

在计算调整差额时得不到现行价格指数的，可暂用上一次价格指数计算，并在以后的付款中再按实际价格指数进行调整。

16.1.1.3 权重的调整

按第 15.1 款约定的变更导致原定合同中的权重不合理时，由监理人与承包人和发包人协商后进行调整。

16.1.1.4 承包人工期延误后的价格调整

由于承包人原因未在约定的工期内竣工的，则对原约定竣工日期后继续施工的工程，在使用第 16.1.1.1 目价格调整公式时，应采用原约定竣工日期与实际竣工日期的两个价格指数中较低的一个作为现行价格指数。

16.1.2 采用造价信息调整价格差额

施工期内，因人工、材料、设备和机械台班价格波动影响合同价格时，人工、机械使用费按照国家或省（自治区、直辖市）建设行政管理部门、行业建设管理部门或其授权的工程造价管理机构发布的人工成本信息、机械台班单价或机械使用费系数进行调整；需要进行价格调整的材料，其单价和采购数应由监理人复核，监理人确认需调整的材料单价及数量，作为调整工程合同价格差额的依据。

工程造价信息的来源以及价格调整的项目和系数在专用合同条款款中约定。

16.2 法律变化引起的价格调整

在基准日后，因法律变化导致承包人在合同履行中所需要的工程费用发生除第 16.1 款约定以外的增减时，监理人应根据法律、国家或省、自治区、直辖市有关部门的规定，按第 3.5 款商定或确定需调整的合同价款。

17 计量与支付

17.1 计量

17.1.1 计量单位

计量采用国家法定的计量单位。

结算工程量应按工程量清单中约定的方法计量。

17.1.2 计量周期

除专用合同条款另有约定外，单价子目已完成工程量按月计量，总价子目的计量周期按批准的支付分解报告确定。

17.1.3 单价子目的计量

（1）已标价工程量清单中的单价子目工程量为估算工程量。结算工程量是承包人实际完成的，并按合同约定的计量方法进行计量的工程量。

（2）承包人对已完成的工程进行计量，向监理人提交进度付款申请单、已完成工程量报表和有关计量资料。

（3）监理人对承包人提交的工程量报表进行复核，以确定实际完成的工程量。对数量有异议的，可要求承包人按第 8.2 款约定进行共同复核和抽样复测。承包人应协助监理人进行复核并按监理人要求提供补充计量资料。承包人未按监理人要求参加复核，监理人复核或修正的工程量视为承包人实际完成的工程量。

（4）监理人认为有必要时，可通知承包人共同进行联合测量、计量，承包人应遵照执行。

（5）承包人完成工程量清单中每个子目的工程量后，监理人应要求承包人派员共同对每个子目的历次计量报表进行汇总，以核实最终结算工程量。监理人可要求承包人提供补充计量资料，以确定最后一次进度付款的准确工程量。承包人未按监理人要求派员参加的，监理人最终核实的工程量视为承包人完成该子目的准确工程量。

（6）监理人应在收到承包人提交的工程量报表后的 7 天内进行复核，监理人未在约定时间内复核的，承包人提交的工程量报表中的工程量视为承包人实际完成的工程量，据此计算工程价款。

17.1.4 总价子目的计量

总价子目的分解和计量按照下述约定进行。

（1）总价子目的计量和支付应以总价为基础，不因第 16.1 款中的因素而进行调整。承包人实际完成的工程量，是进行工程目标管理和控制进度支付的依据。

（2）承包人应按工程量清单的要求对总价子目的进行分解，并在签订协议书后的 28 天内将各子目的总价支付分解表提交监理人审批。分解表应标明其所属子目和分阶段需支付的金额。承包人应按批准的各总价子目支付周期，对已完成的总价子目进行计量，确定分项的应付金额列入进度付款申请单中。

（3）监理人对承包人提交的上述资料进行复核，以确定分阶段实际完成的工程量和工程形象目标。对其有异议的，可要求承包人按第 8.2 款约定进行共同复核和抽样复测。

（4）除按照第 15 条约定的变更外，总价子目的工程量是承包人用于结算的最终工程量。

17.2 预付款

17.2.1 预付款

预付款用于承包人为合同工程施工购置材料、工程设备、施工设备、修建临时设施以及组织施工队伍进场等。分为工程预付款和工程材料预付款。预付款必须专用于合同工程。预付款的额度和预付办法在专用合同条款中约定。

17.2.2 预付款保函（担保）

（1）承包人应在收到第一次工程预付款的同时向发包人提交工程预付款担保，担保金额应与第一次工程预付款金额相同。工程预付款担保在第一次工程预付款被发包人扣回前一直有效。

（2）工程材料预付款的担保在专用合同条款中约定。

（3）预付款担保的担保金额可根据预付款扣回的金额相应递减。

17.2.3 预付款的扣回与还清

预付款在进度付款中扣回，扣回与还请办法在专用合同条款中约定。在颁发合同工程完工证书前，由于不可抗力或其他原因解除合同时，预付款尚未扣清的，尚未扣清的预付款余额应作为承包人的到期应付款。

17.3 工程进度付款

17.3.1 付款周期

付款周期同计量周期。

17.3.2 进度付款申请单

承包人应在每个付款周期末，按监理人批准的格式和专用合同条款约定的份数，向监理人提交进度付款申请单，并附相应的支持性证明文件。除专用合同条款另有约定外，进度付款申请单应包括下列内容：

(1) 截至本次付款周期末已实施工程的价款；

(2) 根据第 15 条应增加和扣减的变更金额；

(3) 根据第 23 条应增加和扣减的索赔金额；

(4) 根据第 17.2 款约定应支付的预付款和扣减的返还预付款；

(5) 根据第 17.4.1 项约定应扣减的质量保证金；

(6) 根据合同应增加和扣减的其他金额。

17.3.3 进度付款证书和支付时间

(1) 监理人在收到承包人进度付款申请单以及相应的支持性证明文件后的 14 天内完成核查，提出发包人到期应支付给承包人的金额以及相应的支持性材料，经发包人审查同意后，由监理人向承包人出具经发包人签认的进度付款证书。监理人有权扣发发包人未能按照合同要求履行任何工作或义务的相应金额。

(2) 发包人应在监理人收到进度付款申请单后的 28 天内，将进度应付款支付给承包人。发包人不按期支付的，按专用合同条款的约定支付逾期付款违约金。

(3) 监理人出具进度付款证书，不应视为监理人已同意、批准或接受了承包人完成的该部分工作。

(4) 进度付款涉及政府投资资金的，按照国库集中支付等国家相关规定和专用合同条款的约定办理。

17.3.4 工程进度付款的修正

在对以往历次已签发的进度付款证书进行汇总和复核中发现错、漏或重复的，监理人有权予以修正，承包人也有权提出修正申请。经双方复核同意的修正，应在本次进度付款中支付或扣除。

17.4 质量保证金

17.4.1 监理人应从第一个工程进度付款周期开始，在发包人的进度付款中，按专用合同条款的约定扣留质量保证金，直至扣留的质量保证金总额达到专用合同条款约定的金额或比例为止。质量保证金的计算额度不包括预付款的支付与扣回金额。

17.4.2 合同工程完工证书颁发后 14 天内，发包人将质量保证金总额的一半支付给承包人。在第 1.1.4.5 目约定的缺陷责任期（工程质量保修期）满时，发包人将在 30 个工作日内会同承包人按照合同约定的内容核实承包人是否完成保修责任。如无异议，发包人应

当在核实后将剩余的质量保证金支付给承包人。

17.4.3 在第 1.1.4.5 目约定的缺陷责任期满时，承包人没有完成缺陷责任的，发包人有权扣留与未履行责任剩余工作所需金额相应的质量保证金余额，并有权根据第 19.3 款约定要求延长缺陷责任期，直至完成剩余工作为止。

17.5 竣工结算（完工结算）

17.5.1 竣工（完工）付款申请单

（1）承包人应在合同工程完工证书颁发后 28 天内，按专用合同条款约定的份数向监理人提交完工付款申请单，并提供相关证明材料。完工付款申请单应包括下列内容：完工结算合同总价、发包人已支付承包人的工程价款、应扣留的质量保证金、应支付的完工付款金额。

（2）监理人对完工付款申请单有异议的，有权要求承包人进行修正和提供补充资料。经监理人和承包人协商后，由承包人向监理人提交修正后的完工付款申请单。

17.5.2 竣工（完工）付款证书及支付时间

（1）监理人在收到承包人提交的完工付款申请单后的 14 天内完成核查，提出发包人到期应支付给承包人的价款送发包人审核并抄送承包人。发包人应在收到后 14 天内审核完毕，由监理人向承包人出具经发包人签认的完工付款证书。监理人未在约定时间内核查，又未提出具体意见的，视为承包人提交的完工付款申请单已经监理人核查同意；发包人未在约定时间内审核又未提出具体意见的，监理人提出发包人到期应支付给承包人的价款视为已经发包人同意。

（2）发包人应在监理人出具完工付款证书后的 14 天内，将应支付款支付给承包人。发包人不按期支付的，按第 17.3.3（2）目的约定，将逾期付款违约金支付给承包人。

（3）承包人对发包人签认的完工付款证书有异议的，发包人可出具完工付款申请单中承包人已同意部分的临时付款证书。存在争议的部分，按第 24 条的约定办理。

（4）完工付款涉及政府投资资金的，按第 17.3.3（4）目的约定办理。

17.6 最终结清

17.6.1 最终结清申请单

（1）工程质量保修责任期终止证书签发后，承包人应按监理人批准的格式提交最终结清申请单。提交最终结清申请单的份数在专用合同条款中约定。

（2）发包人对最终结清申请单内容有异议的，有权要求承包人进行修正和提供补充资料，由承包人向监理人提交修正后的最终结清申请单。

17.6.2 最终结清证书和支付时间

（1）监理人收到承包人提交的最终结清申请单后的 14 天内，提出发包人应支付给承包人的价款送发包人审核并抄送承包人。发包人应在收到后 14 天内审核完毕，由监理人向承包人出具经发包人签认的最终结清证书。监理人未在约定时间内核查，又未提出具体意见的，视为承包人提交的最终结清申请已经监理人核查同意；发包人未在约定时间内审核又未提出具体意见的，监理人提出应支付给承包人的价款视为已经发包人同意。

（2）发包人应在监理人出具最终结清证书后的 14 天内，将应支付款支付给承包人。

发包人不按期支付的，按第 17.3.3（2）目的约定，将逾期付款违约金支付给承包人。

（3）承包人对发包人签认的最终结清证书有异议的，按第 24 条的约定办理。

（4）最终结清付款涉及政府投资资金的，按第 17.3.3（4）目的约定办理。

17.7　竣工财务决算

发包人负责编制本工程项目竣工财务决算，承包人应按专用合同条款的约定提供竣工财务决算编制所需的相关资料。

17.8　竣工审计

发包人负责完成本工程竣工审计手续，承包人应完成相关配合工作。

18　竣工验收

18.1　验收工作分类

本工程验收工作按主持单位分为法人验收和政府验收。法人验收和政府验收的类别在专用合同条款中约定。除专用合同条款另有约定外，法人验收由发包人主持。承包人应完成法人验收的和政府验收的配合工作。所需费用应含在已标价工程量清单中。

18.2　分部工程验收

18.2.1　分部工程具备验收条件时，承包人应向发包人提交验收申请报告，发包人应在收到验收申请报告之日起 10 个工作日内决定是否同意进行验收。

18.2.2　除专用合同条款另有约定外，监理人主持分部工程验收，承包人应派符合条件的代表参加验收工作组。

18.2.3　分部工程验收通过后，发包人向承包人发送分部工程验收鉴定书。承包人应及时完成分部工程验收鉴定书载明应由承包人处理的遗留问题。

18.3　单位工程验收

18.3.1　单位工程具备验收条件时，承包人应向发包人提交验收申请报告，发包人应在收到验收申请报告之日起 10 个工作日内决定是否同意进行验收。

18.3.2　发包人主持单位工程验收，承包人应派符合条件的代表参加验收工作组。

18.3.3　单位工程验收通过后，发包人向承包人发送单位工程验收鉴定书。承包人应及时完成单位工程验收鉴定书载明应由承包人处理的遗留问题。

18.3.4　需提前投入使用的单位工程在专用合同条款中明确。

18.4　合同工程完工验收

18.4.1　合同工程具备验收条件时，承包人应向发包人提交验收申请报告，发包人应在收到验收申请报告之日起 20 个工作日内决定是否同意进行验收。

18.4.2　发包人主持合同工程完工验收，承包人应派代表参加验收工作组。

18.4.3　合同工程完工验收通过后，发包人向承包人发送合同工程完工验收鉴定书。承包人应及时完成合同工程完工验收鉴定书载明应由承包人处理的遗留问题。

18.4.4　合同工程完工验收通过后，发包人与承包人应在 30 个工作日内组织专人负责交接，双方交接负责人应在交接记录上签字。承包人应按验收鉴定书约定的时间及时移交工程及其档案资料。工程移交时，承包人应向发包人递交工程质量保修书。在承包人递交了工程质量保修书、完成施工场地清理以及提交有关资料后，发包人应在 30 个工作日内向承包人颁发合同工程完工证书。

18.5　阶段验收

18.5.1　工程建设具备阶段验收条件时，发包人负责提出阶段验收申请报告。承包人应派代表参加阶段验收，并作为被验收单位在验收鉴定书上签字。阶段验收的具体类别在专用合同条款中约定。

18.5.2　承包人应及时完成阶段验收鉴定书载明应由承包人处理的遗留问题。

18.6　专项验收

18.6.1　发包人负责提出专项验收申请报告。承包人应按专项验收的有关规定参加专项验收。专项验收的具体类别在专用合同条款中约定。

18.6.2　承包人应及时完成专项验收成果性文件载明应由承包人处理的遗留问题。

18.7　竣工验收

18.7.1　申请竣工验收前，发包人组织竣工验收自查，承包人应派代表参加。

18.7.2　竣工验收分为竣工技术预验收和竣工验收两个阶段。发包人应通知承包人派代表参加技术预验收和竣工验收。

18.7.3　专用合同条款约定工程需要进行技术鉴定的，承包人应提交有关资料并完成配合工作。

18.7.4　竣工验收需要进行质量检测的，所需费用由发包人承担，但因承包人原因造成质量不合格的除外。

18.7.5　工程质量保修期满以及竣工验收遗留问题和尾工处理完成并通过后，发包人负责将处理情况和验收成果报送竣工验收主持单位，申请领取工程竣工证书，并发送承包人。

18.8　施工期运行

18.8.1　施工期运行是指合同工程尚未全部完工，其中某单位工程或部分工程已完工，需要投入施工期运行的，经发包人按第18.2款和18.3款的约定验收合格，证明能确保安全后，才能在施工期投入运行。需要在施工期运行的单位工程或部分工程在专用合同条款中约定。

18.8.2　在施工期运行中发现工程设备损坏或存在缺陷的，由承包人按第19.2款约定进行修复。

18.9　试运行

18.9.1　除专用合同条款另有约定外，承包人应按规定进行工程及工程设备试运行，负责提供试运行所需的人员、器材和必要的条件，并承担全部试运行费用。

18.9.2　由于承包人的原因导致试运行失败的，承包人应采取措施保证试运行合格，并承担相应费用。由于发包人的原因导致试运行失败的，承包人应当采取措施保证试运行合格，发包人应承担由此产生的费用，并支付承包人合理利润。

18.10　竣工（完工）清场

18.10.1　工程项目竣工（完工）清场的工作范围和内容在技术标准和要求（合同技术条款）中约定。

18.10.2　承包人未按监理人的要求恢复临时占地，或者场地清理未达到合同约定的，发包人有权委托其它人恢复或清理，所发生的金额从拟支付给承包人的款项中扣除。

18.11 施工队伍撤离

合同工程完工证书颁发后的 56 天内，除了经监理人同意需在缺陷责任期（工程质量保修期）内继续工作和使用的人员、施工设备和临时工程外，其余的人员、施工设备和临时工程均应撤离施工场地或拆除。除合同另有约定外，缺陷责任期（工程质量保修期）满时，承包人的人员和施工设备应全部撤离施工场地。

19　缺陷责任与保修责任

19.1　缺陷责任期（工程质量保修期）的起算时间

除专用合同条款另有约定外，缺陷责任期（工程质量保修期）从工程通过合同工程完工验收后开始计算。在合同工程完工验收前，已经发包人提前验收的单位工程或部分工程，若未投入使用，其缺陷责任期（工程质量保修期）亦从工程通过合同工程完工验收后开始计算；若已投入使用，其缺陷责任期（工程质量保修期）从通过单位工程或部分工程投入使用验收后开始计算。缺陷责任期（工程质量保修期）期限在专用合同条款中约定。

19.2　缺陷责任

19.2.1　承包人应在缺陷责任期内对已交付使用的工程承担缺陷责任。

19.2.2　缺陷责任期内，发包人对已接收使用的工程负责日常维护工作。发包人在使用过程中，发现已接收的工程存在新的缺陷或已修复的缺陷部位或部件又遭损坏的，承包人应负责修复，直至检验合格为止。

19.2.3　监理人和承包人应共同查清缺陷和（或）损坏的原因。经查明属承包人原因造成的，应由承包人承担修复和查验的费用。经查验属发包人原因造成的，发包人应承担修复和查验的费用，并支付承包人合理利润。

19.2.4　承包人不能在合理时间内修复缺陷的，发包人可自行修复或委托其他人修复，所需费用和利润的承担，按第 19.2.3 项约定办理。

19.3　缺陷责任期的延长

由于承包人原因造成某项缺陷或损坏使某项工程或工程设备不能按原定目标使用而需要再次检查、检验和修复的，发包人有权要求承包人相应延长缺陷责任期，但缺陷责任期最长不超过 2 年。

19.4　进一步试验和试运行

任何一项缺陷或损坏修复后，经检查证明其影响了工程或工程设备的使用性能，承包人应重新进行合同约定的试验和试运行，试验和试运行的全部费用应由责任方承担。

19.5　承包人的进入权

缺陷责任期内承包人为缺陷修复工作需要，有权进入工程现场，但应遵守发包人的保安和保密规定。

19.6　缺陷责任期终止证书（工程质量保修责任终止证书）

合同工程完工验收或投入使用验收后，发包人与承包人应办理工程交接手续，承包人应向发包人递交工程质量保修书。

缺陷责任期（工程质量保修期）满后 30 个工作日内，发包人应向承包人颁发工程质量保修责任终止证书，并退还剩余的质量保证金，但保修责任范围内的质量缺陷未处理完成的应除外。

19.7 保修责任

合同当事人根据有关法律规定，在专用合同条款中约定工程质量保修范围、期限和责任。保修期自实际竣工日期起计算。在全部工程竣工验收前，已经发包人提前验收的单位工程，其保修期的起算日期相应提前。

20 保险

20.1 工程保险

除专用合同条款另有约定外，承包人应以发包人和承包人的共同名义向双方同意的保险人投保建筑工程一切险、安装工程一切险。其具体的投保内容、保险金额、保险费率、保险期限等有关内容在专用合同条款中约定。

20.2 人员工伤事故的保险

20.2.1 承包人员工伤事故的保险

承包人应依照有关法律规定参加工伤保险，为其履行合同所雇佣的全部人员，缴纳工伤保险费，并要求其分包人也进行此项保险。

20.2.2 发包人员工伤事故的保险

发包人应依照有关法律规定参加工伤保险，为其现场机构雇佣的全部人员，缴纳工伤保险费，并要求其监理人也进行此项保险。

20.3 人身意外伤害险

20.3.1 发包人应在整个施工期间为其现场机构雇用的全部人员，投保人身意外伤害险，缴纳保险费，并要求其监理人也进行此项保险。

20.3.2 承包人应在整个施工期间为其现场机构雇用的全部人员，投保人身意外伤害险，缴纳保险费，并要求其分包人也进行此项保险。

20.4 第三者责任险

20.4.1 第三者责任系指在保险期内，对因工程意外事故造成的、依法应由被保险人负责的工地上及毗邻地区的第三者人身伤亡、疾病或财产损失（本工程除外），以及被保险人因此而支付的诉讼费用和事先经保险人书面同意支付的其他费用等赔偿责任。

20.4.2 在缺陷责任期终止证书颁发前，承包人应以承包人和发包人的共同名义，投保第20.4.1项约定的第三者责任，其保险费率、保险金额等有关内容在专用合同条款中约定。

20.5 其他保险

除专用合同条款另有约定外，承包人应为其施工设备、进场的材料和工程设备等办理保险。

20.6 对各项保险的一般要求

20.6.1 保险凭证

承包人应在专用合同条款约定的期限内向发包人提交各项保险生效的证据和保险单副本，保险单必须与专用合同条款约定的条件保持一致。

20.6.2 保险合同条款的变动

承包人需要变动保险合同条款时，应事先征得发包人同意，并通知监理人。保险人作出变动的，承包人应在收到保险人通知后立即通知发包人和监理人。

20.6.3 持续保险

承包人应与保险人保持联系，使保险人能够随时了解工程实施中的变动，并确保按保险合同条款要求持续保险。

20.6.4 保证金不足以补偿损失时，应由承包人和发包人各自负责补偿的范围和金额在专用合同条款中约定。

20.6.5 未按约定投保的补救

（1）由于负有投保义务的一方当事人未按合同约定办理保险，或未能使保险持续有效的，另一方当事人可代为办理，所需费用由对方当事人承担。

（2）由于负有投保义务的一方当事人未按合同约定办理某项保险，导致受益人未能得到保险人的赔偿，原应从该项保险得到的保险金应由负有投保义务的一方当事人支付。

20.6.6 报告义务

当保险事故发生时，投保人应按照保险单规定的条件和期限及时向保险人报告。

20.7 风险责任的转移

工程通过合同工程完工验收并移交给发包人后，原由承包人应承担的风险责任，以及保险责任、权利和义务同时转移给发包人，但承包人在缺陷责任期（工程质量保修期）前造成的损失和损坏情形除外。

21 不可抗力

21.1 不可抗力的确认

21.1.1 不可抗力是指承包人和发包人在订立合同时不可预见，在工程施工过程中不可避免发生并不能克服的自然灾害和社会性突发事件，如地震、海啸、瘟疫、水灾、骚乱、暴动、战争和专用合同条款约定的其他情形。

21.1.2 不可抗力发生后，发包人和承包人应及时认真统计所造成的损失，收集不可抗力造成损失的证据。合同双方对是否属于不可抗力或其损失的意见不一致的，由监理人按第3.5款商定或确定。发生争议时，按第24条的约定办理。

21.2 不可抗力的通知

21.2.1 合同一方当事人遇到不可抗力事件，使其履行合同义务受到阻碍时，应立即通知合同另一方当事人和监理人，书面说明不可抗力和受阻碍的详细情况，并提供必要的证明。

21.2.2 如不可抗力持续发生，合同一方当事人应及时向合同另一方当事人和监理人提交中间报告，说明不可抗力和履行合同受阻的情况，并于不可抗力事件结束后28天内提交最终报告及有关资料。

21.3 不可抗力后果及其处理

21.3.1 不可抗力造成损害的责任

除专用合同条款另有约定外，不可抗力导致的人员伤亡、财产损失、费用增加和

（或）工期延误等后果，由合同双方按以下原则承担：

（1）永久工程，包括已运至施工场地的材料和工程设备的损害，以及因工程损害造成的第三者人员伤亡和财产损失由发包人承担；

（2）承包人设备的损坏由承包人承担；

（3）发包人和承包人各自承担其人员伤亡和其他财产损失及其相关费用；

（4）承包人的停工损失由承包人承担，但停工期间应监理人要求照管工程和清理、修复工程的金额由发包人承担；

（5）不能按期竣工的，应合理延长工期，承包人不需支付逾期竣工违约金。发包人要求赶工的，承包人应采取赶工措施，赶工费用由发包人承担。

21.3.2　延迟履行期间发生的不可抗力

合同一方当事人延迟履行，在延迟履行期间发生不可抗力的，不免除其责任。

21.3.3　避免和减少不可抗力损失

不可抗力发生后，发包人和承包人均应采取措施尽量避免和减少损失的扩大，任何一方没有采取有效措施导致损失扩大的，应对扩大的损失承担责任。

21.3.4　因不可抗力解除合同

合同一方当事人因不可抗力不能履行合同的，应当及时通知对方解除合同。合同解除后，承包人应按照第22.2.5项约定撤离施工场地。已经订货的材料、设备由订货方负责退货或解除订货合同，不能退还的货款和因退货、解除订货合同发生的费用，由发包人承担，因未及时退货造成的损失由责任方承担。合同解除后的付款，参照第22.2.4项约定，由监理人按第3.5款商定或确定。

22　违约

22.1　承包人违约

22.1.1　承包人违约的情形

在履行合同过程中发生的下列情况属承包人违约：

（1）承包人违反第1.8款或第4.3款的约定，私自将合同的全部或部分权利转让给其他人，或私自将合同的全部或部分义务转移给其他人；

（2）承包人违反第5.3款或第6.4款的约定，未经监理人批准，私自将已按合同约定进入施工场地的施工设备、临时设施或材料撤离施工场地；

（3）承包人违反第5.4款的约定使用了不合格材料或工程设备，工程质量达不到标准要求，又拒绝清除不合格工程；

（4）承包人未能按合同进度计划及时完成合同约定的工作，已造成或预期造成工期延误；

（5）承包人在缺陷责任期（工程质量保修期）内，未能对合同工程完工验收鉴定书所列的缺陷清单的内容或缺陷责任期（工程质量保修期）内发生的缺陷进行修复，而又拒绝按监理人指示再进行修补；

（6）承包人无法继续履行或明确表示不履行或实质上已停止履行合同；

（7）承包人不按合同约定履行义务的其他情况。

22.1.2 对承包人违约的处理

（1）承包人发生第 22.1.1（6）目约定的违约情况时，发包人可通知承包人立即解除合同，并按有关法律处理。

（2）承包人发生除第 22.1.1（6）目约定以外的其他违约情况时，监理人可向承包人发出整改通知，要求其在指定的期限内改正。承包人应承担其违约所引起的费用增加和（或）工期延误。

（3）经检查证明承包人已采取了有效措施纠正违约行为，具备复工条件的，可由监理人签发复工通知复工。

22.1.3 承包人违约解除合同

监理人发出整改通知 28 天后，承包人仍不纠正违约行为的，发包人可向承包人发出解除合同通知。合同解除后，发包人可派员进驻施工场地，另行组织人员或委托其他承包人施工。发包人因继续完成该工程的需要，有权扣留使用承包人在现场的材料、设备和临时设施。但发包人的这一行动不免除承包人应承担的违约责任，也不影响发包人根据合同约定享有的索赔权利。

22.1.4 合同解除后的估价、付款和结清

（1）合同解除后，监理人按第 3.5 款商定或确定承包人实际完成工作的价值，以及承包人已提供的材料、施工设备、工程设备和临时工程等的价值。

（2）合同解除后，发包人应暂停对承包人的一切付款，查清各项付款和已扣款金额，包括承包人应支付的违约金。

（3）合同解除后，发包人应按第 23.4 款的约定向承包人索赔由于解除合同给发包人造成的损失。

（4）合同双方确认上述往来款项后，出具最终结清付款证书，结清全部合同款项。

（5）发包人和承包人未能就解除合同后的结清达成一致而形成争议的，按第 24 条的约定办理。

22.1.5 协议利益的转让

因承包人违约解除合同的，发包人有权要求承包人将其为实施合同而签订的材料和设备的订货协议或任何服务协议利益转让给发包人，并在解除合同后的 14 天内，依法办理转让手续。

22.1.6 紧急情况下无能力或不愿进行抢救

在工程实施期间或缺陷责任期内发生危及工程安全的事件，监理人通知承包人进行抢救，承包人声明无能力或不愿立即执行的，发包人有权雇佣其他人员进行抢救。此类抢救按合同约定属于承包人义务的，由此发生的金额和（或）工期延误由承包人承担。

22.2 发包人违约

22.2.1 发包人违约的情形

在履行合同过程中发生的下列情形，属发包人违约：

（1）发包人未能按合同约定支付预付款或合同价款，或拖延、拒绝批准付款申请和支付凭证，导致付款延误的；

（2）发包人原因造成停工的；

（3）监理人无正当理由没有在约定期限内发出复工指示，导致承包人无法复工的；

（4）发包人无法继续履行或明确表示不履行或实质上已停止履行合同的；

（5）发包人不履行合同约定其他义务的。

22.2.2 承包人有权暂停施工

发包人发生除第 22.2.1（4）目以外的违约情况时，承包人可向发包人发出通知，要求发包人采取有效措施纠正违约行为。发包人收到承包人通知后的 28 天内仍不履行合同义务，承包人有权暂停施工，并通知监理人，发包人应承担由此增加的费用和（或）工期延误，并支付承包人合理利润。

22.2.3 发包人违约解除合同

（1）发生第 22.2.1（4）目的违约情况时，承包人可书面通知发包人解除合同。

（2）承包人按 22.2.2 项暂停施工 28 天后，发包人仍不纠正违约行为的，承包人可向发包人发出解除合同通知。但承包人的这一行动不免除发包人承担的违约责任，也不影响承包人根据合同约定享有的索赔权利。

22.2.4 解除合同后的付款

因发包人违约解除合同的，发包人应在解除合同后 28 天内向承包人支付下列金额，承包人应在此期限内及时向发包人提交要求支付下列金额的有关资料和凭证：

（1）合同解除日以前所完成工作的价款；

（2）承包人为该工程施工订购并已付款的材料、工程设备和其他物品的金额。发包人付还后，该材料、工程设备和其他物品归发包人所有；

（3）承包人为完成工程所发生的，而发包人未支付的金额；

（4）承包人撤离施工场地以及遣散承包人人员的金额；

（5）由于解除合同应赔偿的承包人损失；

（6）按合同约定在合同解除日前应支付给承包人的其他金额。

发包人应按本项约定支付上述金额并退还质量保证金和履约担保，但有权要求承包人支付应偿还给发包人的各项金额。

22.2.5 解除合同后的承包人撤离

因发包人违约而解除合同后，承包人应妥善做好已竣工工程和已购材料、设备的保护和移交工作，按发包人要求将承包人设备和人员撤出施工场地。承包人撤出施工场地应遵守第 18.7.1 项的约定，发包人应为承包人撤出提供必要条件。

22.3 第三人造成的违约

在履行合同过程中，一方当事人因第三人的原因造成违约的，应当向对方当事人承担违约责任。一方当事人和第三人之间的纠纷，依照法律规定或者按照约定解决。

23 索赔

23.1 承包人索赔的提出

根据合同约定，承包人认为有权得到追加付款和（或）延长工期的，应按以下程序向发包人提出索赔：

（1）承包人应在知道或应当知道索赔事件发生后 28 天内，向监理人递交索赔意向通知书，并说明发生索赔事件的事由。承包人未在前述 28 天内发出索赔意向通知书的，丧失要求追加付款和（或）延长工期的权利；

（2）承包人应在发出索赔意向通知书后 28 天内，向监理人正式递交索赔通知书。索赔通知书应详细说明索赔理由以及要求追加的付款金额和（或）延长的工期，并附必要的记录和证明材料；

（3）索赔事件具有连续影响的，承包人应按合理时间间隔继续递交延续索赔通知，说明连续影响的实际情况和记录，列出累计的追加付款金额和（或）工期延长天数；

（4）在索赔事件影响结束后的 28 天内，承包人应向监理人递交最终索赔通知书，说明最终要求索赔的追加付款金额和延长的工期，并附必要的记录和证明材料。

23.2　承包人索赔处理程序

（1）监理人收到承包人提交的索赔通知书后，应及时审查索赔通知书的内容、查验承包人的记录和证明材料，必要时监理人可要求承包人提交全部原始记录副本。

（2）监理人应按第 3.5 款商定或确定追加的付款和（或）延长的工期，并在收到上述索赔通知书或有关索赔的进一步证明材料后的 42 天内，将索赔处理结果答复承包人。

（3）承包人接受索赔处理结果的，发包人应在作出索赔处理结果答复后 28 天内完成赔付。承包人不接受索赔处理结果的，按第 24 条的约定办理。

23.3　承包人提出索赔的期限

23.3.1　承包人按第 17.5 款的约定接受了完工付款证书后，应被认为已无权再提出在合同工程完工证书颁发前所发生的任何索赔。

23.3.2　承包人按第 17.6 款的约定提交的最终结清申请单中，只限于提出合同工程完工证书颁发后发生的索赔。提出索赔的期限自接受最终结清证书时终止。

23.4　发包人的索赔

23.4.1　发生索赔事件后，监理人应及时书面通知承包人，详细说明发包人有权得到的索赔金额和（或）延长缺陷责任期的细节和依据。发包人提出索赔的期限和要求与第 23.3 款的约定相同，延长缺陷责任期的通知应在缺陷责任期届满前发出。

23.4.2　监理人按第 3.5 款商定或确定发包人从承包人处得到赔付的金额和（或）缺陷责任期的延长期。承包人应付给发包人的金额可从拟支付给承包人的合同价款中扣除，或由承包人以其他方式支付给发包人。

23.4.3　承包人对监理人按第 23.4.1 项发出的索赔书面通知内容持异议时，应在收到书面通知后的 14 天内，将持有异议的书面报告及其证明材料提交监理人。监理人应在收到承包人书面报告后的 14 天内，将异议的处理意见通知承包人，并按第 23.4.2 项的约定执行赔付。若承包人不接受监理人的索赔处理意见，可按本合同第 24 条的规定办理。

24　争议的解决

24.1　争议的解决方式

发包人和承包人在履行合同中发生争议的，可以友好协商解决或者提请争议评审组评审。合同当事人友好协商解决不成、不愿提请争议评审或者不接受争议评审组意见的，可在专用合同条款中约定下列一种方式解决。

（1）向约定的仲裁委员会申请仲裁；

（2）向有管辖权的人民法院提起诉讼。

24.2　友好解决

在提请争议评审、仲裁或者诉讼前，以及在争议评审、仲裁或诉讼过程中，发包人和承包人均可共同努力友好协商解决争议。

24.3　争议评审

24.3.1　采用争议评审的，发包人和承包人应在开工日后的 28 天内或在争议发生后，协商成立争议评审组。争议评审组由有合同管理和工程实践经验的专家组成。

24.3.2　合同双方的争议，应首先由申请人向争议评审组提交一份详细的评审申请报告，并附必要的文件、图纸和证明材料，申请人还应将上述报告的副本同时提交给被申请人和监理人。

24.3.3　被申请人在收到申请人评审申请报告副本后的 28 天内，向争议评审组提交一份答辩报告，并附证明材料。被申请人应将答辩报告的副本同时提交给申请人和监理人。

24.3.4　除专用合同条款另有约定外，争议评审组在收到合同双方报告后的 14 天内，邀请双方代表和有关人员举行调查会，向双方调查争议细节；必要时争议评审组可要求双方进一步提供补充材料。

24.3.5　除专用合同条款另有约定外，在调查会结束后的 14 天内，争议评审组应在不受任何干扰的情况下进行独立、公正的评审，作出书面评审意见，并说明理由。在争议评审期间，争议双方暂按总监理工程师的确定执行。

24.3.6　发包人和承包人接受评审意见的，由监理人根据评审意见拟定执行协议，经争议双方签字后作为合同的补充文件，并遵照执行。

24.3.7　发包人或承包人不接受评审意见，并要求提交仲裁或提起诉讼的，应在收到评审意见后的 14 天内将仲裁或起诉意向书面通知另一方，并抄送监理人，但在仲裁或诉讼结束前应暂按总监理工程师的确定执行。

24.4　仲裁

24.4.1　若合同双方商定直接向仲裁机构申请仲裁，应签订仲裁协议书并约定仲裁架构。

24.4.2　若合同双方未达成仲裁协议，则本合同的仲裁条款无效，人一方均有权向人民法院提起诉讼。

参 考 文 献

[1] 李开运. 水利工程建设监理培训教材：建设项目合同管理. 北京：中国水利水电出版社，2001.

[2] 中国建设监理协会. 建设工程合同管理. 北京：知识产权出版社，2003.

[3] 唐德华. 合同法条文释义. 北京：人民法院出版社，2000.

[4] 水利部，国家电力公司，国家工商行政管理局. 水利水电工程施工合同和招标文件示范文本. 北京：中国水利水电出版社，北京：中国电力出版社，2000.

[5] 孙镇平. 合同法理论与审判述要丛书·建设工程合同. 北京：人民法院出版社，2000.

[6] 黄强光. 建设工程合同. 北京：法律出版社，1999.

[7] 卢谦. 建设工程招标投标与合同管理. 北京：中国水利水电出版社，2001.

[8] 刘伊生. 建设工程招投标与合同管理. 北京：北方交通大学出版社，2002.

[9] 国际咨询工程师联合会. 施工合同条件. 中国工程咨询协会译. 北京：机械工业出版社，2002.